电气控制技术

(第2版)

◎ 朱晓慧 党金顺 主 编
胡江川 王石峰 副主编

清華大學出版社
北京

内容简介

本书包含三相异步电动机直接起动控制电路的安装与调试、三相异步电动机可逆控制电路的安装与调试、三相异步电动机降压起动控制电路的安装与调试、三相异步电动机制动和调速控制电路的安装与调试、典型机床控制电路的检修等内容，共5个项目及16个典型工作任务。

本书突出学生动手能力的培养，强调学生在做中学，并适当融入职业资格证书与课程思政的内容。教学中采用行动导向的教学方法，强化学生实践动手能力，注重学生的综合职业能力培养，将素质教育贯穿教育教学的全过程，以实现高职自动化类高素质与高技能型人才培养目标。本书适用于工作过程系统化的教学模式，教学过程应集中在维修电工实训室、电气系统装配与检修实训室和机床电气系统检测与维修等实训室中完成。

本书配套微课视频、教学课件、教案和习题答案，可作为应用型本科和高职高专院校机电类、电气类专业的教材，也可作为岗前培训、职业鉴定、技术培训的参考用书。

本书封面贴有清华大学出版社防伪标签，无标签者不得销售。
版权所有，侵权必究。举报：010-62782989，beiqinquan@tup.tsinghua.edu.cn。

图书在版编目(CIP)数据

电气控制技术/朱晓慧，党金顺主编. —2版. —北京：清华大学出版社，2021.8（2025.1重印）
高等职业院校课程改革融媒体创新教材
ISBN 978-7-302-58066-9

Ⅰ.①电… Ⅱ.①朱… ②党… Ⅲ.①电气控制－高等职业教育－教材 Ⅳ.①TM921.5

中国版本图书馆CIP数据核字(2021)第079272号

责任编辑：王剑乔
封面设计：刘　键
责任校对：袁　芳
责任印制：刘　菲

出版发行：清华大学出版社
网　　址：https://www.tup.com.cn，https://www.wqxuetang.com
地　　址：北京清华大学学研大厦A座　　**邮　　编：**100084
社 总 机：010-83470000　　**邮　　购：**010-62786544
投稿与读者服务：010-62776969，c-service@tup.tsinghua.edu.cn
质量反馈：010-62772015，zhiliang@tup.tsinghua.edu.cn
课件下载：https://www.tup.com.cn,010-83470410
印 装 者：北京同文印刷有限责任公司
经　　销：全国新华书店
开　　本：185mm×260mm　　**印　张：**13.25　　**字　　数：**321千字
版　　次：2017年2月第1版　2021年8月第2版　　**印　　次：**2025年1月第8次印刷
定　　价：39.90元

产品编号：092758-02

第2版前言

FOREWORD

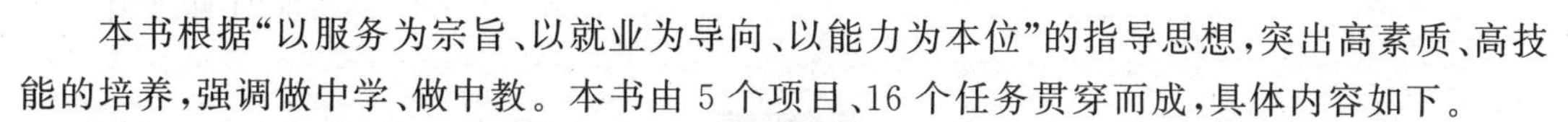

本书根据“以服务为宗旨、以就业为导向、以能力为本位”的指导思想，突出高素质、高技能的培养，强调做中学、做中教。本书由5个项目、16个任务贯穿而成，具体内容如下。

项目一　三相异步电动机直接起动控制电路的安装与调试。主要进行常用低压电器的使用及检修、点动与连续运转控制电路的安装与调试、多地控制电路的安装与调试、顺序控制电路的安装与调试4个任务的学习。

项目二　三相异步电动机可逆控制电路的安装与调试。主要进行接触器互锁正/反转控制电路的安装与调试、双重互锁正/反转控制电路的安装与调试、自动往返控制电路的安装与调试3个任务的学习。

项目三　三相异步电动机降压起动控制电路的安装与调试。主要进行定子绕组串联电阻降压起动控制电路的安装与调试、Y-△降压起动控制电路的安装与调试2个任务的学习。

项目四　三相异步电动机制动和调速控制电路的安装与调试。主要进行反接制动控制电路的安装与调试、能耗制动控制电路的安装与调试、双速电动机控制电路的安装与调试3个任务的学习。

项目五　典型机床控制电路的检修。主要进行CA6140型卧式车床电气系统的检修、M7130型平面磨床电气系统的检修、Z3050型摇臂钻床电气系统的检修、X62W型万能铣床电气系统的检修4个任务的学习。

本书建议教学学时为48学时，由于不同地区、不同条件、不同学生的差异，具体学时数可由任课教师自行确定。本书的教学应在维修电工实训室、电气系统装配与检修实训室和机床电气系统检测与维修等“教、学、做”一体化实训室中完成，实训室内实训设备应齐全，以满足教学的需要。

本书主要特色如下。

(1) 形式新颖，体例独具特色。本书打破传统章节段落设计，以项目和任务组织教学，内容深入浅出，包括目标要求(其中包括素质目标)、安全规范、工作任务单、材料工具单、任务评价、资料导读、知识拓展、工匠故事等，除了知识体系，还突出了安全操作、技能训练、技能评价等。

(2) 项目和任务选取适当，强调实践性，突出实用性，注重高素质、高技能的培养。在任务的选取和编制上充分考虑了三相交流异步电动机电气控制电路的要求和知识体系，任务选取适当，图文并茂，文字叙述简明扼要，通俗易懂，具有很强的通用性、针对性和实用性。

注重学生自主学习和实际操作能力的培养,以提高学生的技能水平,突出高素质、高技能的培养。

(3) 配套资源丰富,方便教师开展教学。本书有配套的教学课件、电子教案、习题答案、微课视频等。

本书由黑龙江农业工程职业学院的朱晓慧、党金顺主编,黑龙江农业工程职业学院的于润伟教授主审,其中项目一和项目五由朱晓慧编写,项目二由党金顺编写,项目三由王石峰编写,项目四由胡江川编写。全书由朱晓慧统稿。

由于编者水平有限,书中难免有疏漏之处,真诚希望广大读者批评、指正。

编　者

2021年2月

本书教学课件、教案、qq交流群

(扫描二维码可下载使用)

第1版前言

FOREWORD

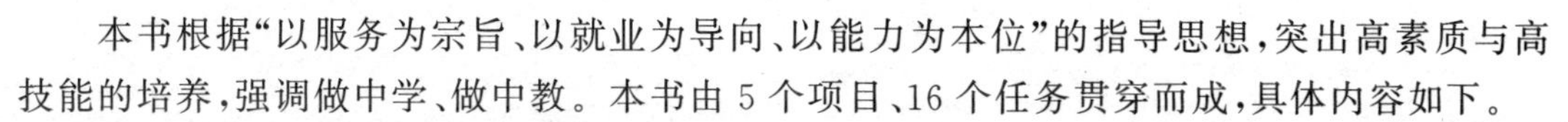

本书根据“以服务为宗旨、以就业为导向、以能力为本位”的指导思想，突出高素质与高技能的培养，强调做中学、做中教。本书由5个项目、16个任务贯穿而成，具体内容如下。

项目一　三相异步电动机直接起动控制电路的安装与调试，主要进行常用低压电器的使用及检修、点动与连续运转控制电路的安装与调试、多地控制电路的安装与调试、顺序控制电路的安装与调试4个任务的学习。

项目二　三相异步电动机可逆控制电路的安装与调试，主要进行接触器互锁正/反转控制电路的安装与调试、双重互锁正/反转控制电路的安装与调试、自动往返控制电路的安装与调试3个任务的学习。

项目三　三相异步电动机降压起动控制电路的安装与调试，主要进行定子绕组串联电阻降压起动控制电路的安装与调试、Y-△降压起动控制电路的安装与调试2个任务的学习。

项目四　三相异步电动机制动和调速控制电路的安装与调试，主要进行反接制动控制电路的安装与调试、能耗制动控制电路的安装与调试、双速电动机控制电路的安装与调试3个任务的学习。

项目五　典型机床控制电路的检修，主要进行CA6140型卧式车床电气系统的检修、M7130型平面磨床电气系统的检修、Z3050型摇臂钻床电气系统的检修、X62W型万能铣床电气系统的检修4个任务的学习。

本书建议教学学时为48学时，由于不同地区、不同条件、不同学生的差异，具体学时数可由任课教师自行确定。本书的教学应在维修电工实训室、电气系统装配与检修实训室和机床电气系统检测与维修等实训室中完成，实训室内实训设备应齐全，可以满足教学的需要。

本书主要特色如下。

(1) 以项目和任务组织教学，内容深入浅出，强调实践性，突出实用性，注重学生自主学习和实际操作能力的培养，以提高学生的技能水平。

(2) 本书形式新颖，突出高素质与高技能的培养，包括目标要求(其中包括知识目标、能力目标和素质目标)、安全规范、工作任务单、材料工具单、任务评价、资料导读、知识拓展等部分。编写体例上独具特色，除了知识体系，还突出了安全操作、技能训练、技能评价等。

(3) 在任务的选取和编制上充分考虑了三相交流异步电动机电气控制电路的要求和知

识体系,任务选取适当,图文并茂,文字叙述简明扼要、通俗易懂,具有很强的通用性、针对性和实用性。

本书由黑龙江农业工程职业学院朱晓慧、党金顺任主编,黑龙江农业工程职业学院于润伟教授主审。其中,项目一由朱晓慧编写,项目二由党金顺编写,项目三由王石峰编写,项目四和项目五由胡江川编写。全书由朱晓慧统稿。

在本书编写过程中,参考了有关资料和文献,在此向其作者表示衷心的感谢!

由于编者水平有限,书中难免有不当之处,真诚希望广大读者批评、指正。

编　者

2016 年 12 月

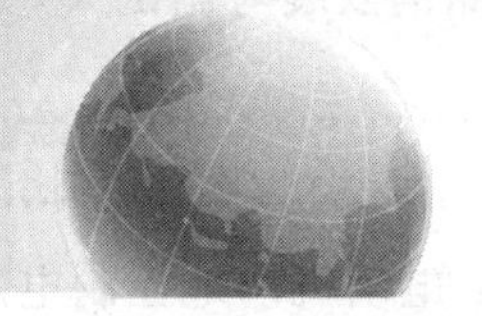

目　录
CONTENTS

项目一　三相异步电动机直接起动控制电路的安装与调试

项目三　三相异步电动机降压起动控制电路的安装与调试

项目四 三相异步电动机制动和调速控制电路的安装与调试

项目五 典型机床控制电路的检修

项目一

三相异步电动机直接起动控制电路的安装与调试

目标要求

知识目标

(1) 了解常用低压电器的识别、选择及安装。

(2) 掌握常用低压电器的故障分析及排除方法。

(3) 掌握电气识图的基本知识。

(4) 掌握电动机电路配线的工艺要求、导线要求及接线要求。

(5) 了解正确分析三相异步电动机直接起动控制电路的方法。

能力目标

(1) 能够完成三相异步电动机直接起动控制电路的安装与调试工作任务。

(2) 能够检查并排除三相异步电动机直接起动控制电路的故障。

(3) 能够根据任务要求进行三相异步电动机控制电路的设计与安装。

素质目标

(1) 学生应树立职业意识,并按照企业的6S(整理、整顿、清扫、清洁、素养、安全)质量管理体系要求自己。

(2) 操作过程中,必须时刻注意安全用电,严格遵守电工安全操作规程。

(3) 爱护工具和仪器、仪表,自觉做好维护和保养工作。

(4) 具有吃苦耐劳、爱岗敬业、团队合作、勇于创新的精神,具备良好的职业道德。

安全规范

(1) 实训室内必须着工装,严禁穿凉鞋、背心、短裤、裙装进入实训室。

(2) 使用绝缘工具,并认真检查工具绝缘是否良好。

(3) 停电作业时,必须先验电,确认无误后方可工作。

(4) 带电作业时,必须在教师的监护下进行。

(5) 树立安全和文明生产意识。

任务 1 Task 1

常用低压电器的使用及检修

1.1 任务目标

(1) 通过观察,认识常见低压电器。

(2) 了解常用低压电器的结构。

(3) 掌握常用低压电器的选用。

(4) 熟记常见低压电器的符号。

(5) 掌握常用低压电器的故障分析与排除。

1.2 知识探究

1.2.1 常用低压电器的识别、选择及安装

低压电器是指用于交流额定电压 1200V 及以下、直流额定电压 1500V 及以下的电路中,起通断、保护、控制或调节作用的电器。低压电器是组成低压控制线路的基本器件,在工厂中常用继电器、接触器、按钮和开关等电器组成电动机的起动、停止、反转、制动等控制电路。

低压电器
基本知识

1. 刀开关的识别、选择及安装

刀开关又称闸刀开关,主要用于电气线路的电源隔离,也可作为不频繁接通和分断空载电路或小电流电路之用。刀开关按极数可分为单极、双极和三极;按结构可分为平板式和条架式;按操作方式可分为直接手柄操作、正面旋转手柄操作、杠杆操作和电动操作;按转换方式可分为单投和双投。

1) 刀开关的识别

刀开关是一种结构简单、应用广泛的低压电器,主要由静触点、动触点、操作手柄、进线座、出线座和绝缘底板等组成。静触点由导电材料和弹性材料制成,固定在绝缘材料制成的底板上;动触点与下支座铰链连接,连接处依靠弹簧保证必要的接触压力;操作手柄直接与动触点绝缘固定。刀开关如图 1-1 所示,其电气图形和文字符号如图 1-2 所示。

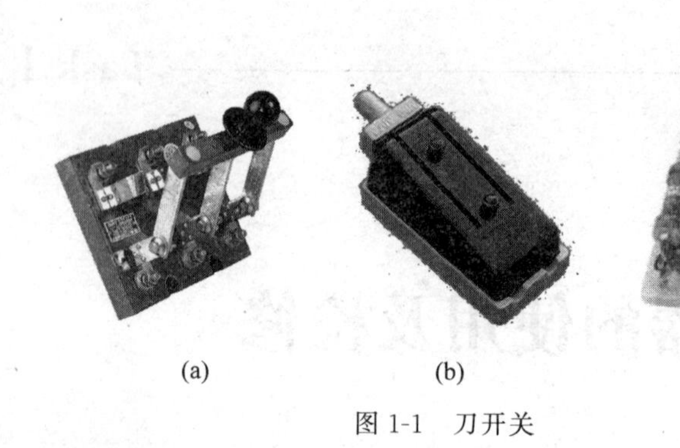

(a) (b) (c)

图 1-1 刀开关

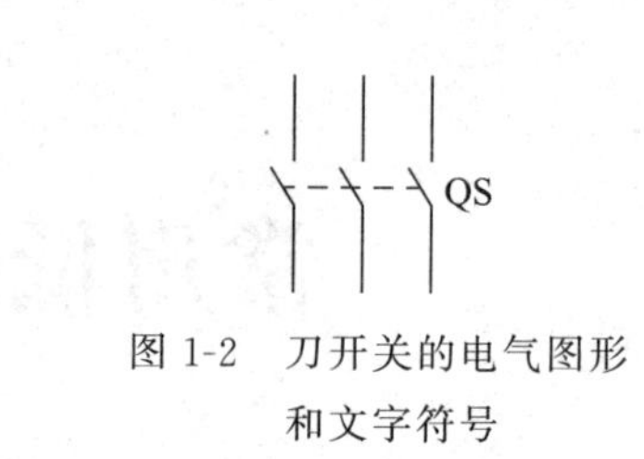

图 1-2 刀开关的电气图形和文字符号

刀开关

2）刀开关的选择

（1）结构形式的选择。根据刀开关在线路中的作用和安装位置确定其结构形式，例如仅用来隔离电源，则只需选用不带灭弧罩的产品；如用来分断负载，就应选用带灭弧罩，而且是通过杠杆来操作的刀开关。

（2）操作方式的选择。可选择正面操作还是侧面操作、直接操作还是杠杆传动等。

（3）接线方式的选择。可选择板前接线还是板后接线。

（4）额定电流的选择。刀开关的额定电流一般应大于或等于所关断电路中各个负载额定电流的总和。若负载是电动机，则必须考虑到电动机的起动电流为额定电流的 4～7 倍，故应选用额定电流大一级的刀开关。

3）刀开关的安装及维护

（1）刀开关安装时，应注意母线与刀开关接线端子相连时，不应存在扭应力；在安装杠杆操作机构时，应调节好连杆的长度，以保证操作到位且灵活。

（2）刀开关应垂直安装在开关板上，并要使静触点位于上方。如静触点位于下方，当刀开关断开时，如果铰链支座松动，动触点在自重作用下掉落而发生误动作，会造成严重事故。

（3）刀开关作电源隔离开关使用时，合闸顺序是先合上刀开关，再合上其他用以控制负载的开关；分闸顺序则相反。

（4）严格按照产品说明书规定的分断能力来分断负载，无灭弧罩的刀开关，一般不允许分断和合上功率大的负载，否则会烧坏刀开关，严重的还会造成电源线间短路，甚至发生火灾。

（5）对于多极刀开关，应保证各极动作的同步性，而且接触良好。否则，当负载是电动机时，便可能发生电动机因缺相运转而烧坏的事故。

（6）刀开关在合闸时，应保证三相触点同时合闸，而且要接触良好。

（7）如果刀开关不是安装在封闭的控制箱内，则应经常检查，防止因积尘过多而发生线间闪络现象。

2. 组合开关的识别、选择及安装

组合开关又称为转换开关，常用于交流 50Hz、380V 以下及直流 220V 以下的电气线路中，主要用作控制线路的转换及电气测量仪表的转换，也可用于控制小容量异步电动机的起动、换向及调速。由于触点挡数多、换接线路多，能控制多个回路，适应复杂线路的要求，故称为万能转换开关。

1）组合开关的识别

组合开关如图 1-3 所示，其电气图形和文字符号如图 1-4 所示。

(a) LW5D万能转换开关

(b) LW8万能转换开关

(c) HZ5B组合开关

图 1-3　组合开关

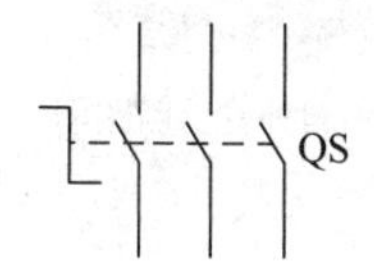

图 1-4　组合开关的电气图形和文字符号

识别过程如下。

（1）识读组合开关的型号和铭牌。

（2）找到各转换挡位的接线端子。

（3）检测、判别万能转换开关的好坏。

2）组合开关的选择

（1）选用转换开关时，应根据电源种类、电压等级、所需触点数及电动机的容量选用，开关的额定电流一般取电动机额定电流的 1.5～2 倍。

（2）用于一般照明、电热电路时，其额定电流应大于或等于被控电路的负荷电流总和。

（3）用作设备电源引入开关时，其额定电流稍大于或等于被控电路的负荷电流总和。

（4）用于直接控制电动机时，其额定电流一般可取电动机额定电流的 2～3 倍。

3）组合开关的安装与维护

（1）安装转换开关时应使手柄保持在水平旋转位置。

（2）转换开关需安装在控制箱内时，其操作手柄最好伸出在控制箱的前面或侧面，应使手柄在水平旋转位置时为断开状态。转换开关最好装在箱内右上方，而且在其上方不宜安装其他电器，否则应采取隔离或绝缘措施。

（3）使用组合开关时，应保持开关清洁，面板和触点不能有油污。

（4）由于组合开关通断能力较低，故不能用来分断故障电流。用作电动机正/反转控制时，必须在电动机完全停止转动后，才能反向接通电源。

3. 低压断路器的识别、选择及安装

低压断路器即低压自动空气开关，又称自动空气断路器。低压断路器既能带负荷通断电路，又能在失压、短路和过负荷时自动跳闸，保护线路和电气设备，是低压配电网络和电力拖动系统中常用的重要保护电器之一。低压断路器按结构形式可分为塑料外壳式（又称装置式）、框架式（又称万能式）两大类。框架式断路器主要用作配电网络的保护开关，而塑料外壳式断路器除用作配电网络的保护开关外，还用作电动机、照明电路的控制开关。

1）低压断路器的识别

低压断路器如图 1-5 所示，其电气图形和文字符号如图 1-6 所示。

(a) 塑料外壳式断路器

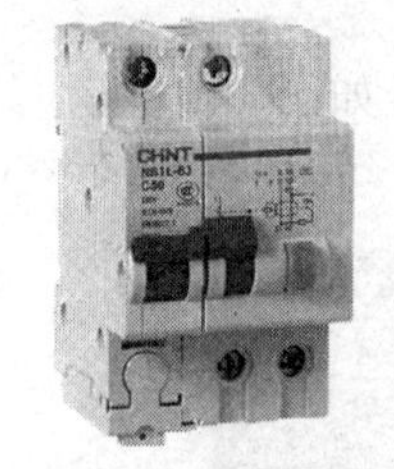
(b) 漏电保护断路器

(c) 三相断路器

图 1-5　低压断路器

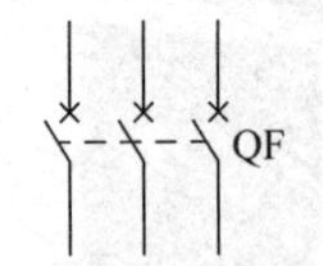

图 1-6　低压断路器的电气图形和文字符号

低压断路器

识别过程如下。

(1) 识读断路器的型号和铭牌。

(2) 识别断路器的进线端子和出线端子。

(3) 检测断路器的通断情况。

2) 低压断路器的选择

(1) 在电气设备控制系统中,常选用塑料外壳式断路器或漏电保护断路器;在电力网主干线路中主要选用框架式断路器;而在建筑物的配电系统中则一般采用漏电保护断路器。

(2) 断路器的额定电压和额定电流应不小于电路的额定电压和最大工作电流。

(3) 低压断路器用于电动机保护时,电磁脱扣器的瞬时脱扣器整定电流应为电动机起动电流的 1.7 倍。

(4) 选用低压断路器作多台电动机短路保护时,一般电磁脱扣器的整定电流为容量最大的一台电动机起动电流的 1.3 倍再加上其余电动机额定电流。

(5) 用于分断或接通电路时,其额定电流和热脱扣器的整定电流均应大于或等于电路中负荷额定电流的 2 倍。

3) 低压断路器的安装与维护

(1) 低压断路器的底板应垂直于水平位置,固定后应保持平整,倾斜度不大于 5°;有接地螺钉的低压断路器应可靠连接地线;具有半导体脱扣装置的低压断路器,其接线端应符合相序要求,脱扣装置的端子应可靠连接。

(2) 低压断路器在安装前,应将脱扣器电磁铁工作面的防锈油脂抹净,以免影响电磁机构的动作值。

(3) 低压断路器与熔断器配合使用时,熔断器应尽可能装于低压断路器之前,以保证使用安全。

(4) 电磁脱扣器的整定值一经调好后就不允许随意更动,使用日久后要检查其弹簧是否生锈卡住,以免影响其动作。

(5) 低压断路器在分断短路电流后,应在切除上一级电源的情况下,及时检查触点。若发现有严重的电灼痕迹,可用干布擦去;若发现触点烧蚀,可用砂纸或细锉小心修整,但主触点一般不允许用锉刀修整。

(6) 应定期清除低压断路器上的积尘和检查各种脱扣器的动作值,操作机构在使用一段时间(1～2 年)后,在传动机构部分应加润滑油(小容量塑料外壳式断路器不需要)。

4. 熔断器的识别、选择及安装

熔断器

熔断器是一种主要用作短路保护的电器。

1) 熔断器的识别

常见熔断器如图 1-7 所示,熔断器电气图形和文字符号如图 1-8 所示。

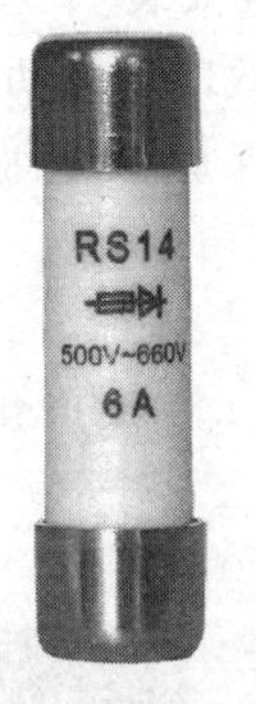

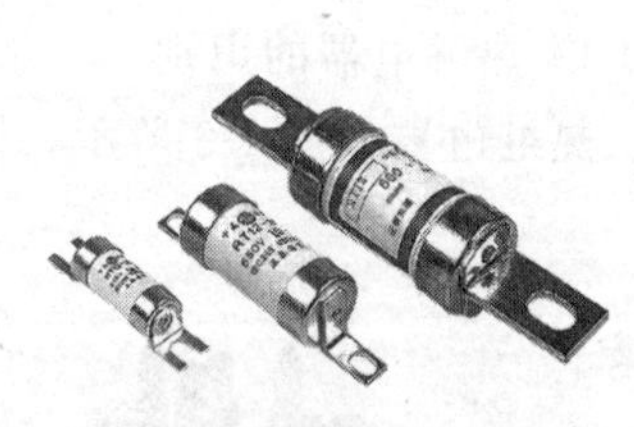

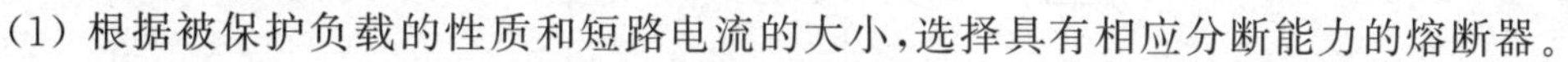
(a) RT14系列圆筒型帽熔断器 (b) RL1螺旋式熔断器 (c) RS14快速熔断器 (d) RT12型螺栓连接熔断器

图 1-7 熔断器

识别过程如下。

(1) 识读熔断器的型号。

(2) 找到接线端子。

(3) 检测、判别熔断器的好坏。

(4) 识读熔断管的额定电流。

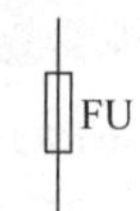

图 1-8 熔断器的电气图形和文字符号

2) 熔断器的选择

(1) 根据被保护负载的性质和短路电流的大小,选择具有相应分断能力的熔断器。

(2) 在选用熔断器的具体参数时,应使熔断器的额定电压大于或等于被保护电路的工作电压;其额定电流大于或等于所装熔体的额定电流。

(3) 熔体的额定电流是指长时间流过熔体而熔体不熔断的电流。额定电流值的大小与熔体线径粗细有关,熔体线径越粗,额定电流值越大。一般首先选择熔体的规格,再根据熔体的规格确定熔断器的规格。

(4) 根据安装场所选用适合的熔断器,在经常发生故障处可选用可拆式熔断器,如 RL 系列、RM 系列;易燃易爆或有毒气的地方选用封闭式熔断器。

3) 熔断器的安装与维护

(1) 安装熔断器时必须在断电情况下操作。

(2) 安装位置及相互间距应便于更换熔体。

(3) 应垂直安装,并应能防止熔体熔断飞溅到临近带电体上。

(4) 安装螺旋式熔断器时,为了更换熔断管时安全,下接线端应接电源,而连接螺口的接线端应接负荷。必须注意将电源线接到瓷底座下的接线端,以保证安全。

(5) 瓷插式熔断器安装熔丝时,熔丝应顺着螺钉旋紧方向绕过去,同时注意不要划伤熔丝,也不要把熔丝绷紧,以免减小熔丝截面尺寸或拉断熔丝。

(6) 有熔断指示的熔管,其指示器方向应装在便于观察侧。

(7) 二次回路用的管型熔断器,如其固定触点的弹簧片突出底座侧面时,熔断器间应加绝缘片,防止两相邻熔断器的熔体熔断时造成短路。

(8) 熔断器应安装在线路的各相线上,单相交流电路的中性线上也应安装熔断器,但在三相四线制的中性线上严禁安装熔断器。

5. 热继电器的识别、选择及安装

热继电器是利用电流的热效应对电动机或其他用电设备进行过载保护的控制电器。热继电器主要用于电动机的过载保护、断相保护、电流不平衡运行的保护及其他电气设备发热状态的控制。

1) 热继电器的识别

热继电器如图 1-9 所示,其电气图形和文字符号如图 1-10 所示。

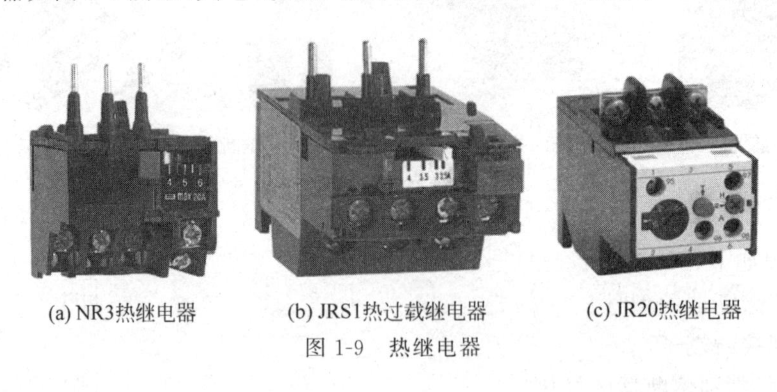

(a) NR3热继电器　(b) JRS1热过载继电器　(c) JR20热继电器

图 1-9　热继电器

(a) 热元件　(b) 动断触点　(c) 动合触点

图 1-10　热继电器的电气图形和文字符号

热继电器

热继电器的识别与使用

识别过程如下。

(1) 识读热继电器的铭牌。

(2) 找到整定电流调节旋钮和复位按钮。

(3) 找到热元件的接线端子。

(4) 找到动合触点和动断触点的接线端子。

(5) 检测、判别触点的好坏。

2) 热继电器的选择

(1) 类型选用。一般轻载起动,长期工作制的电动机或间断长期工作的电动机可选用两相保护式热继电器,当电源电压均衡性和工作条件较差时可选用三相保护式热继电器,对于定子绕组为三角形接线的电动机,可选用带断相保护装置的三相热继电器。

(2) 额定电流或发热元件的整定电流均应大于电动机或用电设备的额定电流,热继电器中热元件的额定电流可按被保护电动机额定电流的 1～1.5 倍来选择。当电动机起动时间不超过 5s 时，发热元件的整定电流可以与电动机的额定电流相等。若在电动机频繁起动、正反转、起动时间较长或带有冲击性负载等情况下，发热元件的整定电流应超过电动机或其他用电设备额定电流的 10%～50%。

3）热继电器的安装与维护

（1）安装前应核对热继电器各项技术数据是否满足被保护电路的要求，检查热继电器是否完好，各动作部分是否灵活，并清除触点表面的污物。

（2）连接热继电器的导线线径粗细要适当。一般规定，额定电流为 10A 的热继电器，宜选用 $2.5mm^2$ 的单股铜芯塑料导线；额定电流为 20A 的热继电器，宜选用 $4mm^2$ 的单股铜芯塑料导线；额定电流为 60A 的热继电器，宜选用 $16mm^2$ 的多股铜芯塑料导线；额定电流为 150A 的热继电器，宜选用 $35mm^2$ 的多股铜芯塑料导线。导线与接线螺钉连接应牢固、可靠。

（3）热继电器必须安装在其他用电设备的下方，以免受其他用电设备发热的影响。

6. 交流接触器的识别、选择及安装

接触器是一种自动的电磁式开关，适用于远距离频繁地接通或断开交直流主电路及大容量控制电路。其主要控制对象是电动机，也可用于控制其他负载。它不仅能实现远距离自动操作和欠电压释放保护功能，而且具有控制容量大、工作可靠、操作频率高、使用寿命长等优点。接触器按主触点通过的电流种类，分为交流接触器和直流接触器两种。在电气控制电路中，主要采用的是交流接触器。交流接触器主要由线圈、触点系统和灭弧罩组成。

交流接触器

1）交流接触器的识别

交流接触器如图 1-11 所示，其电气图形和文字符号如图 1-12 所示。

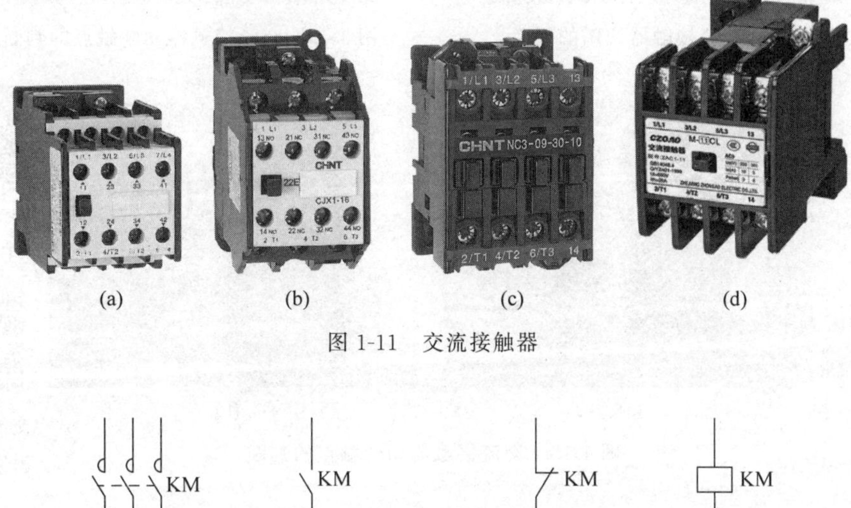

(a)　(b)　(c)　(d)

图 1-11　交流接触器

(a) 主触点　(b) 动合(常开)辅助触点　(c) 动断(常闭)辅助触点　(d) 线圈

图 1-12　交流接触器的电气图形和文字符号

识别过程如下。

(1) 识读接触器的型号。

(2) 识读接触器线圈的额定电压。

(3) 找到线圈的接线端子。

(4) 找到 3 对主触点的接线端子。

(5) 找到动合辅助触点或动断辅助触点的接线端子。

(6) 压下和释放接触器,观察触点吸合和复位情况。

(7) 检测、判别接触器触点和线圈的好坏。

2) 交流接触器线圈和触点对的判别方法

(1) 交流接触器线圈的判别方法。首先将指针式万用表拨至“R×100”挡,调零,或将数字万用表拨至 2k 挡。然后将两表笔接触线圈螺钉 A_1、A_2,测量电磁线圈电阻,若为零,说明短路;若为无穷大,说明开路;若测得电阻为几百欧左右,则正常,如图 1-13 所示。

(2) 交流接触器触点对的判别方法。首先将指针式万用表拨至“R×100”挡,调零,或将数字万用表拨至电阻挡;然后将两表笔接触任意两触点的接线柱,若万用表的指示为零,则可能是动断触点,按下动断触点对后,万用表的指示值应为无穷大,如图 1-14 所示;若万用表无指示值,则可能是动合触点,当按下机械按键,模拟接触器通电,万用表的指示值为零,可确认这对触点是动合触点对,如图 1-15 所示。

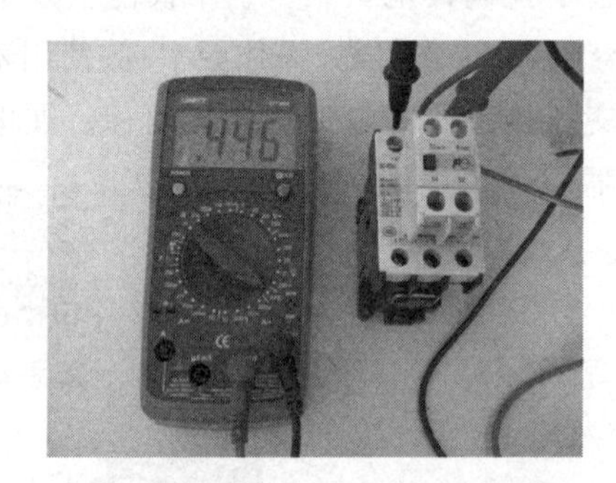

图 1-13 交流接触器线圈的判断

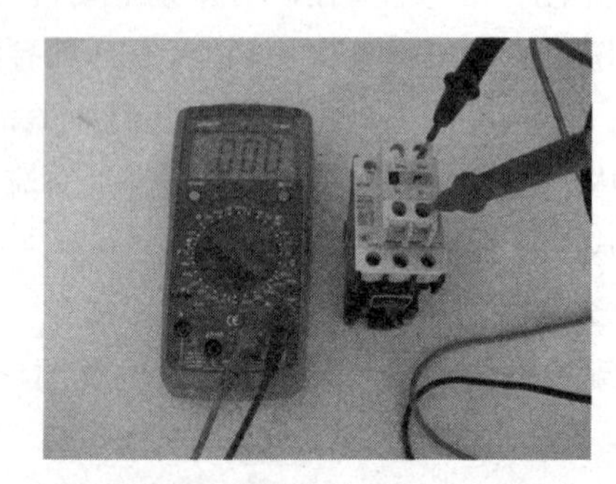

图 1-14 交流接触器动断触点的判断

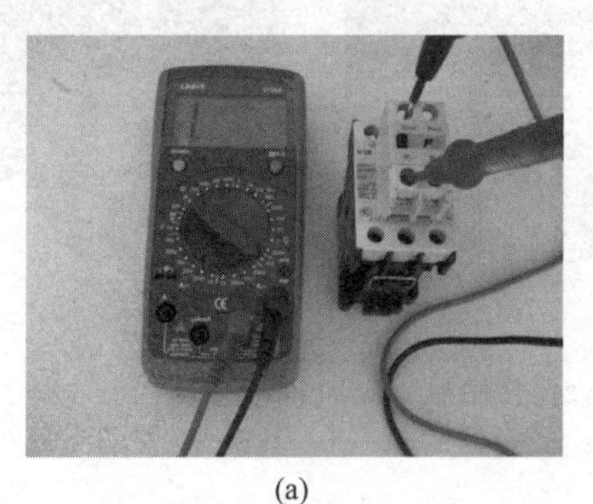

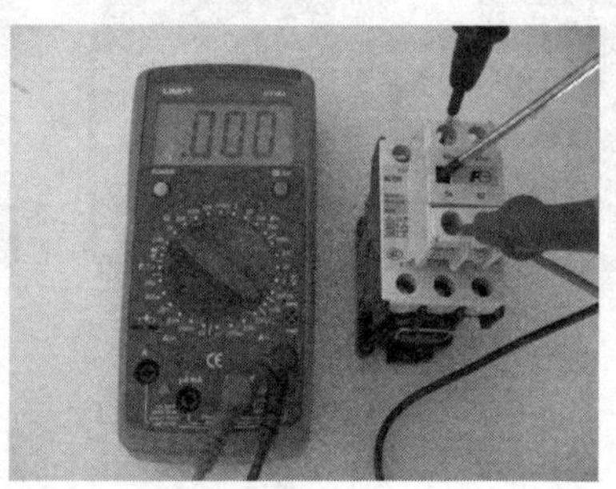

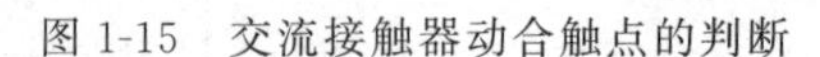

(a) (b)

图 1-15 交流接触器动合触点的判断

交流接触器
工作原理

交流接触器
识读与检测

3) 交流接触器的选择

(1) 交流接触器的触点数量应满足控制支路数的要求,触点类型应满足控制线路的功能要求。

(2) 接触器主触点额定电流大于或等于负载回路额定电流；接触器主触点额定电压应大于或等于负载回路额定电压。

(3) 接触器的线圈应根据电磁线圈的额定电压选择。

4) 交流接触器的安装与维护

(1) 交流接触器安装前，应先检查线圈的额定电压等技术数据是否与实际使用相符，判断线圈是否正常、各触点对是动合触点还是动断触点。然后检查各触点接触是否良好，有无卡阻现象。最后将铁芯极面上的防锈油擦净，以免油垢黏滞造成断电不能释放的故障。

(2) 安装与接线时，应注意勿使螺钉、垫圈、接线头等零件失落，以免落入交流接触器内部造成卡住或短路现象，并将螺钉拧紧，以免振动松脱。

(3) 交流接触器应垂直安装，交流接触器底面与地面的倾斜度应不大于5°，安装位置不得受到剧烈振动，安装必须固定可靠；连接电路的导线必须排列整齐、规范。

(4) 安装后必须检查接线是否正确，应在主触点不带电的情况下，先使吸引线圈通电分合数次，检查主触点动作是否到位，铁芯吸合后有无噪声，然后才能投入使用。

(5) 不允许将交流接触器接到直流电源上，否则会烧毁线圈。

7. 中间继电器的识别、选择及安装

中间继电器是将一个输入信号变成一个或多个输出信号的继电器。其输入的信号为线圈的通电和断电，输出信号是触点的动作，不同动作状态的触点分别将信号传给几个元件或回路。中间继电器主要用途：一是当电压或电流继电器触点容量不够时，可借助中间继电器控制，用中间继电器作为执行元件；二是当其他继电器或接触器触点数量不够时，可利用中间继电器来切换电路。

中间继电器

1) 中间继电器的识别

中间继电器如图1-16所示，其电气图形和文字符号如图1-17所示。

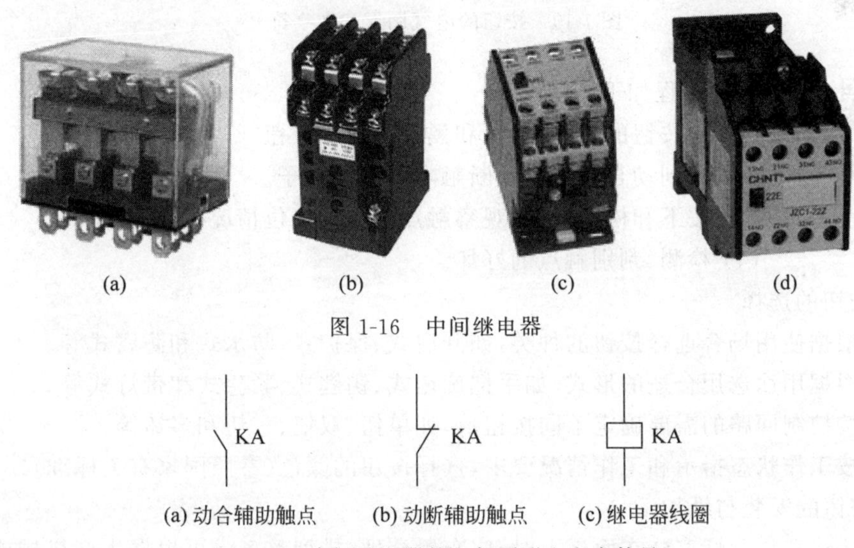

(a)　(b)　(c)　(d)

图1-16　中间继电器

(a) 动合辅助触点　(b) 动断辅助触点　(c) 继电器线圈

图1-17　中间继电器的电气图形和文字符号

中间继电器的识别过程与交流接触器类似。

2) 中间继电器的选择

中间继电器的选用应根据被控制电路的电压等级、所需触点的数量和种类以及容量等要求来选择。

3）中间继电器的安装与维护

中间继电器的安装方法和接触器相似，但由于中间继电器触点容量较小，所以一般接到控制电路中，不能接到主电路中。

8. 按钮的识别、选择及安装

按钮开关是一种通过手动操作接通或分断电流控制电路的控制开关。按钮的触点允许通过的电流较小，一般不超过 5A，因此一般情况下按钮不直接控制主电路的通断，而是在控制电路中发出指令或信号去控制接触器、继电器等电器，实现主电路的通断、功能转换或电气联锁。

1）按钮的识别

按钮如图 1-18 所示，其电气图形和文字符号如图 1-19 所示。

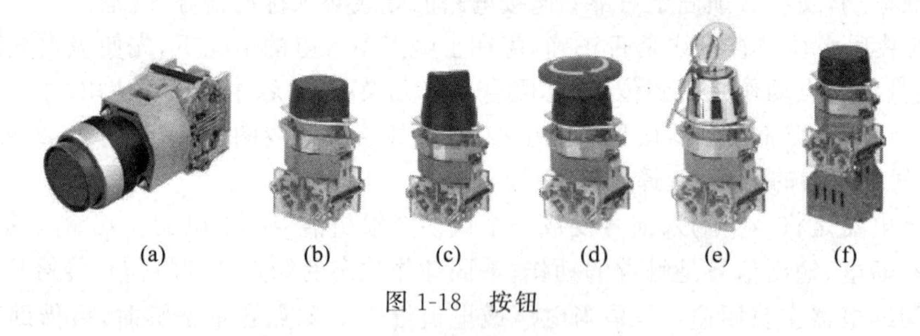

图 1-18　按钮

图 1-19　按钮的电气图形和文字符号

按钮

按钮触点的使用与测定

识别过程如下。

(1) 看按钮的颜色，绿色和黑色为起动按钮，红色为停止按钮。

(2) 找到动合触点和动断触点的接线端子。

(3) 按下和松开按钮，观察触点动作和复位情况。

(4) 检测、判别触点的好坏。

2）按钮的选择

(1) 根据使用场合选择按钮的种类，如开启式、保护式、防水式和防腐式等。

(2) 根据用途选用合适的形式，如手把旋钮式、钥匙式、紧急式和带灯式等。

(3) 按控制回路的需要确定不同按钮数，如单钮、双钮、三钮和多钮等。

(4) 按工作状态指示和工作情况要求，选择按钮的颜色(参照国家有关标准)。

3）按钮的安装与维护

(1) 按钮和指示灯安装在面板上时，应布置合理，排列整齐。可根据生产机械或机床起动、工作的先后顺序，从上到下或从左至右依次排列。电路有几种工作状态，如上、下，前、后，左、右，松、紧等，应使每一组正反状态的按钮安装在一起。

(2) 在面板上安装按钮和指示灯时应牢固，停止按钮用红色，起动按钮用绿色或黑色，按钮较多时，应在显眼且便于操作处用红色蘑菇头设置总停按钮，以应付紧急情况。

(3) 按钮安装应牢固,接线正确,接线螺钉应拧紧,减少接触电阻。按钮操作应灵活、可靠、无卡阻。

1.2.2　常用低压电器的故障分析及排除

1. 刀开关常见故障及排除

刀开关常见故障及排除方法见表1-1。

表1-1　刀开关常见故障及排除方法

故障现象	产生原因	排除方法
动触点过热或烧毁	电路电流过大,超过刀开关的额定电流	更换额定电流更大的刀开关
	动触点表面被电弧烧蚀	用锉刀修复动触点表面或更换刀开关
	静触点与动触点接触不良	调整动触点与静触点的位置
开关手柄转动失灵	动触点转动铰链过松	修理铰链
	定位机械损坏	修理或更换

2. 组合开关常见故障及排除

组合开关常见故障及排除方法见表1-2。

表1-2　组合开关常见故障及排除方法

故障现象	产生原因	排除方法
手柄转动后,内部触点未动	手柄上的轴孔磨损变形	调换手柄
	绝缘柄变形(由方形磨为圆形)	更换绝缘柄
	手柄与方轴,或轴与绝缘柄配合松动	紧固松动部件
	操作机构损坏	修理更换
手柄转动后,动、静触点不能按要求动作	组合开关型号选择不正确	更换开关
	触点角度装配不正确	重新装配
	触点失去弹性或接触不良	更换触点或清除氧化层、尘污
接线柱间短路	铁屑或油污附着在接线柱间	更换开关

3. 低压断路器常见故障及排除

低压断路器常见故障及排除方法见表1-3。

表1-3　低压断路器常见故障及排除方法

故障现象	产生原因	排除方法
手动操作断路器不能合闸	欠电压脱扣器无电压或线圈损坏	检查线路后加上电压或更换线圈
	储能弹簧变形,闭合力减小	更换储能弹簧
	释放弹簧的反作用力太大	调整弹力或更换弹簧
	机构不能复位再扣	调整脱扣面至规定值
断路器在起动电动机时自动分闸	电磁式过流脱扣器瞬动整定电流太小	调整瞬动整定电流
	空气式脱扣器的阀门失灵或橡皮膜破裂	更换
有一相触点不能闭合	该相连杆损坏	更换连杆
	限流开关拆开机构可拆连杆之间的角度变大	调整至规定要求

续表

故障现象	产生原因	排除方法
断路器工作一段时间后自动分闸	过电流脱扣器延时整定值不符合要求	重新调整
	热元件或半导体元件损坏	更换元件
	外部磁场干扰	进行隔离
欠压脱扣器有噪声或振动	铁芯工作面有污垢	清除污垢
	短路环断裂	更换衔铁或铁芯
	反力弹簧的反作用力太大	调整或更换弹簧
断路器温升过高	触点接触压力太小	调整或更换触点弹簧
	触点表面磨损严重,接触不良	修整触点表面或更换触点
	导电零件间连接螺钉松动	拧紧螺钉
辅助开关不能接通	动触杆卡死或脱落	调整或重装动触杆
	传动杆断裂或滚轮脱落	更换损坏的零件

4. 熔断器常见故障及排除

熔断器常见故障及排除方法见表1-4。

表1-4 熔断器常见故障及排除方法

故障现象	产生原因	排除方法
电路接通瞬间熔体熔断	熔体电流等级选择过小	更换熔体
	负载侧短路或接地	排除负载故障
	熔体安装时受到机械损伤	更换熔体
熔体未见熔断,但电路不通	熔体、接线座接触不良	重新连接

5. 热继电器常见故障及排除

热继电器常见故障及排除方法见表1-5。

表1-5 热继电器常见故障及排除方法

故障现象	产生原因	排除方法
热继电器误动作或动作太快	整定电流偏小	调大整定电流
	操作频率过高	调换热继电器或限定操作频率
	连接导线太细	选用标准导线
热继电器不动作	整定电流偏大	调小整定电流
	热元件烧断或脱焊	更换热元件或热继电器
	导板脱出	重新放置导板,并试验动作是否灵活
热元件烧断	负载侧短路或电流过大	排除故障,调换热继电器
	反复短时工作,操作频率过高	限定操作频率或调换合适的热继电器
主电路不通	热元件烧毁	更换热元件或热继电器
	接线螺钉未压紧	旋紧接线螺钉
控制电路不通	热继电器动断触点接触不良或弹性消失	检修动断触点
	手动复位的热继电器动作后,未手动复位	手动复位

6. 交流接触器常见故障及排除

交流接触器常见故障及排除方法见表1-6。

表1-6　交流接触器常见故障及排除方法

故障现象	产生原因	排除方法
接触器不吸合或吸不牢	电源电压过低或波动过大	调高电源电压
	线圈断路	调换线圈
	通入的电压与线圈所需的电压不符	用万用表测通入的线圈电压，检查与线圈所要求的电压是否一致，不一致要调整电压
	机械机构生锈或歪斜	打开接触器擦磨清除生锈部位，并上润滑油，接触器歪斜时还要调整或更换配件
线圈断电，接触器不释放或释放缓慢	触点熔焊	排除熔焊故障，修理或更换触点
	极面油污过多，自身粘吸	打开接触器，把磁铁的所有极面全部用布擦干净。清除油污，即可清除故障
	触点弹簧压力过小或反作用弹簧损坏、疲劳	调整触点弹簧力或更换反作用弹簧
	衔铁或机械部分被卡住	打开接触器，清除障碍物，重新装配
触点熔焊	操作频率过高或过负载使用	调换合适的接触器或减小负载
	负载侧短路	排除短路故障，更换触点
	触点弹簧压力过小	适当调整触点弹簧压力
	触点上有氧化膜或太脏，接触器电阻太大	先用细砂纸打平触点，然后用棉布擦掉尘污，把触点磨光滑
	触点超行程太大	调整运动系统或更换合适的触点
铁芯噪声过大	电源电压过低	检查线路并调高电源电压
	交流接触器短路环断裂或脱落	检查短路环是否断裂，如断裂需重焊或更换
	铁芯机械卡阻	排除卡阻物
	铁芯极面生锈或有污垢	用布清除污垢，用细砂纸擦生锈面，然后用布擦干净后上一点润滑油，再用布擦一下即可装配使用
	铁芯极面磨损严重或不平整	拆开内部修整极面，使其平整
	触点弹簧反作用力过大	适当调整触点弹簧压力
线圈过热或烧毁	线圈匝间短路	更换线圈并找出故障原因
	操作频率过高	调换合适的接触器
	线圈额定电压与实际输入的电压不符合，或需直流而通入交流，需交流而通入直流	调换线圈或接触器
	弹簧的反作用力过大	适当调整弹簧的反作用力
	线圈通电后衔铁吸不紧，有一定间隙或衔铁错位	打开接触器，检查其衔铁吸不紧的原因，清除杂物，校正错位，重新装配

续表

故障现象	产 生 原 因	排 除 方 法
触点过热或灼伤	触点弹簧压力过小	调高触点弹簧压力
	触点上有油污，或表面高低不平，有金属颗粒突起	清理触点表面
	环境温度过高或使用在密闭的控制箱中	接触器降容使用
	铜触点用于长期工作时	接触器降容使用
	操作频率过高，或工作电流过大，触点的断开容量不够	调换容量较大的接触器
	触点的超程太小	调整触点超程或更换触点
相间短路	可逆转换的接触器联锁不可靠，由于误动作，致使两台接触器同时投入运行而造成相间短路，或因接触器动作过快，运转时间短，在转换过程中发生电弧短路	检查电气联锁与机械联锁，在控制线路上加中间环节或调换动作时间长的接触器，延长可逆转换时间
	尘埃堆积或粘有水汽、油垢，使绝缘变坏	经常清理，保持清洁
	产品零部件损坏	更换损坏零部件

7. 按钮常见故障及排除

按钮常见故障及排除方法见表1-7。

表1-7 按钮常见故障及排除方法

故障现象	产 生 原 因	排 除 方 法
触点接触不良	触点烧损	修整触点或更换产品
	触点表面有尘垢	清洁触点表面
	触点弹簧失效	重绕弹簧或更换产品
触点间短路	杂物或油污在触点间形成通路	清洁按钮内部

1.3 任务实施：常用低压电器的识别与检修

1. 工作任务单

工作任务单如表1-8所示。

表1-8 工作任务单

序号	任务内容	任 务 要 求
1	低压电器的识别	能够正确识别常用的低压电器及电气符号
2	低压电器的选择	会选择所需的低压电器
3	低压电器的检修	会运用仪表检测低压电器并对故障进行维修

2. 材料工具单

材料工具单如表1-9所示。

表1-9　材料工具单

项　　目	名　　称	数　量	型　号	备　注
所用工具	电工工具	每组一套		
所用仪表	数字万用表	每组一块	优德利 UT39A	
所用元件及材料	低压断路器			
	熔断器			
	交流接触器			
	万能转换开关			
	按钮			
	热继电器			
	中间继电器			

3. 实施步骤

(1) 学生按人数分组,确定每组的组长。

(2) 以小组为单位,分别进行万能转换开关、按钮及交流接触器的识别与检修。

首先按照万能转换开关、按钮、交流接触器的识别过程进行识别,并判断交流接触器线圈的好坏,找出主触点和辅助触点;然后对有问题的低压电器进行检修,最好是对有问题电路中的低压电器进行检修,并能排除常见低压电器的故障。

4. 实施要求

小组每位成员都要积极参与,由小组给出识别与检修结果,并提交检修实训报告。小组成员之间要齐心协力,共同制订计划并实施,计划一定要制订合理,具有可行性。实施过程中注意安全规范,严格遵循安装和配线工艺,并注意小组成员之间的团队协作,对团结合作好的小组给予一定的加分。

1.4　任务评价

常用低压电器的识别与检修任务评分见表1-10。

表1-10　常用低压电器的识别与检修任务评分

评价类别	考核项目	考核标准	配分/分	得分/分
专业能力	万能转换开关的识别与检修	正确识别万能转换开关各挡位对应的接线端子,并能检测和维修常见故障	25	
	按钮的识别与检修	正确识别按钮动合和动断触点,会根据功能选用按钮,并能检测和排除常见故障	25	
	交流接触器的识别与检修	正确识别交流接触器的主触点、辅助触点和线圈,并能检测和排除常见故障	30	
社会能力	团结协作	小组成员之间合作良好	5	
	职业意识	工具使用合理、准确,摆放整齐,用后归放原位;节约使用原材料,不浪费	5	
	敬业精神	遵守纪律,具有爱岗敬业、吃苦耐劳精神	5	
方法能力	计划和决策能力	计划和决策能力较好	5	

1.5 资料导读:低压电器行业著名品牌

低压电器是一种能根据外界的信号和要求,手动或自动地接通、断开电路,以实现对电路或非电对象的切换、控制、保护、检测、变换和调节的元件或设备。

1. 施耐德

施耐德电气有限公司(Schneider Electric,SA)是世界500强企业之一,1836年由施耐德兄弟建立,如今,它的总部位于法国吕埃。施耐德电气有限公司是全球能效管理领域的领导者,为100多个国家的能源及基础设施、工业、数据中心及网络、楼宇和住宅市场提供整体解决方案,在住宅应用领域也拥有强大的市场能力。施耐德电气有限公司作为一个专业致力于电气工业领域的电气公司,拥有悠久的历史和强大的实力,输配电、工业控制和自动化是施耐德电气携手并进的两大领域。施耐德电气的产品主要分为五大类:输配电、低压配电、低压终端配电、工业控制和可编程控制器。

2. ABB

ABB集团是世界500强企业之一,集团总部位于瑞士苏黎世。ABB由两个100多年历史的国际性企业——瑞典的阿西亚公司(ASEA)和瑞士的布朗勃法瑞公司(Brown Boveri,BBC)在1988年合并而成。两家公司分别成立于1883年和1891年。ABB是电力和自动化技术领域的领导厂商,其技术可以帮助电力、公共事业和工业客户提高业绩,同时降低对环境的不良影响。ABB集团业务遍布全球100多个国家,员工超过13万。

3. 西门子

西门子股份公司创立于1847年,是全球电子电气工程领域的领先企业。西门子自1872年进入中国,140余年来,以创新的技术、卓越的解决方案和产品,坚持不懈为中国的发展提供全面支持,并以出众的品质和令人信赖的可靠性、领先的技术成就、不懈的创新追求,确立了在中国市场的领先地位。西门子已经发展成为中国社会和经济不可分割的一部分,并竭诚与中国携手合作,共同致力于实现可持续发展。

4. 正泰电器

正泰集团股份有限公司(简称正泰)始创于1984年7月,现辖八大专业公司、2000多家国内销售中心和特约经销处,并在国外设有40多家销售机构。正泰产品覆盖高低压电器、输配电设备、仪器仪表、建筑电器、汽车电器、工业自动化和光伏电池。正泰电器坚持自主创新,研究开发了一系列拥有自主知识产权、达到国际先进水平的低压电器产品。公司先后承担了国家"八五""九五""十五"等重点科技攻关项目,拥有数百项国内外专利。2004年NM8系列塑料外壳式断路器获得机械工业科技进步二等奖;2006年NA8-1600智能型万能式断路器获得机械工业科技进步一等奖。截至目前公司已开发100多个系列、200多个基型的具有正泰自主知识产权的新产品,三大系列产品——可通信智能型万能式断路器、电子式过载继电器、智能型模块式塑壳断路器列入了国家科技部火炬计划项目。

5. 德力西

电气制造业作为德力西的主导产业,经过20多年发展,构建了完整的高、中、低压输配变电气产业链和工业自动化控制电气产业链。德力西致力于打造国际先进电气制造业基地,不断引进国际先进的流水线投入生产,形成了温州低压输配电和工业自动化控制电气、杭州自动化仪器仪表和家居电气、上海高压电器和成套设备三大生产基地。下属企业70多家,协作企业1000多家,在国内外设有10000多个销售网点。

6. 天正电气

天正电气TElec以AutoCAD 2006为平台,是天正公司总结多年从事电气软件开发经验,结合当前国内同类软件的各自特点,收集大量设计单位对电气软件的设计需求,向广大设计人员推出的高效快捷的电气软件。在专业功能上,该软件体现了功能系统性和操作灵活性的完美结合,最大限度地贴近工程设计。公司主要生产低压电器、仪器仪表、变频器、建筑电器等80个大系列万余种规格的电器产品。2010年荣获中国企业500强,中国民营企业500强。天正电气商标为"中国驰名商标",荣登"中国最有价值商标500强"排行榜。

7. 人民电器

人民电器集团是中国500强企业之一,始创于1996年,人民电器集团是一家以生产和销售高低压电器、成套设备为主导,集交通、通信、旅游、商贸于一体的全国性无区域企业集团。集团核心层企业人民电器集团有限公司,下辖六大紧密层控股公司,成员企业共有66家,加工协作企业180多家,国内外销售分公司300多家,集团现有员工2300多名,生产和销售42个系列,4000多种规格的产品。

8. 常熟开关

国有参股的电器研发制造领军企业,现有员工1700人,专业研发和制造中低压配电电器、工业控制电器、中低压成套装置、光伏逆变器及光伏发电配套电器和智能配电监控系统及配套测控器件。产品广泛应用于电力、机械、矿山、冶金、石化、建筑、船舶、核电和新能源发电等领域。

9. 华通机电

华通机电集团创办于1986年,是一家以工业电气为主导产品,产业涵盖房地产、铜业、文化教育、酒店、金融投资等多元领域的大型企业集团,拥有上海和浙江两大电气制造基地、20多家控(参)股企业、20多个海外分支机构,总资产超过20亿元。

10. 长城电器集团有限公司

长城电器集团有限公司(CNC)是十大电器设备品牌,知名(著名)开关断路器品牌,创建于1988年,浙江省著名商标,浙江出口名牌,以工业电器为主导的全国无区域企业集团,国家高新企业,中国石化一级网络供应商。

1.6 知识拓展:低压电器新技术特征

低压电器新技术特征是高性能、高可靠性、智能化、总线技术模块化和绿色环保。

(1) 高性能。额定短路分断能力与额定短时耐受电流进一步提高,并实现$I_{cu}=I_{cs}$(I_{cu}为按规定的试验程序所规定条件,不包括塑料外壳断路器继续承载其额定电流能力的分断能力;I_{cs}为按规定的试验程序所规定的条件,包括断路器继续承载其额定电流能力的分断能力),如施耐德公司的MT系列产品,其运行短路分断和极限短路分断能力最高达到150kA。

(2) 高可靠性。产品除要求较高的性能指标外,又可做到不降容使用,可以满容量长期使用而不会发生过热,从而实现安全运行。

(3) 智能化。随着专用集成电路和高性能微处理器的出现,断路器实现了脱扣器的智能化,使断路器的保护功能大大加强,可实现过载长延时、短路短延时、短路瞬时、接地、欠压保护等功能,还可以在断路器上显示电压、电流、频率、有功功率、无功功率、功率因数等系统运行参数,并可以避免在高次谐波的影响下发生误动作。

(4) 现场总线技术。低压电器新一代产品实现了可通信、网络化,能与多种开放式的现场总线连接,进行双向通信,实现电器产品的遥控、遥信、遥测、遥调功能。现场总线技术的应用,不仅能对配电质量进行监控,减少损耗,而且,现场总线技术能对同一区域电网中多台断路器实现区域联锁,实现配电保护的自动化,进一步提高配电系统的可靠性。工业现场总线领域使用的总线有 Profibus、Modbus、DeviceNet 等,其中 Modbus 与 Profibus 的影响较大。

(5) 模块化、组合化。将不同功能的模块按照不同的需求组合成模块化的产品,是新一代产品的发展方向。如 ABB 推出的 Tmax 系列,热磁式、电子式、电子可通信式脱扣器都可以互换,附件全部采用模块化结构,不需要打开盖子就可以安装。

(6) 采用绿色材料。产品材料的选用、制造过程及使用过程不污染环境,符合欧盟环保指令。

1.7 工匠故事:中国航天科技集团有限公司第一研究院首席技能专家高凤林

高凤林,现任中国航天科技集团有限公司第一研究院 211 厂 14 车间高凤林班组组长,第一研究院首席技能专家,中华全国总工会副主席(兼),全国劳动模范,"全国五一劳动奖章"获得者,全国国防科技工业系统劳动模范,全国道德模范,全国技术能手,首次月球探测工程突出贡献者,中华技能大奖获得者,中国质量奖获奖者,2009 年获国务院政府特殊津贴。2018 年"大国工匠年度人物"。2019 年 9 月 25 日,高凤林获"最美奋斗者"个人称号。

在长二捆运载火箭研制生产中,高达 80 多米的全箭振动试验塔是"长二捆"研制中的关键,而塔中用于支撑火箭振动大梁的焊接是关键的关键,该大梁的材料特殊,要求一级焊缝。高凤林经过反复试验,提出了多层、快速、连续堆焊加机械导热等一系列保证工艺性能的方法,出色地完成了振动大梁的焊接攻关,保证了振动塔的按时竣工和长二捆火箭的如期试验,保证了澳星的成功发射,该工程获得部级项目一等奖。

为长三甲、长三乙、长三丙运载火箭设计的新型大推力氢氧发动机,由于使用了新技术、新材料,给焊接加工带来了诸多难题,尤其在发动机大喷管的大、小端焊接中,超厚与超薄材质在复杂结构下的对接焊多次泄漏,高凤林经过反复分析和摸索,终于找出了以高强脉冲焊,配以打眼补焊的最佳工艺措施,攻克了难关。在首台发动机大喷管将被判"死刑"的关键时刻,高凤林将第一台大喷管推上了试车台,保证了长三甲等型号火箭的研制进度。后连续生产多台,气密试验均一次通过,该喷管的制造工艺荣获航天总公司科技进步一等奖、国家科技进步二等奖。长三甲、长三乙已成功地发射了东方红三号、菲律宾马部海等大型通信卫星,并即将成为探月工程的主力火箭。

在国家某重点型号任务研制中,高凤林同志多次受命攻克难关,保证了我国重点型号武器的顺利研制;在国家某特种车的研制中,高凤林同志充分运用焊接系统控制理论,出色地攻克了一系列部组件的生产工艺难关,保证了国防急需,其中后梁和起竖臂分获院科技进步一等奖和阶段成果二等奖。某型号发动机隔板焊接后易出现裂缝、堵塞等缺陷,有时 100% 返修。针对这种情况,高凤林大胆提出工艺改进措施,焊出的产品 1994 至 1996 年 3 年 X 光透视合格率连续达到 100%,该技术获厂、院科技进步奖,特别是在某型号引射筒的焊接攻关中,在公司总经理的亲自授命下大胆改进,突破难关,使有关单位近一年没有解决的难题得以解决，且大幅度提高了效率和质量，仅3天就生产出6件一次合格率100%的工艺试件，156件产品的生产也只用了一个半月，100%一次合格，保证了近1亿元产值的产品交付。

在国家863攻关项目50t大氢氧发动机系统研制中，高凤林同志大胆采用新的工艺措施，突破了理论禁区，创造性地运用b值、s值在多种高低温合金混合焊接接头结构中的应用，解决了有关科技人员久攻不下的难关，多次获奖，为部、院确定的"三转一把火"作出了突出贡献。不断地改进工艺措施、不断地创造新工艺方法、不断地攻克一个个难关锻炼了高凤林，他练就出一手卓尔不群的焊接技艺，积累了系统解决实际焊接问题的经验与方法。他在型号攻关中的事例不胜枚举，多次在关键时刻为型号总师、厂、院领导提供技术依据，使长三乙遥二箭（故障处理方案被刘纪原总经理亲率的总公司专家组采纳）、某产品得以顺利发射，也被传为佳话。他运用精湛技艺还修复了多台长三甲大喷管，多种型号的焊接工艺改进以及长三、长三甲发动机生产工艺的革新，修复苏制图154飞机发动机，共计节约或避免经济损失1500多万元。

在公司民用产品真空炉的生产中，高凤林提出的新焊接工艺比原方法提高工效5倍多，节约原材料50%，实现系统批量化生产。仅此一项（节约原材料和提高效率），多年来就为国家节约资金400多万元（该产品也是填补国内空白的项目，已销往美国、波兰、俄罗斯、新加坡、马来西亚、泰国、巴基斯坦等国家）。在承接国家"七五"攻关项目东北哈汽轮机厂大型机车换热器生产中，技术人员一年多未攻克的熔焊难关，高凤林凭着多年的实践经验和反复摸索，找到了解决办法，使压在生产单位一年多的18台产品顺利交付。经试验换热率达75%，达到了设计要求，为我国新型节能机车的发展铺平了道路。钛合金自行车架焊接是国内一项技术空白，兄弟单位组织技术攻关仍未找到解决办法。临时授命的高凤林经过大量实验，按期焊出了样车，振动实验达20多万次，大大超过了设计振动2万次的要求，填补了该技术国内空白（前航天总公司副总经理夏国洪亲临视察并在航天报头版登载）。此产品多次参加法国、意大利、德国、美国、中国上海、马来西亚等自行车博览会，并受到好评，该产品已全部销往欧美、东南亚各国，为国家赚取了大量外汇。协助某研究所攻克了长三甲模盒及大型超薄波纹管的焊接制造难关，使该项制造技术达到国际先进水平（因在这之前只有美国等国家生产）。

高凤林是航天特种熔融焊接工，为我国多发火箭焊接过"心脏"，占总数近四成。他曾攻克"疑难杂症"200多项，包括为16个国家参与的国际项目攻坚，被美国宇航局委以特派专家身份督导实施。2014年年底，他携3项成果参加德国纽伦堡国际发明展，3个项目全部摘得金奖。

思考与练习

1. 按我国现行标准，将工作在交流________以下、直流________以下的电气设备称为低压电器。

2. 热继电器在电路中作为________保护，熔断器在电路中作为________保护。

3. 低压断路器也称________，它是集________、________于一体的电器，可以实现________、________、________保护。

4. 交流接触器可实现远距离频繁地接通和断开交流主电路和大容量控制电路。它主要由________、________、________组成。

5. 在电动机控制线路中,通常使用________颜色按钮作为起动按钮,________颜色按钮作为停止按钮。

6. 在低压电器中,用于短路保护的电器是(　　)。

A. 过电流继电器　B. 熔断器　C. 热继电器　D. 时间继电器

7. 在电气控制线路中,若对电动机进行过载保护,则选用的低压电器是(　　)。

A. 过电压继电器　B. 熔断器　C. 热继电器　D. 时间继电器

8. 用于频繁地接通和分断交流主电路和大容量控制电路的低压电器是(　　)。

A. 按钮　B. 交流接触器　C. 热继电器　D. 断路器

9. 交流接触器是一种自动控制电器,其作用是(　　)。

A. 不频繁地接通或断开电路

B. 频繁地接通或断开电路,但不具备任何保护功能

C. 频繁地接通或断开电路,且具有一定的保护功能

D. 和普通开关的作用基本相同,只是能够控制的距离较远

10. 熔断器在电路中的作用是(　　)。

A. 普通的过载保护　B. 短路保护和严重过载保护

C. 欠压、失压保护　D. 短路和过电流保护

11. 热继电器在电路中的作用是(　　)。

A. 过载保护　B. 短路保护和严重过载保护

C. 欠压、失压保护　D. 漏电保护

12. 下列低压电器中,能起到过流保护、短路保护、失压和零压保护的是(　　)。

A. 熔断器　B. 速度继电器　C. 低压断路器　D. 时间继电器

13. 低压断路器(　　)。

A. 有短路保护,有过载保护　B. 有短路保护,无过载保护

C. 无短路保护,有过载保护　D. 无短路保护,无过载保护

14. 按下复合按钮时(　　)。

A. 动断先断开　B. 动合先闭合

C. 动断动合同时动作　D. 动合动断均可先动

15. 按钮用来短时间接通或断开小电流电路,(　　)色按钮常用来表示起动。

A. 红　B. 绿　C. 黄　D. 黑

16. 按钮、交流接触器的动合和动断触点的动作顺序是怎样的?

17. 如果交流接触器没有灭弧装置,会产生什么后果?

18. 观察按钮的动合、动断触点,说明它们有何区别。

19. 热继电器在电路中主要起到何种保护作用? 使用热继电器后是否可省去熔断器?

20. 画出下列低压电器的图形符号,并对应标出文字符号。

刀开关　组合开关　低压断路器　熔断器　热继电器　交流接触器　中间继电器　按钮

任务 2 Task 2

点动与连续运转控制电路的安装与调试

2.1 任务目标

(1) 掌握电气识图的基本知识。

(2) 掌握电动机电路配线的工艺要求、导线要求及接线要求。

(3) 能够正确分析点动与连续运转控制线路的工作原理。

(4) 能够根据电路图安装三相异步电动机连续运转控制电路。

(5) 能够正确分析并快速排除电路故障。

2.2 知识探究

2.2.1 电气识图的基本知识

1. 电动机控制系统电气图的分类

电气设备控制系统是把各种电气设备和电气元件按一定要求连接在一起的一个整体。根据电气控制电路的功能和作用不同,电路的形式也各不相同。由各种电气元件和线路构成,对电动机和生产机械运行进行控制,表示其工作原理、电气接线、安装方法等的图样叫电气控制图。其中,主要表示其工作原理的电气控制图称为控制电路图;主要表示电气接线关系的电气控制图称为电气接线图。

电气识图的基本知识

电动机控制系统电气图常见的种类有控制电路图、安装接线图、展开接线图、平面布置图和剖面图,其中最常用的是控制电路图、安装接线图和平面布置图。

1) 控制电路图

控制电路图简称电路图,能充分表达电气设备和电气元件的用途、作用和工作原理,是电气线路安装、调试和维修的理论依据。

2) 安装接线图

安装接线图是根据电气设备和电气元件的实际位置和安装情况绘制的,只用来表示电气设备和电气元件的位置、配线方式和接线方式,而不明显表示电气动作原理,主要用于安装接线、线路的检查维修和故障处理。

3）平面布置图

平面布置图是根据电气元件在控制板上的实际安装位置，采用简化的外形符号（如正方形、矩形、圆形）而绘制的一种简图，它不表达各电器的具体结构、作用、接线情况以及工作原理，主要用于电气元件的布置和安装。图中各电器的文字符号必须与控制电路图和电气安装图的标注一致。

2. 电动机控制系统电气图识读的方法

1）结合电工基础理论看图

无论变配电所、电力拖动，还是照明供电和各种控制电路的设计，都离不开电工基础理论。因此，要想搞清电路的电气原理，必须具备电工基础知识。例如，异步电动机的旋转方向是由电动机的三相电源的相序决定的，所以通常用两个交流接触器进行切换，改变三相电源的相序，从而达到控制电动机正转或反转的目的。

2）看图样说明

图样说明包括图样目录、技术说明、元件明细表和施工说明书等。识图时，首先看图样说明，搞清设计内容和施工要求，这有助于了解图样的大体情况，抓住识图重点。

3）结合电器的结构和工作原理看图

电路中有各种电气元件，例如常用各种继电器、接触器和控制开关等。在看电路图时，首先应该搞清楚这些电气元件的性能、相互控制关系，以及在整个电路中的地位和作用，才能搞清楚工作原理，否则无法看懂电路图。

4）结合典型电路看图

所谓典型电路，就是常见的基本电路，例如电动机的起动和正/反转控制电路、继电保护电路、互锁电路、时间和行程控制电路等。一张复杂的电路图，细分起来不外乎是由若干典型电路所组成。熟悉各种典型电路，对于看懂复杂的电路图有很大帮助，能很快分清主次环节，抓住主要矛盾，而且不易出错。

5）读图的顺序

看电动机控制系统电路图时，先要分清主电路和控制电路，按照先看主电路，再看控制电路的顺序识读。看主电路时，通常从下往上看，即从用电设备开始，经控制元件、保护元件顺次看往电源。看控制电路时，则自上而下，从左向右看，即先看电源，再顺次看各条回路，分析各条回路元器件的工作情况及其对主电路的控制关系。通过看主电路，要搞清楚用电设备是怎样取得电源的，电源是经过哪些元件到达负载的，这些元件的作用是什么；看控制电路时，要搞清电路的构成，各元件间的联系（如顺序、互锁等）及控制关系和在什么条件下电路构成通路或断路，以理解控制电路对主电路是如何控制动作的，进而搞清楚整个系统的工作原理。

3. 电动机控制电路图的识读

电动机的控制是生产中最主要的电气控制方式之一。电动机直接起动控制电路是其中应用最广泛，也是最基本的线路，该线路能实现对电动机起动控制、停止控制、远距离控制、频繁操作等，并具有短路、过载、失压等保护。现以电动机直接起动控制电路为例，如图 2-1 所示，学习电气原理图主电路、控制（辅助）电路的识读方法。

1）主电路的识读

（1）看用电器。用电器是指消耗电能的用电器具或电气设备，如电动机、电热器件等。

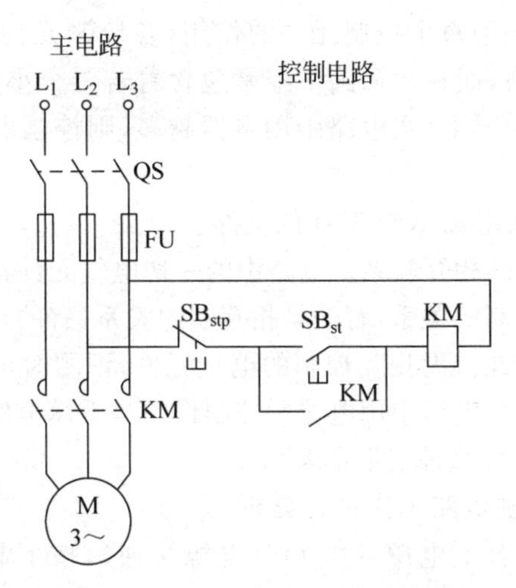

图 2-1　电动机直接起动控制电路

看图首先要看清楚有几个用电器，它们的类别、用途、接线方式及一些不同要求等。例如最常见的电动机，要先搞清楚电动机属于哪类，采用了什么接线方式，电动机有何特殊要求，如起动方式、正/反转及转速的要求等。

本电路的用电器有一台三相交流异步电动机 M，采用交流直接起动方式。

(2) 要看清楚主电路中的用电器是采用什么控制元件进行控制，是用几个控制元件控制。实际电路中对用电器的控制方式有多种，有的用电器只用开关控制，有的用电器用起动器控制，有的用电器用接触器或其他继电器控制，有的用电器用程序控制器控制，而有的用电器直接用功率放大集成电路控制。正由于用电器种类繁多，因此对用电器的控制方式就有很多种，这就要求分析清楚主电路中的用电器与控制元件的对应关系。

在本电路中，控制电动机的电气元器件是交流接触器 KM。

(3) 看清楚主电路中除用电器以外的其他元件，以及这些元件所起的作用。如电源开关、熔断器、热继电器等。主电路中元件和用电器一般情况下都比控制电路少，看主电路时，可以顺着电源引入端往下逐次观察。

在本电路中还接有电源开关 QS、熔断器 FU。QS 控制主电路电源的接通和断开，FU 起短路保护作用。

(4) 看电源，要了解电源的种类和电压等级，是直流电源还是交流电源。直流电源的等级有 660V、220V、110V、24V、12V 等，交流电源等级有 380V、220V、110V、36V、24V 等，频率为 50Hz。

本电路的电源是 380V 三相交流电。

2) 控制电路的识读

(1) 看控制电路的电源，分清控制电路的电源种类和电压等级。控制电路电源也有直流和交流两类。控制电路所用交流电源电压一般为 380V 或 220V，频率为 50Hz。控制电路电源若引自三相电源的两根相线，电压为 380V；若引自三相电源的一根相线和一根中性线，则电压为 220V。控制电路电源常用直流电源等级有 110V、24V、12V 3 种。

本控制电路电源直接采用 380V 交流电。

(2) 按布局顺序从左到右搞清楚控制电路各条支路如何控制主电路，分析每一条支路的工作原理。弄清控制电路中每个控制元件的作用,各控制元件对主电路用电器的控制关系。控制电路是一个大回路,而在大回路中经常包含着若干个小回路,在每个小回路中有一个或多个控制元件。一般情况下,主电路中用电器越多,则控制电路的小回路和控制元件也就越多。

本电路的控制电路为接触器 KM 所在的支路。

(3) 寻找电气元件之间的相互联系。电路中的一切电气元件都是相互联系、相互制约的,有的元件之间是控制与被控制的关系,有的是相互制约关系,有的是联动关系。在控制电路中控制元件之间的关系也是如此。无相互控制的电气元件,识图时可省略。弄清楚控制电路中各控制元件的动作情况和对主电路中用电器的控制作用是看懂电路图的关键。

(4) 看其他电气元件。如整流、照明等。

3) 电动机直接起动控制电路工作过程分析

(1) 电动机起动过程:合上电源开关 QS(电源接通),按下起动按钮 SB_{st},接触器 KM 线圈带电,主触点 KM 吸合,电动机得电起动。

(2) 电动机停止过程:按下停止按钮 SB_{stp},接触器 KM 线圈失电,主触点 KM 断开,电动机失电停转。

(3) 自锁过程:因 KM 的自锁触点并联于 SB_{st} 两端,当松开起动按钮时,线圈 KM 通过其自锁触点继续维持通电吸合。

4. 电动机安装接线图的识读

学会看电路图是学会看安装接线图的基础,学会看安装接线图是进行实际接线的基础。反过来,通过具体电路接线又能促进看安装接线图和看电路图能力的提高。看安装接线图,首先要清楚电路图,结合电路图看安装接线图是看懂安装接线图的最好方法。

1) 安装接线图的识读步骤

(1) 分析电路图中主电路和控制电路所含有的元件,弄清楚每个元件的动作原理,特别是控制电路中控制元件之间的关系,控制电路中有哪些控制元件与主电路有关系。

(2) 搞清楚电路图和接线图中元件的对应关系。虽然电路图各元件的图形符号与电路接线图中元件图形符号都按照国标符号绘制,但是电路图是根据电路工作原理绘制,而接线图是按电路实际接线绘制,这就造成对同一元件在两种图中绘制方法上可能有区别。例如,接触器、继电器、热继电器、时间继电器等控制元件,在控制电路图中是将它们的线圈和触点画在不同位置(不同支路中),在安装接线图中是将同一继电器的线圈和触点画在一起的。

(3) 弄清楚接线图中接线导线的根数和所用导线的具体规格。通过对接线图细致观察,可以得出所需导线的准确根数和所用导线的具体规格。

(4) 根据接线图中的线号分析主电路的线路走向。分析主电路的线路走向是从电源引入线开始,依次找出接主电路用电器所经过的元件。

(5) 根据线号分析控制电路的线路走向。在实际电路接线过程中,主电路和控制电路是分先后顺序接线的,这样做的目的是避免主、辅电路混杂。分析控制电路的线路走向是从控制电路电源引入端开始,依次分析每条分支的线路走向。

2) 具有过载保护的接触器自锁正转电动机控制电路接线图的识读

具有过载保护的接触器自锁正转电动机控制电路原理图如图 2-2 所示,接线图如图 2-3 所示,识读过程如表 2-1 所示,图 2-4 为平面布置图。

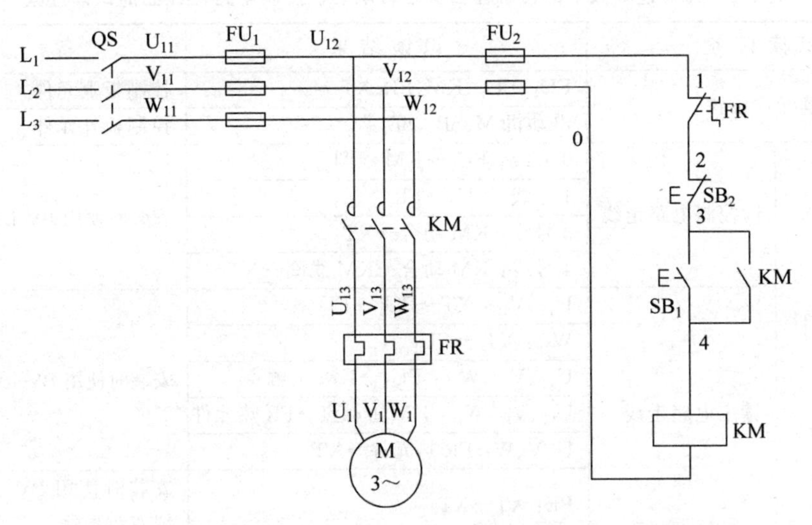

图 2-2　具有过载保护的接触器自锁正转电动机控制电路原理图

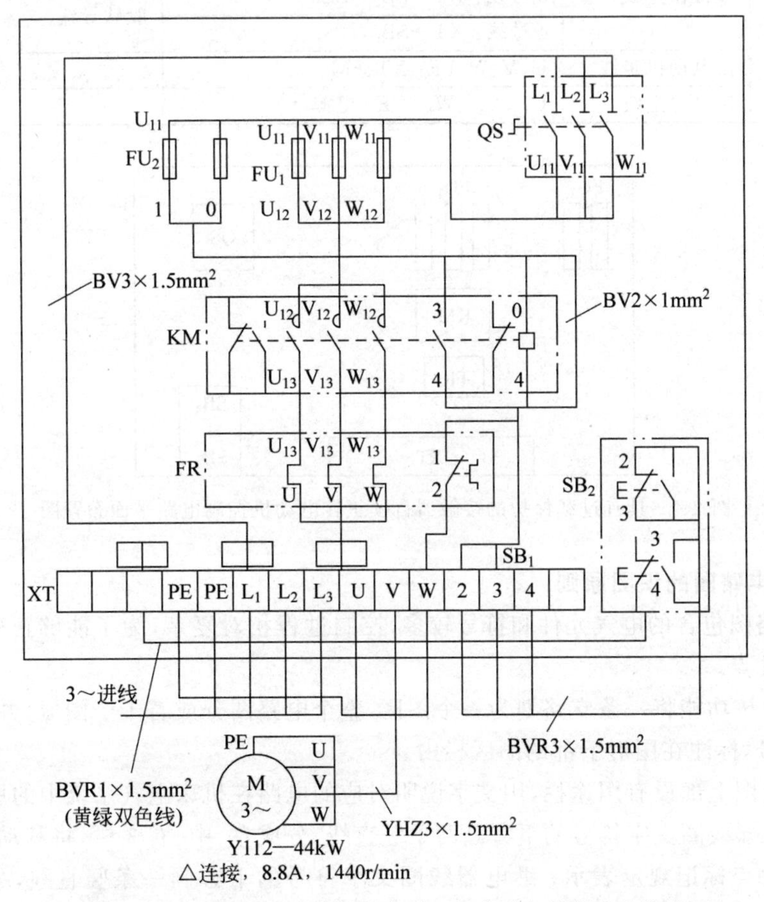

图 2-3　具有过载保护的接触器自锁正转电动机控制电路接线图

表 2-1 具有过载保护的接触器自锁正转电动机控制电路接线图的识读过程

识读任务		识读结果	备注
读元件位置		FU_1、FU_2、KM、FR、XT	控制板上元件
		电动机 M、SB_1、SB_2	控制板外元件
读板上元件走线	读控制电路走线	0 号线：FU_2→KM 线圈	安装时使用 BV-1.0mm^2 导线
		1 号线：FU_2→FR	
		3 号线：KM 动合→XT	
		4 号线：KM 动合→KM 线圈→XT	
	读主电路走线	U_{11}、V_{11}：XT→FU_1→FU_2	安装时使用 BV-1.5mm^2 导线
		W_{11}：XT →FU_1	
		U_{12}、V_{12}、W_{12}：FU_1→KM 主触点	
		U_{12}、V_{12}、W_{12}：KM 主触点→FR 热元件	
		U、V、W：FR 热元件→XT	
		PE：XT→XT	安装时使用 BV-1.5mm^2 黄绿双色导线
读外围元件走线	读按钮走线	2 号线：XT→SB_2	安装时使用 BV-1.0mm^2 多股软导线
		3 号线：XT→SB_2→SB_1	
		4 号线：XT→SB_1	
	读电动机走线	U、V、W、PE：XT→M	
	读电源走线	U_{11}、V_{11}、W_{11}、PE：电源→XT	

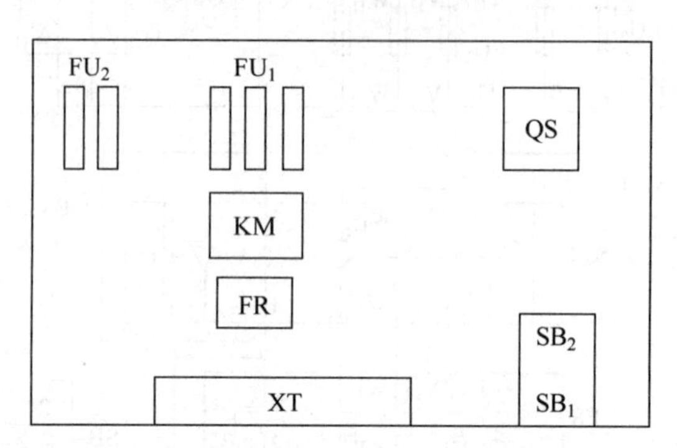

图 2-4 具有过载保护的接触器自锁正转电动机控制电路平面布置图

5. 机床电路图的识图原则

机床电路图包含的电气元件和符号较多，控制过程相对复杂，为了能够正确地识读，需要注意以下几点。

(1) 通常按功能将一条支路划为一个图区，整个电路图分成若干个图区，并从左到右依次用数字编号，标注在图形下部的图区栏内。

(2) 电路图上部设有用途栏，用文字说明对应的电路在机床电气系统中的用途。

(3) 接触器线圈文字符号的下方画两条竖直线，分成左、中、右 3 栏，将其动作的触点所处图区号按触点标记规定表示；继电器线圈文字符号的下方画一条竖直线，分成左、右两栏，将受其控制而动作的触点所处图区号按触点标记规定表示。对于没有使用的触点，则在相应的栏中用“×”标出或不标任何符号。触点标记规定如表 2-2 所示。

表 2-2　触点标记规定

器件类型	标记规定	举例	
		符　号	说　明
接触器	左栏：主触点所处的图区号	KM 3 | 8 | × 3 | × | × 3 | |	表示有 3 对主触点均在图区 3
	中栏：动合辅助触点所处的图区号		表示有 1 对辅助动合触点在图区 8，另 1 对没有使用
	右栏：动断辅助触点所处的图区号		表示有 2 对辅助动断触点，但均没有使用
继电器	左栏：动合触点所处的图区号	KA 4 | 9 4 | × 4 |	表示有 3 对动合触点均在图区 4
	右栏：动断触点所处的图区号		表示有 1 对动断触点在图区 9，另有 1 对没有使用

6. 电动机控制系统电气图识图口诀

识图注意抓重点，图样说明先搞清。
主辅电路有区别，交流直流要分清。
读图次序应遵循，先主后辅思路清。
细细解读主电路，设备电源当查清。
控制电路较复杂，各条回路须理清。
各个元件有联系，功能作用应弄清。
控制关系讲条件，动作情况看得清。
综合分析与归纳，一个图样识得清。

2.2.2　电动机控制电路的配线及安装

1. 电动机控制电路配线的工艺要求

(1) 按图施工，接线正确。

(2) 导线与电气元件间采用螺栓连接、插接、焊接或压接等，均应牢固可靠。

电动机控制电路的配线及安装

(3) 布线应横平竖直，分布均匀，变换走向时应垂直。

(4) 柜内导线不应有接头，导线芯线应无损伤。

(5) 所有二次回路的仪表电气元件端子排均应放标号头，编号应正确，字迹清晰且不脱色。

(6) 每个接线端子的每侧接线为 1 根，不得超过 2 根。对于插接式端子，不同截面积的两根导线不得接在同一端子上；对于螺栓连接端子，当接两根导线时，中间应加平整片。

(7) 仪表门上的导线(活动部分)与柜内的连线必须用多股铜芯软线，并且用线夹固定。

(8) 配线应整齐、清晰、美观，导线绝缘应良好，无损伤。线束在行线时横平竖直，配制坚固，层次分明，整齐美观。

(9) 绝缘导线不应贴近裸露带电部件或贴近带有尖角的边缘敷设，不应在喷弧区或发热区的上方或附近敷设。

(10) 所有从一个接线端子(或接线柱)到另一个接线端子(或接线柱)的导线必须连续，中间无接头。同一元件、同一回路不同接点的导线间距离应保持一致。

(11) 同一合同单号，二次接线相同，元器件布置相同，使用同一、二次施工图所配制的二次线,走向和颜色要一致。

(12) 接线通道尽可能少,同时并行导线按主回路和控制回路分类集中,单层密排,紧密布线。

(13) 同一平面的导线应高低一致或前后一致,不能交叉。非交叉不可时,该根导线应在接线端子引出时,就水平架空跨越,但必须走线合理。

(14) 二次回路接地应设专用螺栓。

2. 电动机控制电路配线的导线要求

(1) 配电柜中的测量、控制、保护回路应采用额定绝缘电压不低于500V的铜芯绝缘导线。当设备、仪表和端子上装有专用于连接铝芯的接头时,可采用铝芯绝缘导线。

(2) 电流回路的铜芯绝缘导线截面积不应小于2.5mm^2,电压回路不应小于1.5mm^2,配电柜控制回路不应小于1.0mm^2。用户有特殊要求的,按用户要求,但不能低于以上标准。

(3) 导线颜色规定为计量回路用黄色线(U相)、绿色线(V相)、红色线(W相)、蓝色线(N线);控制回路全部采用黑色线。

(4) 柜门上的导线(活动部分)与柜内连接线必须用多股铜软线,并用线夹固定,导线固定处应用缠绕管缠绕,导线应留有开门的余量;与电器连接时,端部应绞紧,并应加终端附件或搪锡,不得松散、断股。

(5) 计量导线的长度,剪线时应留出200～300mm,导线中间不许有断线接头,若导线长度不够时,必须抽出更换。

3. 电动机控制电路配线的接线要求

(1) 根据导线的走向,将导线捆扎成圆线束,圆线束内导线走向的原则是:线束不松动,无交叉,无麻花;外层先出,里层后出;线束固定后,后侧先出,前面后出。

(2) 圆线束的捆扎。把下好的导线拉直,一端固定,另一端用钳子夹住,用力向后拉,使导线成直线。根据圆线束内导线走向原则依次排列。用尼龙扎带固定,线束上尼龙扎带的固定间距应为等间距,其间距不得超过150mm。

(3) 圆线束的敷设。

① 主线束必须用过线夹或吸盘固定,线束固定点间距:水平走向不得大于300mm,垂直走向不得大于400mm,不能晃动。

② 线束通过金属板孔时,必须有保护导线绝缘不受损的措施(套橡胶圈、套保险管或缠绕塑料带)。

③ 绝缘导线及线束不应贴近裸露带电部件或带有尖角的边缘敷设,不应在喷弧区或发热区的上方或附近敷设。

④ 线束在弯曲时,其弯曲半径不得小于10mm,并用尼龙扎带距弯曲线束内侧50mm处固定线束。

⑤ 活动线束多于18根导线时,可采用分束捆扎,要固定牢固,在最大、最小极限范围活动时,不允许出现线束松动、拉伸和破坏绝缘等现象。

⑥ 主线束固定后,需要分线时,分线应从主线的背面出线,在不能从背面出线时,可在最外侧出线,但不允许从主线束中间出线。

⑦ 在分线时,在分线束打弯处用尼龙扎带扎紧,扎带距打弯线束内侧50mm。

⑧ 在分线束出线时应靠近接线元件的一侧出线,当不能在元件近的一侧出线时,应从

另一侧出线，但不允许从正面跨越线束出线。

(4) 行线槽的敷设。

① 按接线图及材料表要求的规格准备好行线槽。

② 根据安装接线图及实际情况确定行线槽的走向，做到横平竖直。

③ 行线槽连接方式有以下三种：45°角接、T形连接、45°对接。将行线槽按照走向量好的尺寸，用手锯锯断，断面应整齐、规整。

④ 用M5螺钉把行线槽固定在安装梁或安装板上，固定孔距应均等，但不能大于400mm，端头固定孔距不小于30mm。

⑤ 把下好料的塑料线整理成线束，放入行线槽内。

⑥ 按元件位置分别从行线槽的出线孔将出线引出，当出线线束较多时，将线槽出线孔扩大后将线引出，扩大的断面应平整。

⑦ 配线结束后，将行线槽槽盖扣上，并保证接头对严。

(5) 校线及套线号。

① 根据线束内导线走线原则，用万用表的蜂鸣器挡或校验灯校线，可校出1根导线，按图样的线号在导线两侧分别套线号，不能套错。

② 线号上的号码朝向一致，易读。

(6) 导线的连接及固定。

① 所有导线从线束中分列至接线端子处，留25～50mm的余量。

② 对BV导线用剥线钳把导线的塑料绝缘皮剥掉。

③ 将裸露铜芯线弯成圆环，圆环内径应大于固定螺钉1mm，线头圆环绕制方向应与螺母旋转方向一致。

④ 对多股塑料软线剖削后，将多股铜芯线拧成一股，套上护套，把铜线插入冷压接端头，用专用压接钳压紧，用手拉导线不松动为准。

⑤ 二次导线与母线相接时，须在母线处钻直径为6mm的孔，用M5螺钉、垫片、弹垫、螺母紧固。

⑥ 接线端子的接线余度、走向半径必须一致、平整，用于固定连接导线的螺钉必须旋紧，并要求有防松装置。

⑦ 一套屏、柜的走向方式应当一致。

⑧ 配好线后用缠绕管把线束套好，以加强绝缘。

(7) 接线的注意事项。

① 当主线束用行线槽时，按行线槽工艺进行加工。

② 在分线后，用校验灯或万用表测试每根导线，确认后两端分别套入线号。

③ 在剖削时，注意不能将铜芯线划伤；接线时严禁损伤线芯和导线绝缘层。

④ 二次回路全部使用黑色塑料线，接地线采用黄绿双色或多股软铜线，而且接线端保证接触良好，接触电阻小于0.01Ω。

⑤ 安装时，行线遇有灭弧装置时，应避让出电弧喷出的距离，以免烧毁塑料绝缘层。

4. 电动机控制电路的安装步骤

(1) 分析电路图，明确电路的控制要求、工作原理、操作方法、结构特点及所用电气元件的规格，选择元器件的类型和检查元器件的质量。

(2) 按电气原理图及负载电动机功率的大小配齐电气元件及导线,画出电动机控制电路的平面布置图。

(3) 检查电气元件的外观、电磁机构及触点情况,看元器件外壳有无裂纹,接线柱有无生锈,零部件是否齐全。检查元器件动作是否灵活,线圈电压与电源电压是否相符,线圈有无断路、短路等现象。

(4) 首先确定交流接触器的位置,然后逐步确定其他电器的位置并安装元器件(组合开关、熔断器、接触器、热继电器、时间继电器和按钮等)。元器件布置要整齐、合理,做到安装时便于布线,便于故障检修。其中,组合开关、熔断器的受电端子应安装在控制板的外侧,紧固用力均匀,紧固程度适当,防止电气元件的外壳被压裂损坏。

(5) 根据电气原理图画出三相异步电动机控制电路的安装接线图。按安装接线图确定走线方向并进行布线,根据接线柱的不同形状加工线头,要求布线平直、整齐、紧贴敷设面,走线合理,接点不得松动,尽量避免交叉,中间不能有接头。

(6) 按电气原理图或安装接线图从电源端开始,根据配线线号,用万用表的蜂鸣器挡逐一核对接线,看有无漏接、错接,检查导线压接是否牢固、接触良好。

(7) 检查主回路有无短路现象(断开控制回路),检查控制回路有无开路或短路现象(断开主回路),检查控制回路自锁、联锁装置的动作及可靠性。检查电路的绝缘电阻,不应小于1MΩ。

(8) 合上电源开关,空载试车(不接电动机),用验电器检查熔断器出线端。操作起动和停止按钮,检查接触器动作情况是否正常,是否符合电路功能要求;检查电气元件动作是否灵活,有无卡阻或噪声过大现象,有无异味;检查负载接线端子三相电源是否正常。经反复几次操作空载运转,各项指标均正常后方可进行带负载试车。

(9) 合上电源开关,负载试车(连接电动机),检查电路是否正常工作。按下起动按钮,接触器动作情况是否正常,电动机是否转动;等到电动机平稳运行时,用钳形电流表测量三相电流是否平衡;按停止按钮,接触器动作情况是否正常,电动机是否停止。

2.2.3 点动与连续运转控制电路

1. 点动运转控制电路

点动控制是指按下按钮电动机就运转,松开按钮电动机就停止的控制方式,是一种短时断续控制方式,主要应用于设备的快速移动和校正装置。由于是短时断续工作,因而不需要过载保护。点动控制多用于机床刀架、横梁、立柱的快速移动,也常用于机床的试车调整和对刀等场合,电路如图2-5所示。

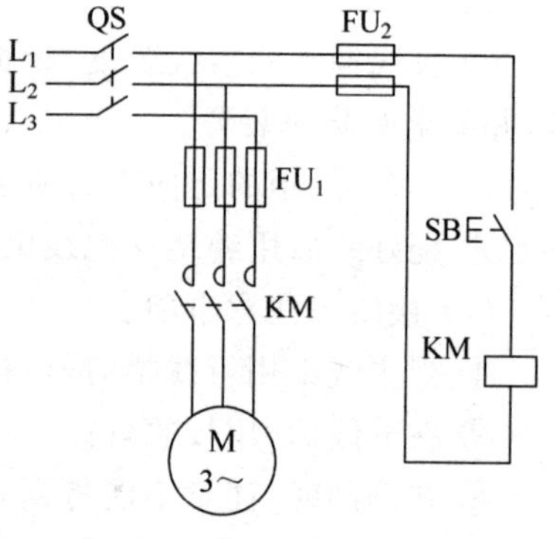

图2-5 点动运转控制电路

1) 电路工作过程分析

(1) 合上刀开关QS,接通三相电源→按下起动按钮SB(按住不动)→交流接触器KM线圈得电→交流接触器KM主触点闭合→电动机M通电运转。

电动机点动运转控制电路

(2) 松开起动按钮SB→交流接触器KM线圈失电→交流接触器KM主触点复位断开→电动机M失电停转。

2) 电路特点

控制电路简单,操作方便,适用于短时工作的电路。

2. 电动机连续运转控制电路

在许多场合需要电动机起动后能够连续运转(即电动机的长动)。如果采用点动正转控制电路,需要操作人员的手一直按住按钮,显然这是不合理的,需要采用连续运转控制方式。连续运转控制是指按下起动按钮电动机就运转,松开按钮后电动机仍然保持运转的控制方式。由于是连续工作,为避免因过载或缺相烧毁电动机,必须使用热继电器作过载保护。通常采用接触器自锁电路实现电动机的连续运行控制,例如卧式车床主轴电动机的控制就采用接触器自锁连续运转控制电路。接触器自锁就是依靠接触器自身的辅助动合触点动作后,使其线圈保持通电的控制状态。电动机连续运转控制电路如图 2-6 所示。

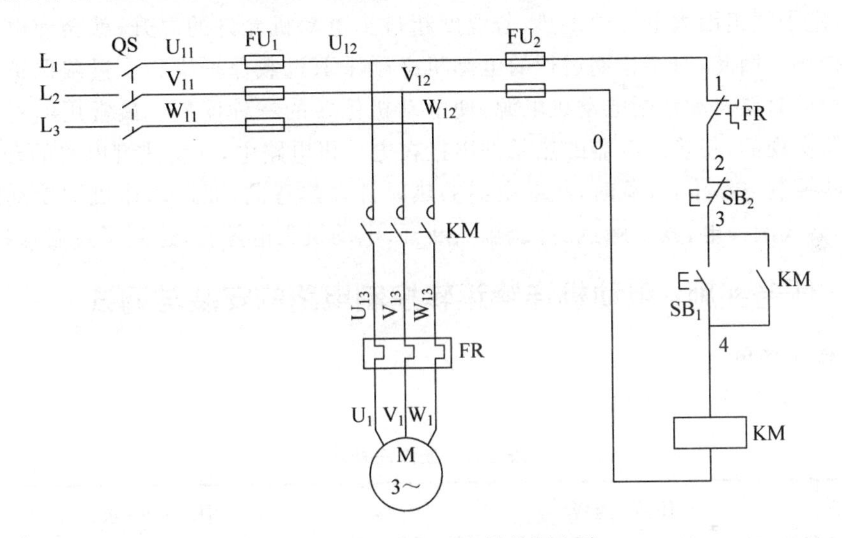

图 2-6　电动机连续运转控制电路

1) 电路工作过程分析

电动机连续运转控制电路

(1) 合上刀开关 QS,接通三相电源→按下起动按钮 SB_1→交流接触器 KM 线圈得电→KM 触点动作→主触点 KM 闭合→电动机 M 得电运转。

(2) 主触点 KM 闭合的同时,辅助动合触点 KM 闭合→保持线圈 KM 通电,形成自锁。当松开起动按钮时,接触器 KM 通过自身辅助动合触点而使线圈保持得电的作用叫作自锁,与起动按钮 SB_1 并联起自锁的动合辅助触点叫作自锁触点。

(3) 按下停止按钮 SB_2→交流接触器 KM 线圈失电→交流接触器 KM 触点复位→主触点 KM 断开→电动机 M 失电停转。

(4) 主触点 KM 断开的同时,辅助动合触点 KM 复位断开→解除自锁→线圈 KM 失电。

2) 电路特点

电动机直接起动控制电路能实现对电动机起动控制、停止控制、远距离控制、频繁操作等,通过交流接触器 KM 的动合辅助触点并联于 SB_1 两端实现自锁,并具有短路、过载、失压等保护。

(1) 欠电压保护:欠电压是指电路电压低于电动机应加的额定电压。欠电压保护是指当电路电压下降到某一数值时,接触器线圈两端的电压同样下降,接触器电磁吸力将小于复位弹簧的反作用力,衔铁被释放,带动主触点、辅助触点同时断开,自动切断主电路和控制电路,电动机失电停止,避免了电动机在欠电压下运行而损坏。

(2) 零电压保护:零电压保护是指电动机在正常运行中,由于外界某种原因引起突然断电时,能自动切断电动机电源,而当重新供电时,电动机不能自行起动的保护。零电压保护避免了由于突然停电后,操作人员忘记切断电源,当来电后电动机自行起动,而造成的设备及人身伤亡事故。凡是接触器控制的电路均有欠电压保护和零电压保护作用。

(3) 过载保护:过载是指当电动机在运行过程中,如果长期负载过大,或起动操作频繁,以及缺相运行等原因,都可能使电动机定子绕组中的电流过大,超过其额定值。在过载的情况下,定子绕组因大电流而发热,若温度超过了电动机允许的温升,就会使电动机的绝缘老化而损坏。因此,对于长期运行的电动机必须采取过载保护措施。过载保护是指当电动机出现过载时能自动切断电动机电源,使电动机停转的一种保护。最常用的过载保护是由热继电器实现的,将热继电器的热元件串接在电动机电路中,并将热继电器的动断触点串接在接触器控制电路中,过载时,热继电器的热元件发热弯曲,通过动作机构使动断触点分断,使接触器线圈失电,其主触点、自锁触点断开,电动机失电停转,达到了过载保护的目的。

2.3 任务实施:电动机连续运转控制电路的安装与调试

1. 工作任务单

工作任务单如表 2-3 所示。

表 2-3 工作任务单

序号	任务内容	任务要求
1	电动机连续运转控制电路图的识读	能够正确识读电路,并会分析其工作过程
2	电动机连续运转控制电路的安装	按照电路图完成电路的安装,遵循配线工艺
3	电动机连续运转控制电路的调试	会运用仪表检修调试过程出现的故障

2. 材料工具单

材料工具单如表 2-4 所示。

表 2-4 材料工具单

项目	名称	数量	型号	备注
所用工具	电工工具	每组一套		
所用仪表	数字万用表	每组一块	优德利 UT39A	
所用元件及材料	刀开关 QS	1	HD10-40/31	
	螺旋式熔断器 FU_1	3	RL1-15/5A	
	螺旋式熔断器 FU_2	2	RL1-15/2A	
	交流接触器 KM	1	CJ20/10,380V	
	按钮 SB_1	1	LA4-3H(绿色)	
	按钮 SB_2	1	LA4-3H(红色)	
	热继电器 FR	1	JR36-20,整定电流 2.2A	

续表

项 目	名 称	数 量	型 号	备 注
所用元件及材料	三相笼型异步电动机 M	1	Y802-4,0.75kW,Y 接法,380V,2A,1390r/min	
	接线端子排	若干	JX2-Y010	
	导线	若干	BVR-1.5mm 塑铜线	

3. 实施步骤

(1) 学生按人数分组,确定每组的组长。

(2) 以小组为单位,在机电综合实训网板台上,根据具有过载保护的电动机连续运转控制电路的电路原理图,设计出平面布置图和安装接线图,然后按照电动机控制电路的安装与调试步骤进行电动机连续运转控制电路的安装与调试。要求:在安装过程中严格遵循安装工艺和配线工艺,配线应整齐、清晰、美观,布局合理;安装好的电路机械和电气操作试验合格,并能检查和排除电路常见故障。

4. 实施要求

小组每位成员都要积极参与,由小组给出电路安装与调试的结果,并提交实训报告。小组成员之间要齐心协力,共同制订计划并实施。计划一定要制订合理,具有可行性。实施过程中注意安全规范,严格遵循安装和配线工艺,并注意小组成员之间的团队协作,对团结合作好的小组给予一定的加分。

2.4 任务评价

电动机连续运转控制电路的安装与调试任务评分见表 2-5。

表 2-5 电动机连续运转控制电路的安装与调试任务评分

评价类别	考核项目	考核标准	配分/分	得分/分
专业能力	电路设计	安装接线图和平面布置图设计合理	10	
	布局和结构	布局合理,结构紧凑,控制方便,美观大方	5	
	元器件的选择	元器件的型号、规格、数量符合图样的要求	5	
	导线的选择	导线的型号、颜色、横截面积符合要求	5	
	元器件的排列和固定	排列整齐,紧固各元器件时要用力均匀,紧固程度适当,元器件固定可靠、牢固	5	
	配线	配线整齐、清晰、美观,导线绝缘良好,无损伤。线束横平竖直,配制坚固,层次分明,整齐美观	5	
	接线	接线正确、牢固,敷线平直、整齐,无漏铜、反圈、压胶,绝缘性能好,外形美观	5	

续表

评价类别	考核项目	考核标准	配分/分	得分/分
专业能力	元器件安装	各元器件的安装整齐、匀称,间距合理,便于更换	5	
	安装过程	能够读懂电动机控制电路的电气原理图,并严格按照图样进行安装,安装过程符合安装的工艺要求	5	
	会用仪表检查电路	会用万用表检查电动机控制电路的接线是否正确	5	
	故障排除	能够排除电路的常见故障	5	
	通电试车	电动机正常工作,电路机械和电气操作试验合格	10	
	工具的使用和原材料的用量	工具使用合理、准确,摆放整齐,用后归放原位;节约使用原材料,不浪费	5	
	安全用电	注意安全用电,不带电作业	5	
社会能力	团结协作	小组成员之间合作良好	5	
	职业意识	工具使用合理、准确,摆放整齐,用后归放原位;节约使用原材料,不浪费	5	
	敬业精神	遵守纪律,具有爱岗敬业、吃苦耐劳精神	5	
方法能力	计划和决策能力	计划和决策能力较好	5	

2.5 资料导读:三相交流异步电动机的基本知识

1. 认识三相交流异步电动机

异步电动机的容量从几十瓦到几千千瓦,在各行各业中应用极为广泛。例如,在工业方面,中小型轧钢设备、各种金属切削机床、轻工机械、矿山机械、通风机、压缩机等;在农业方面,水泵、脱粒机、粉碎机及其他农副产品加工机械等都是用异步电动机拖动;在日常生活方面,电扇、洗衣机、冰箱等电器中也都用到了异步电动机。三机交流异步电动机如图 2-7 所示。

(a) (b) (c)

图 2-7 三相交流异步电动机

2. 三相交流异步电动机的结构

三相交流异步电动机按转子结构的不同分为笼型和绕线转子异步电动机两大类。笼型异步电动机是应用最广泛的一种电动机。绕线转子异步电动机一般只用在要求调速和起动性能较好的场合,如桥式起重机上。异步电动机由两个基本部分组成:定子(固定部分)和转子(旋转部分),笼型异步电动机的结构如图 2-8 所示。

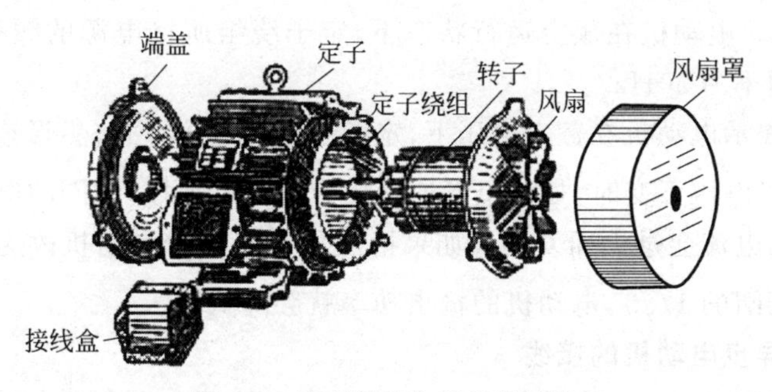

图 2-8　笼型异步电动机的结构

3. 三相交流异步电动机的铭牌及含义

电动机铭牌的作用是向使用者简要说明电动机的一些额定数据和使用方法。图 2-9 是某电动机的铭牌。

三相异步电动机		
型号 Y112M-4	功率 7.5kW	频率 50Hz
电压 380V	电流 15.4A	接法△
转速 1440r/min	绝缘等级 B	工作方式　连续
	年　月　　编号	××电机厂

图 2-9　三相异步电动机的铭牌

(1) 型号。Y112M-4 中“Y”表示 Y 系列鼠笼式异步电动机(YR 表示绕线式异步电动机),“112”表示电动机的中心高为 112mm,“M”表示中机座(L 表示长机座,S 表示短机座),“4”表示 4 极电动机。有些电动机型号在机座代号后面还有一位数字,代表铁芯号,如 Y132S2—2 型号中 S 后面的“2”表示 2 号铁芯长(1 为 1 号铁芯长)。

(2) 额定功率。电动机在额定状态下运行时,其轴上所能输出的机械功率称为额定功率。

(3) 额定转速。在额定状态下运行时的转速称为额定转速。

(4) 额定电压。额定电压是电动机在额定运行状态下,电动机定子绕组上应加的线电压值。Y 系列电动机的额定电压都是 380V。凡功率小于 3kW 的电动机,其定子绕组均为星形连接,4kW 以上都是三角形连接。

(5) 额定电流。电动机加以额定电压,在其轴上输出额定功率时,定子从电源取用的线电流值称为额定电流。

(6) 防护等级。指防止人体接触电动机转动部分、电动机内带电体和防止固体异物进入电动机内的防护等级。防护标志 IP44 含义如下:

IP——特征字母,为“国际防护”的缩写;

44——4 级防固体(防止大于 1mm 固体进入电动机),4 级防水(任何方向溅水应无影响)。

(7) LW 值。LW 值是指电动机的总噪声等级,LW 值越小,表示电动机运行的噪声越低。噪声单位为 dB。

(8) 工作制。指电动机的运行方式,一般分为“连续”(代号为 S1)、“短时”(代号为 S2)、“断续”(代号为 S3)。

(9) 额定频率。电动机在额定运行状态下，定子绕组所接电源的频率，称为额定频率。我国规定的额定频率为 50Hz。

(10) 接法。表示电动机在额定电压下，定子绕组的连接方式(星形连接和三角形连接，即Y形和△形)。当电压不变时，如将星形连接接为三角形连接，线圈的电压为原线圈的$\sqrt{3}$，这样电动机线圈的电流会过大而发热。如果把三角形连接的电动机改为星形连接，电动机线圈的电压为原线圈的 $1/\sqrt{3}$，电动机的输出功率就会降低。

4. 三相交流异步电动机的接线

电动机始端标以 A、B、C，末端标以 X、Y、Z。三相定子绕组可以接成如图 2-10 所示的星形或三角形，但必须视电源电压和绕组额定电压的情况而定。一般电源电压为 380V(指线电压)，如果电动机定子各相绕组的额定电压是 220V，则定子绕组必须接成星形，如图 2-10(a)所示；如果电动机各相绕组的额定电压为 380V，则应将定子绕组接成三角形，如图 2-10(b)所示。

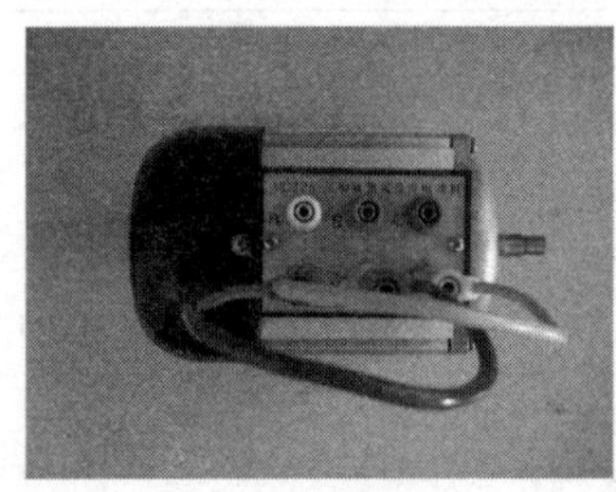

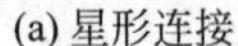

(a) 星形连接

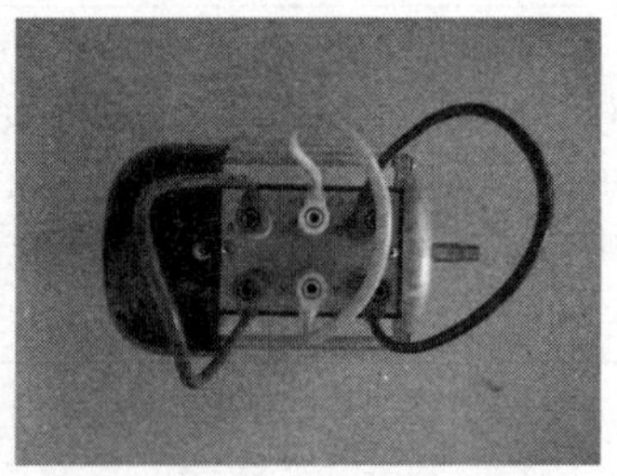

(b) 三角形连接

图 2-10 三相绕组的连接

2.6 知识拓展

2.6.1 电动机基本控制电路故障维修的方法

(1) 用试验法观察故障现象，初步判定故障范围。试验法是在不扩大故障范围，不损伤电气设备和机械设备的前提下，对线路进行通电实验，通过观察电气设备和电气元件的动作，看它是否正常，各控制环节的动作程序是否符合要求，找出故障发生的部位或回路。

(2) 用逻辑分析法缩小故障范围。逻辑分析法是根据电气控制电路的工作原理、控制环节的动作顺序以及它们之间的联系，结合故障现象做具体的分析，迅速缩小故障范围，从而判断故障所在。这种方法是一种以准确为前提，以快速为目的的检查方法，特别适用于对复杂电路的故障检查。

(3) 用测量法确定故障点。测量法是利用电工工具和仪表(如验电器、万用表、钳形电流表、兆欧表等)对电路进行带电或断电测量，是检查故障点的有效方法。

① 电压分阶测量法。测量检查时，首先把万用表的转换开关置于交流电压 500V 的挡位上，然后按图 2-11 所示的方法进行测量。断开主电路，接通控制电路的电源。若按下起动按钮 SB_1 时，接触器 KM 不吸合，则说明电路有故障。检测时，需要两人配合进行。一人先用万用表测量 0 和 1 两点之间的电压，若电压为 380V，则说明控制电路的电源电压正常。然后由另一人按下 SB_1 不放，一人把黑表笔接到 0 点上，红表笔依次接到 2、3、4 各点上，分

别测出 0—2、0—3、0—4 两点之间的电压。根据其测量结果即可找出故障点(见表 2-6)。这种像上(或下)台阶一样依次测量电压的测量方法,称为电压分阶测量法。

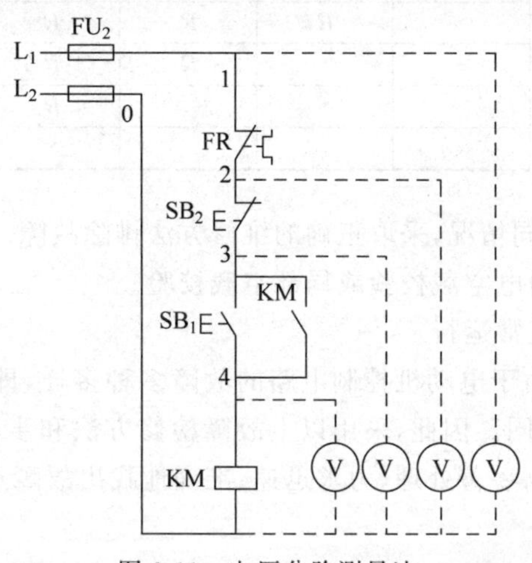

图 2-11　电压分阶测量法

电动机连续运转控制电路的故障维修

表 2-6　用电压分阶测量法查找故障点

故障现象	测试状态	0—2	0—3	0—4	故　障　点
按下 SB_1 时,KM 不吸合	按下 SB_1 不放	0	0	0	FR 动断触点接触不良
		380V	0	0	SB_2 动断触点接触不良
		380V	380V	0	SB_1 接触不良
		380V	380V	380V	KM 线圈断路

② 电阻分阶测量法。测量检查时,首先把万用表的转换开关置于倍率适当的电阻挡上,然后按图 2-12 所示方法进行测量。断开主电路,接通控制电路电源,若按下起动按钮 SB_1 时,接触器 KM 不吸合,则说明控制电路有故障。检测时,首先切断控制电路电源,然后一人按下 SB_1 不放,由另一人用万用表测出 0—2、0—3、0—4 两点之间的电阻值。根据测量结果可找出故障点,见表 2-7。

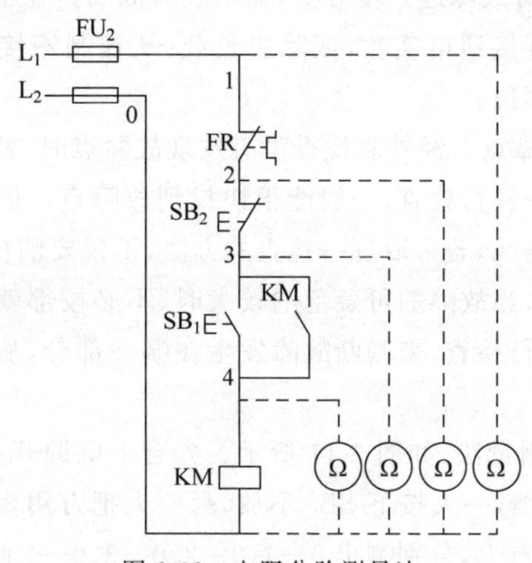

图 2-12　电阻分阶测量法

表 2-7 用电阻分阶测量法查找故障点

故障现象	测试状态	0—1	0—2	0—3	0—4	故障点
按下 SB_1 时，KM 不吸合	按下 SB_1 不放	∞	R	R	R	FR 动断触点接触不良
		∞	∞	R	R	SB_2 动断触点接触不良
		∞	∞	∞	R	SB_1 接触不良
		∞	∞	∞	∞	KM 线圈断路

(4) 根据故障点的不同情况，采取正确的维修方法排除故障。

(5) 维修完毕，进行通电空载校验或局部空载校验。

(6) 校验合格，通电正常运行。

在实际维修工作中，由于电动机控制电路的故障多种多样，即使是同一种故障现象，发生的故障部位也不一定相同。因此，采用以上故障检修方法和步骤时，不要生搬硬套，应按不同的故障情况灵活运用，妥善处理，力求迅速、准确地找出故障点，查明故障原因，及时、正确地排除故障。

2.6.2 电动机连续运转控制电路的故障维修案例

以具有过载保护的接触器自锁连续运转控制电路为例，学习电动机基本控制电路故障维修的方法。电路如图 2-6 所示。

1) 控制电路检修的方法和步骤

故障现象：按下 SB_1 时，KM 主触点和辅助触点均不吸合。

(1) 根据故障现象，进行故障调查研究。电路发生故障后，不要盲目地立即动手检修。在检修前，可以向指导教师描述故障现象，通过故障前后的操作情况和故障发生后的异常现象，判断出故障发生的范围，进而准确地排除故障。

(2) 在电路图上分析故障范围。依照基本电路的工作原理，运用逻辑分析方法对故障现象作具体分析，画出可疑范围，提高维修的针对性，确定并缩小故障范围。分析电路时，通常先从主电路入手，再了解控制电路的形式。根据故障现象，可初步判断出故障点可能在控制电路上。

(3) 通过实验观察法对故障进一步分析，缩小故障范围。在不扩大故障范围、不损伤电气设备的前提下，可进行直接通电实验，或除去负载(从控制箱接线端子板上卸下)通电试验，分清故障可能存在的部位。

(4) 用测量法寻找故障点。经外观检查没有发现故障点时，就根据故障原因，在故障范围内对电气元件、导线逐一进行检查，一般能很快找到故障点。但对复杂的电路而言，往往有上百个元器件，成千条连线，若采取逐一检查的方法，不仅要消耗大量的时间，而且也容易产生疏漏。在这种情况下，当故障的可疑范围较大时，不必按部就班地逐级进行检查，可在故障范围内的中间环节进行检查，来判断故障发生在哪一部分，从而缩小故障范围，提高检修速度。

例如，采用电压分阶测量法，如图 2-11 所示。先合上电源开关 QS，然后把万用表转换开关置于交流 500V 电压挡，一人按下 SB_1 不放，另一人把万用表的黑表笔接到 0 点上，红表笔依次接到 1、2、3、4 各点上，分别测出 0—1、0—2、0—3、0—4 两点之间的电压值，根据其测量结果即可找出故障点，见表 2-8。

表 2-8　用电压分阶测量法查找故障点

故障现象	测试状态	0—1	0—2	0—3	0—4	故　障　点
按下 SB_1 时，KM 不吸合	按下 SB_1 不放	0	0	0	0	FU_2 断开
		380V	0	0	0	FR 动断触点接触不良
		380V	380V	0	0	SB_2 动断触点接触不良
		380V	380V	380V	0	SB_1 接触不良
		380V	380V	380V	380V	KM 线圈断路

(5) 根据故障点的情况，采取正确的检修方法排除故障，见表 2-9。

表 2-9　电动机常见故障及排除

故 障 现 象	故障排除措施
FU_2 熔断	可查明原因，排除故障后更换相同规格的熔丝，注意熔丝不能装反
FR 的动断触点接触不良	若按下复位按钮时，热继电器动断触点不能复位，则说明热继电器已损坏，可更换同型号的热继电器，并调整好其整定电流值；若按下复位按钮时，热继电器动断触点复位，则说明热继电器完好，可继续使用，但要查明其动断触点接触不良的原因并排除，如负载过大等原因
SB_2 的触点接触不良	更换按钮 SB_2
SB_1 的触点接触不良	更换按钮 SB_1
KM 线圈断路	更换相同规格的线圈或接触器

(6) 对故障点进行检修后，通电试车。

2) 主电路检修的方法和步骤

故障现象：合上电源开关 QS，按下 SB_1 时，电动机转速极低甚至不转，并发出“嗡嗡”声，这时应立即切断电源。

(1) 用逻辑法确定故障范围。根据故障现象，结合电路作具体的分析，判断故障范围可能在电源电路和主电路上。

(2) 用万用表确定故障点。先断开电源开关 QS，用万用表检验主电路无电后，拆除电动机的负载线并恢复绝缘。再合上电源开关 QS，按下按钮 SB_1，然后用万用表测量各相之间的电压，若检测到某一相电压为 0 或小于 380V，说明主电源缺相，可进一步用验电器检查，发现连接接触器输出端 W_{13} 与热继电器受电端 W_{13} 的导线开路。

(3) 根据故障点的情况，采取正确的检修方法排除故障，如更换相同规格的连接接触器输出端 W_{13} 与热继电器受电端 W_{13} 的导线。

(4) 检修完毕后，通电试车。重新连接好电动机的负载线，经指导教师许可后，在指导教师的监护下通电试车。合上电源开关 QS，按下 SB_1，观察线路和电动机的运行是否正常，控制环节的动作顺序是否符合要求，用钳形电流表测电动机三相电流是否平衡等。经检验合格后，电动机正常运行。

2.7 工匠故事：中车长春轨道客车股份有限公司首席焊工李万君

李万君，中车长春轨道客车股份有限公司高级技师，2019 年 1 月 18 日，获得 2018 年“大国工匠年度人物”。

“噼里啪啦，这是电流调大了。”在中车长春轨道客车股份有限公司(中车长客)转向架制造中心焊接一车间，高级技师李万君听到 20m 外的焊接声，就能判断出电流和电压的大小，焊缝的宽窄，是平焊还是立焊，焊接的质量如何。

工友们说李万君是个“传奇”，两根直径仅有 3.2mm 的不锈钢焊条，他能不留一丝痕迹地对焊在一起。职高毕业的李万君被誉为“高铁焊接大师”“工人院士”，代表着中国轨道车辆转向架构架焊接的世界最高水平。

在高温的转向架焊接车间里，李万君身着灰色的工作服，半蹲在地上，右手端着焊枪，左手拿着焊帽。随着焊枪飞起璀璨的焊花，转向架的接口眨眼间就被平滑地“缝合”好。这是李万君再普通不过的一个工作场景，背后却饱含着无数的汗水。

转向架是轨道客车的核心部分，直接影响着车辆的运行速度、稳定和安全，因此转向架制造技术被列为高速动车组的九大核心技术之一。2007 年，时速 250km 动车组在中车长客试制。作为厂里焊接技术过硬的员工，李万君承担起“焊好自主生产的第一个转向架”的任务。仅用半个多月的时间，他就摸索出一套“架构环口焊接七步操作法”，600mm 周长的环口焊一气呵成，不留任何瑕疵，有效保证了动车组的生产。就连外国专家都直竖大拇指：“这是当今世界上最高级的焊接机械手都无法完成的动作！”

2015 年年初，中车长客试制生产我国拥有独立自主知识产权的中国标准动车组“复兴号”，其中转向架很多接缝的焊接形式是工人们从未见过的。李万君带领团队每天工作到晚上 10 点，经过反复研究和论证最终总结出“下坡焊创新焊接法”，不仅提高生产效率 4 倍，合格率高达 100%，还填补了我国在这一技术领域的空白。

32 年如一日在焊工岗位上的坚守，李万君不仅掌握了一整套过硬的焊接本领，还积极参与填补国内空白的几十种高速车、铁路客车、城铁车转向架焊接规范及操作方法，先后进行技术攻关 100 多项，其中 31 项获国家专利。2018 年 12 月，我国工业领域最高奖项——第五届中国工业大奖在北京揭晓，榜首就是“复兴号”中国标准动车组。李万君自豪地说：“我们要想尽一切办法创新和突破，这是中国高铁工人义不容辞的责任。”

而李万君却说自己只不过是个想为厂里和国家多作点儿贡献的普通电焊工。这样一份朴素的初心让李万君在平凡的岗位上取得了非凡的成绩和荣誉：“全国五一劳动奖章”获得者、“中华技能大奖”获得者、2018 年“大国工匠年度人物”……让他实现了“把技能融入到中国高铁事业发展的每一道‘焊缝’中”的梦想。

思考与练习

1. 下列不属于机械设备的电气工程图是(　　)。

A. 电气原理图　B. 平面布置图　C. 安装接线图　D. 电器结构图

2. 在设计机械设备的电气控制工程图时，首先设计的是(　　)。

A. 安装接线图　B. 电气原理图　C. 平面布置图　D. 电气互连图

3. 通过设置(　　)环节,可以把对电动机的点动控制改为连续控制。

A. 互锁　　B. 自锁　　C. 制动　　D. 降压

4. 交流接触器的自锁是利用自身的(　　)触点保证线圈继续通电。

A. 辅助动合　　B. 辅助动断　　C. 线圈　　D. 灭弧罩

5. 电路图中接触器线圈图形符号下左栏中的数字表示交流接触器(　　)所在的图区号。

A. 主触点　　B. 动合辅助触点　　C. 动断辅助触点

6. 电路图中接触器线圈图形符号下中栏中的数字表示交流接触器(　　)所在的图区号。

A. 主触点　　B. 动合辅助触点　　C. 动断辅助触点

7. 电路图中继电器线圈图形符号下右栏中的数字表示继电器(　　)所在的图区号。

A. 主触点　　B. 动合触点　　C. 动断触点

8. 导线颜色规定为主回路用(　　)颜色导线。

A. 黄、绿、红　　B. 红、黄、绿　　C. 绿、黄、红

9. 导线颜色规定为控制回路用(　　)颜色导线。

A. 黄　　B. 红　　C. 绿　　D. 黑

10. 配电柜中柜门上的导线(活动部分)与柜内连接线必须用(　　)。

A. 单股铜硬线　　B. 多股铜软线　　C. 多股铝软线

11. 火线和火线之间的电压是(　　)V。

A. 110　　B. 220　　C. 380　　D. 24

12. 火线和零线之间的电压是(　　)V。

A. 110　　B. 220　　C. 380　　D. 24

13. 设计一个既能实现点动又能实现连续运转的电动机控制电路,要求具备必要的保护环节。

14. 想一想,生产现场中哪些电气控制环节采用点动控制?

任务 3 Task 3

多地控制电路的安装与调试

3.1 任务目标

(1) 能够分析多地控制电路的工作原理。
(2) 能够根据电路图进行两地控制电路的安装。
(3) 掌握多地控制的设计方法。
(4) 能够正确分析并快速排除电路故障。

3.2 知识探究

多地控制电路

为减轻生产强度,实际生产中常常采用在两处及两处以上同时控制一台电气设备,像这样能在两地或多地控制同一台电动机的控制方式称为电动机的多地控制。多地控制的方法是停止按钮串联,起动按钮并联,把它们分别安装在不同的操作地点,以便控制。在大型机床上,为便于操作,在不同位置可以安装起动、停止按钮。例如,X62W 型万能铣床的主轴电动机控制,一组按钮安装在工作台上,另一组按钮安装在床身上。图 3-1 所示是三地控制电路。

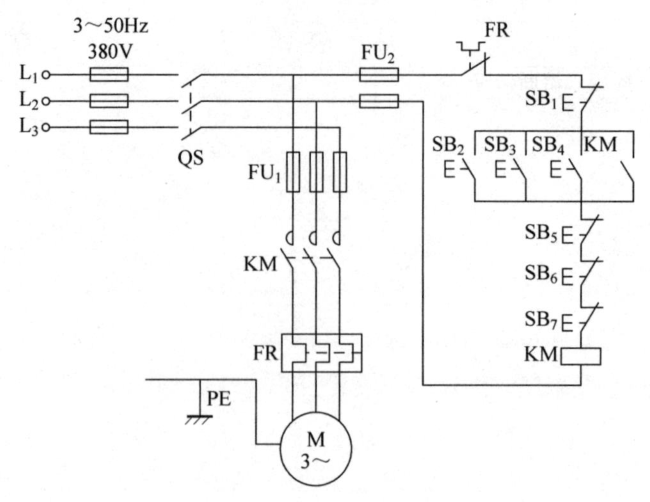

图 3-1　三地控制电路

1. 电路工作过程分析

(1) 合上刀开关 QS，接通三相电源→按下起动按钮 SB_2、SB_3、SB_4→交流接触器 KM 线圈得电吸合并自锁→KM 主触点闭合→电动机 M 得电运转。

(2) 按下停止按钮 SB_1、SB_5、SB_6、SB_7→交流接触器 KM 失电释放→电动机 M 失电停止运转。

2. 电路特点

(1) SB_2、SB_5 为安装在甲地的起动按钮和停止按钮，SB_3、SB_6 为安装在乙地的起动按钮和停止按钮，SB_4、SB_7 为安装在丙地的起动按钮和停止按钮。

(2) 三地的起动按钮 SB_2、SB_3、SB_4 要并联在一起，停止按钮 SB_5、SB_6、SB_7 要串联在一起。

(3) SB_1 为总停按钮。

3.3 任务实施：电动机两地控制电路的安装与调试

1. 工作任务单

工作任务单如表 3-1 所示。

表 3-1　工作任务单

序号	任务内容	任务要求
1	电动机两地控制电路图的设计与识读	根据多地控制电路的设计方法进行两地控制电路的设计，并能够正确识读电路，会分析其工作过程
2	电动机两地控制电路的安装	按照电路图完成电路的安装，遵循配线工艺
3	电动机两地控制电路的调试	会运用仪表检修调试过程出现的故障

2. 材料工具单

材料工具单如表 3-2 所示。

表 3-2　材料工具单

项目	名称	数量	型号	备注
所用工具	电工工具	每组一套		
所用仪表	数字万用表	每组一块	优德利 UT39A	
所用元件及材料	刀开关 QS	1	HD10-40/31	
	螺旋式熔断器 FU_1	3	RL1-15/5A	
	螺旋式熔断器 FU_2	2	RL1-15/2A	
	交流接触器 KM	1	CJ20/10，380V	
	按钮 SB_1、SB_2	2	LA4-3H(绿色)	
	按钮 SB_3、SB_4	2	LA4-3H(红色)	
	热继电器 FR	1	JR36-20，整定电流 2.2A	
	三相笼型异步电动机 M	1	Y802-4，0.75kW，Y 接法，380V，2A，1390r/min	
	接线端子排	若干	JX2-Y010	
	导线	若干	BVR-1.5mm 塑铜线	

3. 实施步骤

(1) 学生按人数分组,确定每组的组长。

(2) 以小组为单位,在机电综合实训网板台上,设计一个电动机两地控制电路,并根据设计的电路原理图,设计出平面布置图,然后按照电动机控制电路的安装与调试步骤进行电动机两地控制电路的安装与调试。要求:在安装过程中严格遵循安装工艺和配线工艺,配线应整齐、清晰、美观,布局合理;安装好的电路机械和电气操作试验合格,并能检查和排除电路常见故障。

4. 实施要求

小组每位成员都要积极参与,由小组给出电路安装与调试的结果,并提交实训报告。小组成员之间要齐心协力,共同制订计划并实施。计划一定要制订合理,具有可行性。实施过程中注意安全规范,严格遵循安装和配线工艺,并注意小组成员之间的团队协作,对团结合作好的小组给予一定的加分。

3.4 任务评价

电动机两地控制电路的安装与调试任务评分见表 3-3。

表 3-3 电动机两地控制电路的安装与调试任务评分

评价类别	考核项目	考核标准	配分/分	得分/分
专业能力	电路设计	电路图和平面布置图设计合理	10	
	布局和结构	布局合理,结构紧凑,控制方便,美观大方	5	
	元器件的选择	元器件的型号、规格、数量符合图样的要求	5	
	导线的选择	导线的型号、颜色、横截面积符合要求	5	
	元器件的排列和固定	排列整齐,紧固各元器件时要用力均匀,紧固程度适当,元器件固定得可靠、牢固	5	
	配线	配线整齐、清晰、美观,导线绝缘良好,无损伤。线束横平竖直,配制坚固,层次分明,整齐美观	5	
	接线	接线正确、牢固,敷线平直整齐,无漏铜、反圈、压胶,绝缘性能好,外形美观	5	
	元器件安装	各元器件的安装整齐、匀称,间距合理,便于元件的更换	5	
	安装过程	能够读懂电动机控制电路的电气原理图,并严格按照图样进行安装,安装过程符合工艺要求	5	
	会用仪表检查电路	会用万用表检查电动机控制电路的接线是否正确	5	
	故障排除	能够排除电路的常见故障	5	

续表

评价类别	考核项目	考核标准	配分/分	得分/分
专业能力	通电试车	电动机正常工作，电路机械和电气操作试验合格	10	
	工具的使用和原材料的用量	工具使用合理、准确，摆放整齐，用后归放原位；节约使用原材料，不浪费	5	
	安全用电	注意安全用电，不带电作业	5	
社会能力	团结协作	小组成员之间分工明确，合作良好	5	
	职业意识	工具使用合理、准确，摆放整齐，用后归放原位；节约使用原材料，不浪费	5	
	敬业精神	遵守纪律，具有爱岗敬业、吃苦耐劳精神	5	
方法能力	计划和决策能力	计划和决策能力较好	5	

3.5　工匠故事：中国电子科技集团公司第五十四研究所高级技师夏立

夏立，中国电子科技集团公司第五十四研究所钳工，高级技师，航空、航天通信天线装配责任人，中国电科首届高技能带头人，2019 年 1 月 18 日，当选 2018 年“大国工匠年度人物”。

作为通信天线装配责任人，夏立先后承担了“天眼”射电望远镜、远望号、索马里护航军舰、“9·3”阅兵参阅方阵上通信设施等的卫星天线预研与装配、校准任务，装配的齿轮间隙仅有 0.004mm，精密程度非常高。

他是一名钳工，在博士扎堆儿的研究所，博士工程师设计出来的图纸能不能落到实处，都要听听他的意见。20 多年的时间里，夏立天天和这些半成品通信设备打交道，在生产、组装工艺方面，夏立攻克了一个又一个难关，创造了一个又一个奇迹。

384400km 是地球到月球的平均距离。0.004mm 是亚洲最大射电望远镜的天线齿轮间隙的距离，相当于一根头发丝的 1/20 粗细。这两个差距以亿来计算的数字，由于“嫦娥落月”工程，被紧紧连在一起，而将它们连在一起的是中国电子科技集团公司第五十四研究所的高级钳工夏立。

上海 65m 射电望远镜名列全球第四、亚洲第一。银色的望远镜矗立在上海佘山脚下，在蓝天下雄伟壮观。由于建设中涉及多个技术领域，这种大型射电望远镜是国家科技实力的体现。要实现灵敏度高、指向精确等性能，望远镜天线的核心部件方位俯仰控制装置的齿轮间隙要达到 0.004mm。完成这个“不可能的任务”的就是有着近 30 年钳工经验的夏立。“现代科技使许多精密制造实现了自动化，但要实现这种超高精度的装配，离不开高技能工人的手工操作，夏立完全‘融’进了卫星天线的装配。”夏立的同事们由衷赞叹。

走进夏立所在的第五十四研究所天线伺服专业部工艺与制造室的车间，上千平方米车间内，满是正在装配中的各种型号的卫星天线。第五十四研究所承揽的卫星天线基本上都在这里制造，夏立是技能带头人。从 1987 年进入第五十四研究所至今，在近 30 年的钳工工作中，夏立参与了许多国家重大工程中卫星天线的预研与装配。“最难的是上海 65m 射电望远镜天线的装配。”他说。宇宙中的射电波有不同波段，望远镜的天线就如同鼻子和耳朵，通过左右、上下扫描，精确找到、接收不同波段的信号，哪怕只偏离了百分之几的角度，就可能找不到目标。控制天线对各角度进行扫描的装置被称作方位俯仰控制装置,其核心是一个直径 200mm、厚度 10mm 的圆形钢码盘。确保望远镜精准探测,安装钢码盘成为关键,齿轮间隙要有 0.004mm,如果太小,天线转不动,太大,天线会松动。一丝是 0.01mm。一根头发丝大约有 8 丝粗细,而 0.004mm 只有一根头发丝的 1/20。实现精确装配,夏立说最重要的是"心静",眼里、心里只有设备。拧螺丝时,屏住呼吸,手稍微重一点,会过紧,手的力量不够,达不到精度要求。"要反复测算,寻找零件的移动变形量,找到规律,就容易达到装配精度要求了。"在反复尝试中,他凭着多年积累的手感,寻找那无法言说的"偶遇"。安装钢码盘,夏立面临着不止一个难题。钢码盘要安装到一个托盘上,托盘的平面度要求极高,为千分之几毫米,当时磨床设备的加工能力只能达到百分之几毫米,精度等级相差 10 倍。他决定手工磨出来。用 2 个千分表一点点测量托盘表面,比较分析所有数据,3 天时间,他将托盘平面高低相差 0.02mm 磨到相差 0.002mm,顺利完成装配任务。

安装陆地上超高精度的天文望远镜天线很难。安装海上的天线,难题更多。中国海军赴亚丁湾、索马里海域执行护航任务,展示了我国作为一个负责任大国的形象。护航舰艇同样离不开卫星通信。除了精度上的苛刻要求,夏天在索马里海域,舰艇甲板温度能达到 50℃,舰载通信天线处于高温中,护航舰艇在海浪冲击下晃动幅度大,空气的腐蚀性也比较强。在复杂海况下,保持天线稳定运行,夏立带领团队设计出了全新的 1.2m 天线的核心部件,体积更小,数据传输量却相当于以前两三台舰载天线之和。由于创造了 6 个月不停机连续工作的记录,他们受到使用方赞扬。

通信天线的安装就是将各个部件组装起来。在外人看来,工业化时代,工业产品的组装应该在流水线上完成或由机器人完成。像夏立和工人师傅们这样,仍旧用双手将一个个零部件组合到一起,显得似乎不够现代化。作为一名钳工,只要按照设计师的图纸将设备精确装配,就算圆满完成任务。但夏立不止于此,作为技术带头人,他经常出现在新产品预研定型的技术分析会上。夏立说:"现在机械设备自动化程度很高,但钳工工种没有消失,就是因为在特殊环境、特殊结构上需要超高精度装配,这是机械做不到的。"

思考与练习

1. 实现多地控制时,起动按钮应________,停止按钮则要________。

2. 设计一个两地控制一台电动机起动和停止的控制电路,画出主电路和控制电路,并做出必要的说明,具体要求如下。

(1) 三相电动机只实现单向旋转,直接起动。

(2) 断电自然停机,不采取制动措施。

(3) 有必要的保护措施。

任务 4 —— Task 4

顺序控制电路的安装与调试

4.1 任务目标

（1）能够分析顺序控制电路的工作原理。

（2）能够根据电路图进行顺序控制电路的安装。

（3）熟悉顺序控制电路的种类。

（4）能够正确分析并快速排除电路故障。

4.2 知识探究

在实际生产中，有些设备常常要求多台电动机按一定的顺序实现起动和停止。例如CA6140型卧式车床中，要求主轴电动机起动后冷却泵电动机才能起动，主轴电动机停止时冷却泵电动机也停止；X62W型万能铣床中，主轴起动后进给电动机才能起动，主轴电动机停止时进给电动机也停止；皮带输送机中，要求前级输送带起动后才能起动后级输送带，停止时要求停止后级输送带后才能停止前级输送带。这种要求几台电动机起动或停止必须按一定先后顺序完成的控制方式叫作电动机的顺序控制。顺序控制可以通过主电路实现，也可以通过控制电路实现。

4.2.1 主电路顺序控制

利用主电路实现顺序控制就是在主电路中利用一个交流接触器的主触点与另一个交流接触器的主触点串联，达到顺序控制的目的，控制电路如图 4-1 所示。

1. 电路工作过程分析

（1）合上刀开关 QS，接通三相电源→按下起动按钮 SB_2→交流接触器 KM_1 通电吸合并自锁→KM_1 主触点闭合→电动机 M_1 得电运转；同时 KM_1 主触点的闭合为电动机 M_2 电源的接通做好准备。

（2）按下电动机 M_2 的起动按钮 SB_3→交流接触器 KM_2 通电吸合并自锁→主电路中接触器 KM_2 主触点闭合→接通电动机 M_2 的电源，电动机 M_2 通电起动运转。

（3）按下停止按钮 SB_1→交流接触器 KM_1、KM_2 均失电释放→电动机 M_1、M_2 同时失电停止运转。

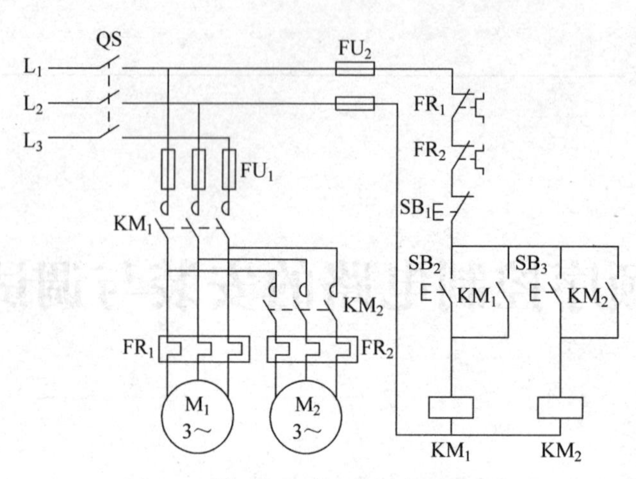

图 4-1 利用主电路实现顺序控制电路

2. 电路特点

(1) 电动机 M_1 和 M_2 分别通过交流接触器 KM_1 和 KM_2 控制，KM_2 的主触点接在 KM_1 主触点的下面，保证了只有 KM_1 主触点闭合，电动机 M_1 起动运转后，电动机 M_2 才可能通电运转。

(2) 停止按钮可以同时切断交流接触器 KM_1 和 KM_2 的线圈电路，使两个交流接触器同时失电复位，两台电动机同时停止运行。

(3) 两台电动机的热继电器都与停止按钮串联，只要其中一台电动机过载，两台电动机就都停止运行。

4.2.2 控制电路顺序控制

1. 顺序起动、同时停止控制电路

利用控制电路实现顺序控制就是在控制电路中，利用一个交流接触器的动合辅助触点与另一个交流接触器的线圈串联，达到顺序起动的目的，控制电路如图 4-2 所示。

顺序起动控制电路

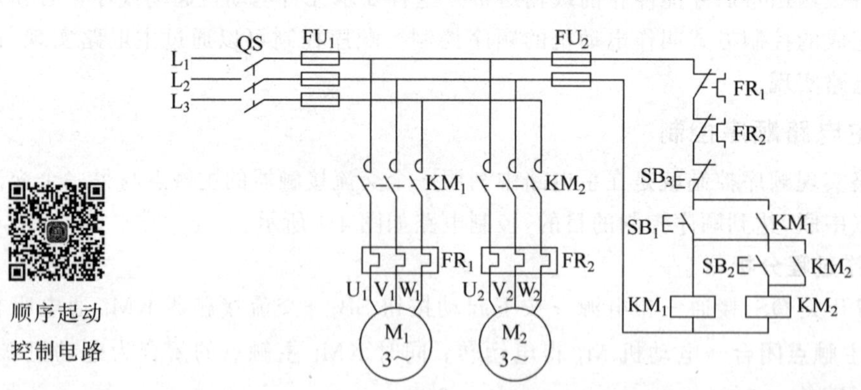

图 4-2 顺序起动、同时停止控制电路

1) 电路工作过程分析

(1) 合上刀开关 QS，接通三相电源→按下电动机 M_1 的起动按钮 SB_1→交流接触器 KM_1 通电吸合并自锁→KM_1 主触点闭合→电动机 M_1 得电运转；同时 KM_1 的动合辅助触点闭合，为交流接触器 KM_2 线圈的通电做好准备。

（2）按下电动机 M_2 的起动按钮 SB_2→交流接触器 KM_2 通电吸合并自锁→主电路中接触器 KM_2 主触点闭合→接通电动机 M_2 的电源，电动机 M_2 通电起动运转。

（3）按下停止按钮 SB_3→交流接触器 KM_1、KM_2 均失电释放→电动机 M_1、M_2 同时失电停止运转。

2）电路特点

（1）利用交流接触器 KM_1 的动合辅助触点控制交流接触器 KM_2 线圈的通电，只有 KM_1 线圈通电，其触点吸合，KM_2 线圈才可能得电，达到电动机 M_1 起动运转后，电动机 M_2 才运转的控制目的。

（2）停止按钮可以同时切断交流接触器 KM_1 和 KM_2 的线圈电路，使两个交流接触器同时失电复位，两台电动机同时停止运行。

（3）两台电动机的热继电器都与停止按钮串联，只要其中一台电动机过载，两台电动机就都停止运行。

（4）如果在 KM_2 线圈的上方串联一个停止按钮，可在电动机 M_1 运转时，实现电动机 M_2 单独停止控制，如图 4-3 所示。

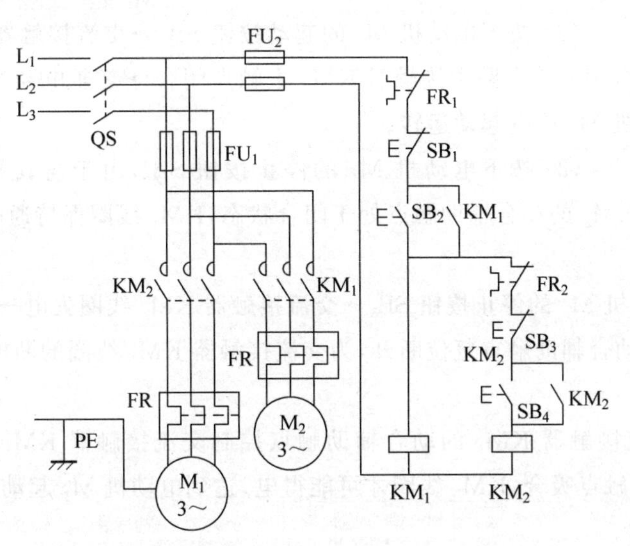

图 4-3　顺序起动 M_2 可单独停止控制电路

2. 顺序起动、逆序停止控制电路

传送带运输机控制要求一台电动机起动后另一台电动机才能起动，停止时后起动的电动机需要先停止，然后先起动的电动机才能停止，这就是顺序起动、逆序停止，控制电路如图 4-4 所示。

1）电路工作过程分析

（1）合上电源开关 QS→按下电动机 M_1 的起动按钮 SB_2→交流接触器 KM_1 通电吸合并自锁→KM_1 主触点闭合→电动机 M_1 得电运转；同时 KM_1 的动合辅助触点闭合，为交流接触器 KM_2 线圈的通电做好准备。

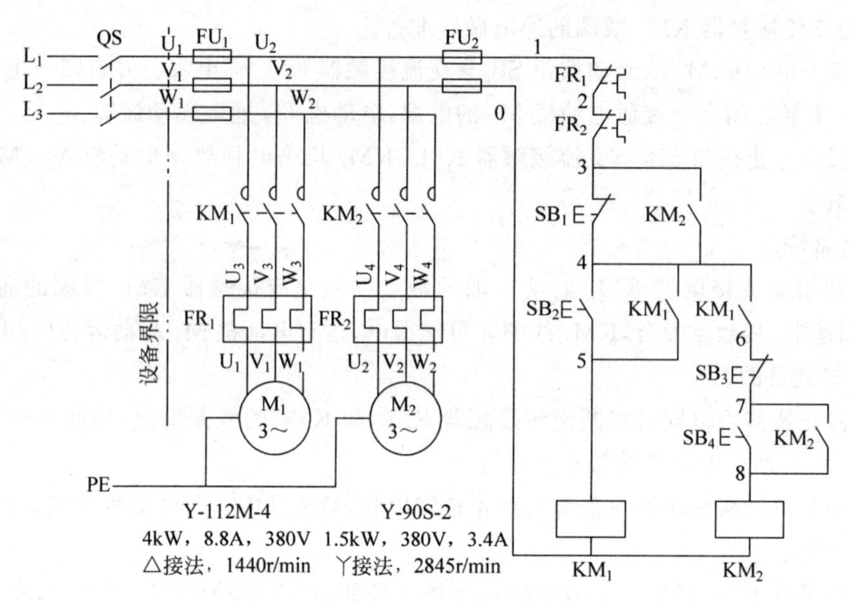

图 4-4 顺序起动、逆序停止控制电路

顺序起动、逆序停止控制电路

(2) 按下电动机 M_2 的起动按钮 SB_4→交流接触器 KM_2 通电吸合并自锁→主电路中接触器 KM_2 主触点闭合→接通电动机 M_2 的电源，电动机 M_2 通电起动运转。

(3) 按下电动机 M_1 的停止按钮 SB_1，由于与其并联的交流接触器 KM_2 的动合辅助触点处于闭合状态，KM_1 线圈保持通电，电动机 M_1 不能停止运转。

(4) 按下电动机 M_2 的停止按钮 SB_3→交流接触器 KM_2 线圈失电→电动机 M_2 停止运转；同时 KM_2 的动合辅助触点复位断开，为交流接触器 KM_1 线圈的断电做好准备。

2) 电路特点

(1) 利用交流接触器 KM_1 的动合辅助触点控制交流接触器 KM_2 线圈的通电，只有 KM_1 线圈通电，其触点吸合，KM_2 线圈才可能得电，达到电动机 M_1 起动运转后，电动机 M_2 才运转的控制目的。

(2) 将交流接触器 KM_2 的动合辅助触点与电动机 M_1 的停止按钮 SB_1 并联，只有 KM_2 线圈断电，其触点复位断开，停止按钮 SB_1 才能起作用，达到电动机 M_2 停止后，电动机 M_1 才停止的控制目的。

(3) 两台电动机的热继电器都与停止按钮串联，只要其中一台电动机过载，两台电动机就都停止运行。

4.3 任务实施：顺序起动控制电路的安装与调试

1. 工作任务单

工作任务单如表 4-1 所示。

表 4-1　工作任务单

序号	任 务 内 容	任 务 要 求
1	顺序起动控制电路图的识读	能够正确识读电路，并会分析其工作过程
2	顺序起动控制电路的安装	按照电路图完成电路的安装，遵循配线工艺
3	顺序起动控制电路的调试	会运用仪表检修调试过程出现的故障

2. 材料工具单

材料工具单如表 4-2 所示。

表 4-2　材料工具单

项　　目	名　　称	数　量	型　　号	备　注
所用工具	电工工具	每组一套		
所用仪表	数字万用表	每组一块	优德利 UT39A	
所用元件及材料	刀开关 QS	1	HD10-40/31	
	螺旋式熔断器 FU_1	3	RL1-15/5A	
	螺旋式熔断器 FU_2	2	RL1-15/2A	
	交流接触器 KM_1、KM_2	2	CJ20/10,380V	
	按钮 SB_1	1	LA4-3H(绿色)	
	按钮 SB_2	1	LA4-3H(黑色)	
	按钮 SB_3	1	LA4-3H(红色)	
	热继电器 FR_1、FR_2	2	JR36-20，整定电流 2.2A	
	三相笼型异步电动机 M_1、M_2	2	Y802-4,0.75kW,丫接法,380V,2A,1390r/min	
	接线端子排	若干	JX2-Y010	
	导线	若干	BVR-1.5mm 塑铜线	

3. 实施步骤

(1) 学生按人数分组，确定每组的组长。

(2) 以小组为单位，在机电综合实训网板台上，根据顺序起动、同时停止的电路原理图，设计出平面布置图，然后按照电动机控制电路的安装与调试步骤进行电动机顺序起动控制电路的安装与调试；安装调试后，在原电路的基础上安装电动机 M_1 运转时，实现电动机 M_2 单独停止控制电路；而后再在此电路的基础上，安装顺序起动、逆序停止控制电路，学生在安装过程中充分体会顺序起动控制规律。要求：在安装过程中严格遵循安装工艺和配线工艺，配线应整齐、清晰、美观，布局合理；安装好的电路机械和电气操作试验合格，并能检查和排除电路常见故障。

4. 实施要求

小组每位成员都要积极参与，由小组给出电路安装与调试的结果，并提交实训报告。小组成员之间要齐心协力，共同制订计划并实施。计划一定要制订合理，具有可行性。实施过程中注意安全规范，严格遵循安装和配线工艺，并注意小组成员之间的团队协作，对团结合作好的小组给予一定的加分。

4.4 任务评价

顺序起动控制电路的安装与调试任务评分见表4-3。

表4-3 顺序起动控制电路的安装与调试任务评分

评价类别	考核项目	考核标准	配分/分	得分/分
专业能力	电路设计	电路图和平面布置图设计合理	10	
	布局和结构	布局合理，结构紧凑，控制方便，美观大方	5	
	元器件的选择	元器件的型号、规格、数量符合图样的要求	5	
	导线的选择	导线的型号、颜色、横截面积符合要求	5	
	元器件的排列和固定	排列整齐，紧固各元器件时要用力均匀，紧固程度适当，元器件固定得可靠、牢固	5	
	配线	配线整齐、清晰、美观，导线绝缘良好，无损伤。线束横平竖直，配制坚固，层次分明，整齐美观	5	
	接线	接线正确、牢固，敷线平直整齐，无漏铜、反圈、压胶，绝缘性能好，外形美观	5	
	元器件安装	各元器件的安装整齐、匀称，间距合理，便于元件的更换	5	
	安装过程	能够读懂电动机控制电路的电气原理图，并严格按照图样进行安装，安装过程符合安装的工艺要求	5	
	会用仪表检查电路	会用万用表检查电动机控制电路的接线是否正确	5	
	故障排除	能够排除电路的常见故障	5	
	通电试车	电动机正常工作，电路机械和电气操作试验合格	10	
	工具的使用和原材料的用量	工具使用合理、准确，摆放整齐，用后归放原位；节约使用原材料，不浪费	5	
	安全用电	注意安全用电，不带电作业	5	
社会能力	团结协作	小组成员之间合作良好	5	
	职业意识	工具使用合理、准确，摆放整齐，用后归放原位；节约使用原材料，不浪费	5	
	敬业精神	遵守纪律，具有爱岗敬业、吃苦耐劳精神	5	
方法能力	计划和决策能力	计划和决策能力较好	5	

4.5　工匠故事：国网山东省电力公司检修公司带电作业工王进

王进，国网山东省电力公司检修公司输电检修中心带电班作业工。他先后获得“全国劳动模范”“全国五一劳动奖章”“全国青年岗位能手标兵”等荣誉称号。2019年1月18日，王进当选2018年“大国工匠年度人物”。

王进是国网山东省电力公司检修公司带电作业班的一名工人，负责变电站和输电线路的运行维护。带电作业班的主要工作是对省主网500kV及以上的线路进行不断电的应急抢修。这些线路是城市的电路“动脉”，一旦出现故障，就会导致整个城市停电。高空作业时，从地面爬到作业点如同徒手爬上二三十层楼，而且架在高空的线路导线仅有4根，安全距离只有40cm。

在同事眼里，王进练就了三大绝活。第一个绝活是“二郎神的眼睛”，一眼准。进电场前，王进能快速找到参照物，准确把握安全距离。第二个绝活是“孙悟空的身手”，一招准。王进操作时总能找到最佳姿态。第三个绝活是“唐三藏的心态”，一心平。在五六十米高的高压线上，王进总能做到从容不迫。

业余时间，王进把热爱创新的工友聚到一起，组成“卓越带电作业创新团队”，王进和他的团队发明了由6个铝合金滑轮组成的走线手套。在线路巡视中，王进还摸索出了一套“紧凑作业法”，即在线路周期性巡视中加入预试工作，边巡视边对合成绝缘子、直线压接管进行红外测温，减少了重复外出作业次数，节约了生产费用。

王进发明的成果有35项，获得21项国家专利，12项发明专利。2011年，王进一战成名，成功完成了世界首次±660kV直流输电线路带电作业。他凭借着此项“绝活”和后续参与完成的一系列工器具的创新，摘得了国家科技进步奖二等奖。

思考与练习

1. 要求几台电动机的起动和停止必须按照一定顺序来完成的控制方式叫作________。

2. 设计一个两台电动机可以任意先后起动，但 M_2 停止运行后，M_1 才能停止运行的控制电路。

3. 设计一个 M_1、M_2 电动机既能同时起动，又可以 M_1 起动后 M_2 才能起动的控制电路。

项目二

三相异步电动机可逆控制电路的安装与调试

目标要求

知识目标

(1) 掌握三相异步电动机可逆控制电路的控制要求。

(2) 掌握互锁的构成、分类和作用。

(3) 掌握正确分析三相异步电动机可逆控制电路的工作过程。

能力目标

(1) 能够完成三相异步电动机可逆控制电路的安装与调试工作任务。

(2) 能够检查并排除三相异步电动机可逆控制电路的故障。

(3) 能够根据任务要求进行三相异步电动机可逆控制电路的设计与安装。

素质目标

(1) 学生应树立职业意识,并按照企业的"6S"(整理、整顿、清扫、清洁、素养、安全)质量管理体系要求自己。

(2) 操作过程中,必须时刻注意安全用电,严格遵守电工安全操作规程。

(3) 爱护工具和仪器、仪表,自觉做好维护和保养工作。

(4) 具有吃苦耐劳、爱岗敬业、团队合作、勇于创新的精神,具备良好的职业道德。

安全规范

(1) 实训室内必须着工装,严禁穿凉鞋、背心、短裤、裙装进入实训室。

(2) 使用绝缘工具,并认真检查工具绝缘是否良好。

(3) 停电作业时,必须先验电,确认无误后方可工作。

(4) 带电作业时,必须在教师的监护下进行。

(5) 树立安全和文明生产意识。

Task 5

接触器互锁正/反转控制电路的安装与调试

5.1 任务目标

(1) 掌握三相异步电动机可逆控制电路的控制要求。

(2) 掌握利用交流接触器实现互锁控制。

(3) 能够正确分析接触器互锁正/反转控制电路的工作原理。

(4) 能够根据电路图安装三相异步电动机接触器互锁正反转控制电路。

(5) 能够正确分析并快速排除电路故障。

5.2 知识探究

5.2.1 三相异步电动机可逆控制电路概述

在项目一中我们所学习的三相异步电动机控制电路只能使电动机拖动机械生产设备的运动部件朝一个方向运动。但是在实际应用中,机械设备的运动部件需要经常改变运动方向,比如摇臂钻床的摇臂升降、风机的排烟和送新风、机床工作台的前进和后退、电梯的上升和下降等,这些都是通过电动机的正转和反转来拖动实现的,这种控制也叫作可逆控制。

对于三相异步电动机而言,改变接入电动机定子绕组的三相电源相序,也就是将接入电动机定子绕组的三相电源任意两相进行对调,电动机的旋转方向就会发生改变。常见的电动机可逆控制电路有接触器互锁正/反转控制电路、按钮互锁正/反转控制电路和接触器按钮双重互锁正/反转控制电路。

5.2.2 接触器互锁正/反转控制电路

图 5-1 为利用接触器实现的三相异步电动机正/反转控制电路。其中图 5-1(a)为主电路,由正、反转接触器 KM_1、KM_2 的主触点改变电源与电动机之间的连接相序,从而实现对电动机的正/反转控制。此电路中必须保证接触器 KM_1 和 KM_2 的主触点不可同时闭合,否则会产生相间短路故障,为了避免两个接触器同时得电吸合,就需要在控制电路中实现电气互锁,以避免短路故障的发生。

所谓电气互锁(也叫接触器互锁),就是将正、反转接触器 KM_1、KM_2 的动断辅助触点分别串联在对方的线圈电路中,以此形成相互制约的控制,这类相互制约的关系称为互锁(联锁),分别被串联在对方线圈电路中的动断辅助触点称为互锁触点,电气互锁可以有效避免由误操作引发的电源相间短路故障,接触器互锁正/反转控制电路如图 5-1 所示。

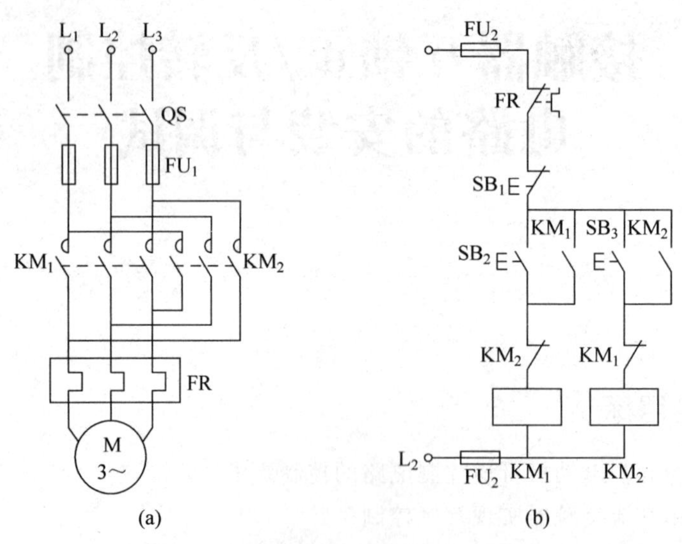

图 5-1 接触器互锁正/反转控制电路

1. 电路工作过程分析

1) 正转控制

合上电源开关 QS→按下正转起动按钮 SB_2→交流接触器 KM_1 线圈得电吸合并自锁→KM_1 主触点闭合→电动机 M 得电正向运转,同时 KM_1 的动断辅助触点断开,切断交流接触器 KM_2 线圈的电路,确保 KM_2 在按下起动按钮 SB_3 时也不能通电。

接触器互锁正/反转

2) 停止控制

按下停止按钮 SB_1→交流接触器 KM_1 线圈失电→电动机 M 停止运转,同时 KM_1 的动断辅助触点复位闭合,为交流接触器 KM_2 线圈的通电做好准备。

3) 反转控制

按下反转起动按钮 SB_3→交流接触器 KM_2 线圈得电吸合并自锁→KM_2 主触点闭合→电动机 M 得电反向运转(U 与 W 换相),同时 KM_2 的动断辅助触点断开,切断交流接触器 KM_1 线圈的电路,确保 KM_1 在按下起动按钮 SB_2 时也不能通电。

2. 电路特点

(1) 交流接触器 KM_1 的动断辅助触点与 KM_2 的线圈串联、KM_2 的动断辅助触点与 KM_1 的线圈串联,形成接触器互锁,保证两个接触器不同时通电,防止主电路电源线之间短路。

(2) 工作时,可以正向运转→停止→反向运转,也可以反向运转→停止→正向运转。

(3) 电动机从正转变为反转时，必须先按下停止按钮后，才能按反转起动按钮，否则由于接触器的互锁作用，不能实现反转。

5.3 任务实施：接触器互锁正/反转控制电路的安装与调试

1. 工作任务单

工作任务单如表 5-1 所示。

表 5-1　工作任务单

序号	任务内容	任务要求
1	接触器互锁正/反转控制电路图的识读	能够正确识读电路，并会分析其工作过程
2	接触器互锁正/反转控制电路的安装	按照电路图完成电路的安装，遵循配线工艺
3	接触器互锁正/反转控制电路的调试	会运用仪表检修调试过程出现的故障

2. 材料工具单

材料工具单如表 5-2 所示。

表 5-2　材料工具单

项　目	名　称	数　量	型　号	备　注
所用工具	电工工具	每组一套		
所用仪表	数字万用表	每组一块	优德利 UT39A	
所用元件及材料	组合开关 QS	1	HZ10-10/3	
	螺旋式熔断器 FU	2	RL1-15/2A	
	交流接触器 KM	2	CJ20/10,380V	
	停止按钮 SB_1	1	LA4-3H(红色)	
	正转起动按钮 SB_2	1	LA4-3H(绿色)	
	反转起动按钮 SB_3	1	LA4-3H(黑色)	
	热继电器 FR	1	JR36-20，整定电流 2.2A	
	三相笼型异步电动机 M	1	Y802-4,0.75kW,Y 接法，380V,2A,1390r/min	
	接线端子排	若干	JX2-Y010	
	导线	若干	BVR-1.5mm 塑铜线	

3. 实施步骤

(1) 学生按人数分组，确定每组的组长。

(2) 以小组为单位，在机电综合实训网板台上，根据三相异步电动机接触器互锁正/反转控制电路的原理图，设计安装接线图和平面布置图；然后按照电动机控制电路的安装与调试步骤进行接触器互锁正/反转控制电路的安装与调试。要求：在安装过程中严格遵循安装工艺和配线工艺，配线应整齐、清晰、美观，布局合理；安装好的电路，其机械和电气操作试验合格，并能检查和排除电路常见故障。

4. 实施要求

小组每位成员都要积极参与,由小组给出电路安装与调试的结果,并提交实训报告。小组成员之间要齐心协力,共同制订计划并实施。计划一定要制订合理,具有可行性。实施过程中注意安全规范,严格遵循安装和配线工艺,并注意小组成员之间的团队协作,对团结合作好的小组给予一定的加分。

5.4 任务评价

接触器互锁正/反转控制电路的安装与调试任务评分见表5-3。

表5-3 接触器互锁正/反转控制电路的安装与调试任务评分

评价类别	考核项目	考核标准	配分/分	得分/分
专业能力	电路设计	安装接线图和平面布置图设计合理	10	
	布局和结构	布局合理,结构紧凑,控制方便,美观大方	5	
	元器件的选择	元器件的型号、规格、数量符合图样的要求	5	
	导线的选择	导线的型号、颜色、横截面积符合要求	5	
	元器件的排列和固定	排列整齐,紧固各元器件时要用力均匀,紧固程度适当,元器件固定得可靠、牢固	5	
	配线	配线整齐、清晰、美观,导线绝缘良好,无损伤。线束横平竖直,配制坚固,层次分明,整齐美观	5	
	接线	接线正确、牢固,敷线平直整齐,无漏铜、反圈、压胶,绝缘性能好,外形美观	5	
	元器件安装	各元器件的安装整齐、匀称,间距合理,便于元件的更换	5	
	安装过程	能够读懂电动机控制电路的电气原理图,并严格按照图样进行安装,安装过程符合安装的工艺要求	5	
	会用仪表检查电路	会用万用表检查电动机控制电路的接线是否正确	5	
	故障排除	能够排除电路的常见故障	5	
	通电试车	电动机正常工作,电路机械和电气操作试验合格	10	
	工具的使用和原材料的用量	工具使用合理、准确,摆放整齐,用后归放原位;节约使用原材料,不浪费	5	
	安全用电	注意安全用电,不带电作业	5	
社会能力	团结协作	小组成员之间合作良好	5	
	职业意识	工具使用合理、准确,摆放整齐,用后归放原位;节约使用原材料,不浪费	5	
	敬业精神	遵守纪律,具有爱岗敬业、吃苦耐劳精神	5	
方法能力	计划和决策能力	计划和决策能力较好	5	

5.5　工匠故事：安徽省地质矿产勘查局313地质队高级工程师朱恒银

朱恒银，安徽省地质矿产勘查局313地质队副总工程师、副队长、教授级高级工程师，曾荣获全国地质系统"十佳科技工作者"、全国劳动模范、李四光地质科学奖等多项荣誉称号。2019年1月18日，朱恒银当选2018年"大国工匠年度人物"。

"这是紧要关头，大家再加把劲儿！集中注意力！"伴随着钻头向地底深挖时发出的巨大轰鸣声，朱恒银带领地质钻探队员在紧张地工作……无论烈日炎炎，还是狂风暴雨，朱恒银总是伴着一身泥浆一身油，常年工作在野外一线。

1976年从学徒做起，当了两年工人的朱恒银又重返校园，到安徽省地质职工大学补足专业知识短板。那时，可选的专业很多，钻探工作辛苦又冷门，不少人认为他会换个热门的专业。没想到，朱恒银选的仍然是探矿工程专业，一干就是一辈子。"没想过要转行。"谈起地质钻探，平时不善言辞的朱恒银突然话多了起来，"对我来说这已不仅仅是份工作，可以说，钻探更是热爱与责任……"

一年365天，差不多200多天都在野外，"我们行业内有一句戏称，远看像讨饭的，近看像收破烂的，仔细一看是搞钻探的。"长期工作在第一线，风餐露宿对朱恒银来说是生活的常态。"钻机一开就不能停啊，三班倒。"他笑着说。地质钻探通常在荒无人烟的野外进行，工作人员有时住帐篷，两块防水帆布，几根帐杆，简易帐篷就搭好了；有时住集装箱，十几平方米的集装箱房住好几个人。"虽说铁皮集装箱大多没空调，天一热，就像蒸笼一样，但与以前相比，现在的条件还是好太多了……"朱恒银回忆起自己刚入行那会儿，住过老百姓家里的牛棚。墙面用报纸简单糊一下，能挡风就行，地上撒点石灰，防止半夜虫蚁"入侵"。问及是否觉得辛苦，他坦言："习惯了，也就不觉得有什么。"

推广定向钻探技术规范，解决表层钻探难题。1986年春节，鞭炮声阵阵，霍邱县淮河边的小房子里，静心写作的朱恒银完成了他人生中的第一本著作——《定向钻探技术规范》。"1982年，我们开始研究小口径定向钻探，历时4年终于研究成功了。有了成果，就想着推广出去，帮助国家解决难题。"上天不易，入地更难。定向钻探技术规范的推广，解决了表层钻探的难题，但如何向地球深部进军，进行深部地质岩心钻探，成为朱恒银下一个阶段的研究重点。2008年，他申报了《深部矿体勘探钻探技术方法研究》项目，一门心思研究岩心钻探设备，立志解决3000m深部地质岩心钻探"无合适设备可用"的问题。最终，研究出来的高强度绳索取芯钻杆及系列取芯机具，让3000m深部地质岩心钻探有了可用机具；完整的深部地质岩心钻探工艺方法也健全了深部地质钻探知识体系。

割舍不下钻探事业，专业上的挑战就是创新的动力。"选了这条路，就要干下去。"40多年钻探生涯，朱恒银亲眼见过带队班长被钻探机器弹出3m高；他自己也因钻探受过伤，在手术住院期间，听闻江苏泰州施工困难，就从医院赶往现场；他还体验过在海拔5930m的高原钻探施工现场，从一开始的喘不上气、说不了话，到自如地指导当地地质队员，解决钻头一下地就被永冻土冻住的难题……

40多年弹指一挥间，朱恒银一次次向地心深处发起挑战，坚持不懈探寻"地球宝藏"的秘密。在他看来，一项工作若是不能坚持，就很难把它做好；反之，将之做到极致，也就成了一种精神。"我割舍不掉钻探这项事业，钻探方面的挑战就是我创新的动力……"

谈起地质钻探，他兴致颇高，妙语连珠；聊起背后的辛苦，他淡然一笑，不甚在意。从一名普通钻探工人成长为教授级高工，朱恒银靠的是一颗“匠心”——面对工作，他细致认真，亲力亲为，不曾因为自己的成就而懈怠；面对后辈，他没有私心，总是乐于将经验一一传授，手把手地教。

跟钻探打了一辈子交道的朱恒银，一听说哪里可能有矿，就往哪里跑。遇到难题，他反而更加兴奋。在他看来，难题意味着突破与创新，一旦攻克，就能助推国家地质钻探事业取得更大进步与发展。

思考与练习

1. 把三相笼型异步电动机接到三相对称电源上，现任意对调两相，电动机的转向将会________。

2. 电动机正/反转控制电路必须有互锁，使换相时不发生相间短路，互锁包括________和________。

3. 要实现三相笼型异步电动机正/反转，应将接到三相对称电源上的________进行对调。

4. 在正/反转和行程控制电路中，各个接触器的动断触点互相串联在对方接触器线圈电路中，其目的是(　　)。

A. 保证两个接触器不能同时动作

B. 能灵活控制电动机正/反转运行

C. 保证两个接触器可靠工作

D. 起自锁作用

5. 机床设备中快速进给都是以(　　)实现控制的。

A. 连续　　B. 点动　　C. 制动　　D. 顺序

6. 交流接触器的自锁是利用自身的(　　)触点保证线圈继续通电。

A. 辅助动合　　B. 辅助动断　　C. 线圈　　D. 灭弧罩

7. 如何改变三相交流异步电动机的转向？

8. 试述“自锁”控制与“互锁”控制在结构和功能上的区别。

9. 设计一个能在两地控制同一台电动机正/反转的点动控制电路。

任务 6 Task 6

双重互锁正/反转控制电路的安装与调试

6.1 任务目标

(1) 掌握利用交流接触器和按钮实现的双重互锁控制。

(2) 能够正确分析双重互锁正/反转控制电路的工作原理。

(3) 能够根据电路图安装三相异步电动机双重互锁正/反转控制电路。

(4) 能够正确分析并快速地排除电路故障。

6.2 知识探究

6.2.1 按钮互锁正/反转控制电路

在前面学习的接触器互锁正/反转控制电路中,我们知道要使电动机能在正、反两个方向间进行切换,需要按下停止按钮,这显然会在频繁操作中带来不便。要使控制电路能够实现电动机正、反转间的直接切换,可以将正、反转起动复合按钮的动断触点分别串联接入对方接触器线圈电路中以形成一种相互制约的互锁控制,叫作机械互锁。机械互锁一般都是由主令电器构成的,由按钮构成的机械互锁也可称为按钮互锁,按钮互锁正/反转控制电路如图 6-1 所示。

1. 电路工作过程分析

1) 正转控制

合上电源开关 QS→按下正转起动按钮 SB_1→SB_1 动断触点先分断对 KM_2 互锁(切断反转控制电路)→SB_1 动合触点后闭合→KM_1 线圈得电→KM_1 主触点和辅助触点闭合自锁→电动机 M 得电连续正转。

2) 反转控制

按下反转起动按钮 SB_2→SB_2 动断触点先分断对 KM_1 互锁(切断正转控制电路)→KM_1 线圈失电→KM_1 主触点分断→电动机 M 失电→SB_2 动合触点后闭合→KM_2 线圈得电→KM_2 主触点和辅助触点闭合自锁→电动机 M 得电连续反转。

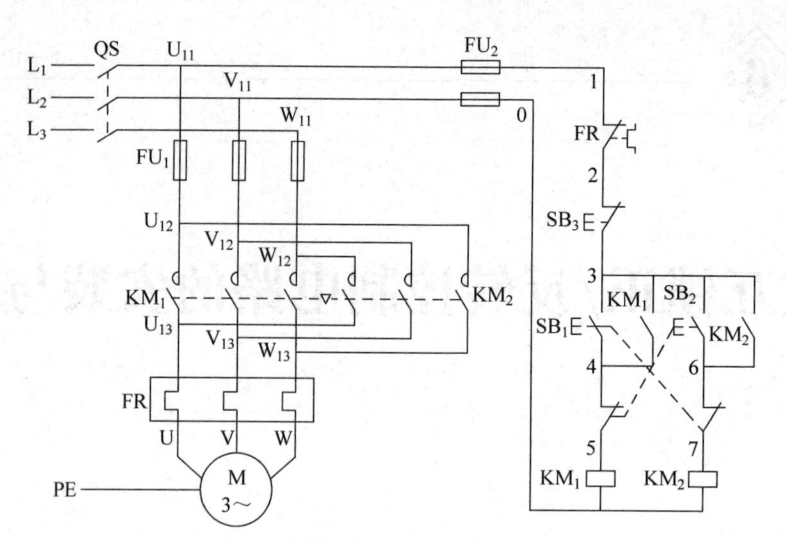

图 6-1 按钮互锁正/反转控制电路

3）停止控制

按停止按钮 SB_3→整个控制电路失电→KM_1（或 KM_2）主触点和辅助触点分断→电动机 M 失电停转。

2. 电路特点

这种电路的优点是操作方便，缺点是容易产生电源两相短路故障。例如，当正转接触器 KM_1 发生主触点熔焊或被杂物卡住等故障时，即使 KM_1 线圈失电，主触点也分断不开，这时若直接按下反转按钮 SB_2，KM_2 得电动作，触点闭合，必然造成电源两相短路故障。在实际工作中，经常使用按钮、接触器双重互锁正/反转控制电路。

6.2.2 双重互锁正/反转控制电路

按钮、接触器双重互锁正/反转控制电路如图 6-2 所示。

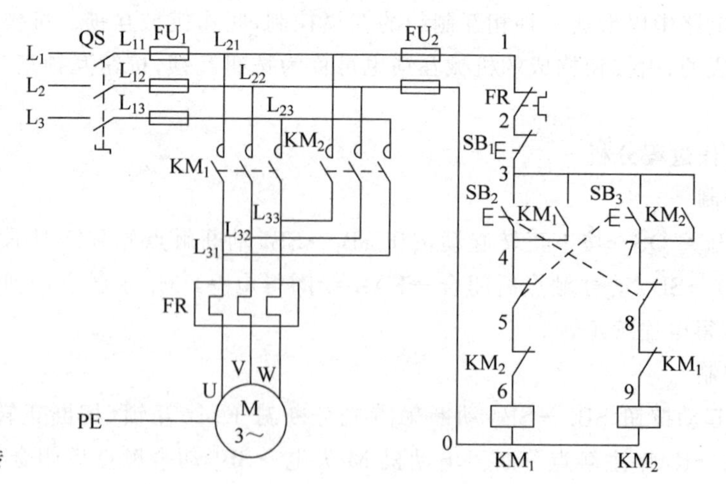

双重互锁正/反转控制电路

图 6-2 按钮、接触器双重互锁正/反转控制电路

1. 电路工作过程分析

1）正转控制

合上电源开关 QS，接通三相电源→按下正转起动复合按钮 SB_2→SB_2 动断触点先断开，对 KM_2 联锁，保证 KM_2 线圈无法得电→SB_2 动合触点后闭合→交流接触器 KM_1 线圈得电→交流接触器 KM_1 自锁触点闭合形成自锁→交流接触器 KM_1 互锁触点断开，对 KM_2 联锁，保证 KM_2 线圈无法得电→交流接触器 KM_1 主触点闭合→电动机 M 起动连续正转。

2）反转控制

按下反转起动复合按钮 SB_3→SB_3 动断触点先断开→KM_1 线圈失电→KM_1 主触点断开→KM_1 自锁触点断开，KM_1 互锁触点恢复闭合→电动机 M 停止正转→SB_3 动合触点后闭合→交流接触器 KM_2 线圈得电→KM_2 主触点闭合→KM_2 自锁触点闭合形成自锁，KM_2 互锁触点断开，保证 KM_1 线圈无法得电→电动机 M 起动连续反转。

3）停止控制

按下停止按钮 SB_1→整个控制电路失电→所有交流接触器线圈断电，主触点断开→电动机 M 失电停转。

欲使电动机由反向运转直接切换为正向运转，操作过程与上述相似，无须中间停止操作。

2. 电路特点

电路中既有由接触器实现的电气互锁，又有由按钮实现的机械互锁，所以称为具备双重互锁的正/反转控制电路。该电路既能实现电动机正、反转间的直接切换，又具备良好的安全可靠性，被广泛应用于电力拖动控制系统中，按其操作特点又称为正—反—停电路。

3. 注意事项

此电路为双重互锁控制电路，必须同时具备两个互锁环节。虽然电路中只具备机械互锁也能实现电动机正、反转间的直接切换，但由于接触器有出现熔焊故障的可能，主电路就存在发生电源短路事故的风险，所以不能允许电路中只具备机械互锁环节来进行电动机的正、反转切换控制。

6.3　任务实施：双重互锁正/反转控制电路的安装与调试

1. 工作任务单

工作任务单如表 6-1 所示。

表 6-1　工作任务单

序号	任务内容	任务要求
1	双重互锁正/反转控制电路图的识读	能够正确识读电路，并会分析其工作过程
2	双重互锁正/反转控制电路的安装	按照电路图完成电路的安装，遵循配线工艺
3	双重互锁正/反转控制电路的调试	会运用仪表检修调试过程出现的故障

2. 材料工具单

材料工具单如表 6-2 所示。

表 6-2 材料工具单

项　目	名　称	数 量	型　号	备 注
所用工具	电工工具	每组一套		
所用仪表	数字万用表	每组一块	优德利 UT39A	
所用元件及材料	组合开关 QS	1	HZ10-10/3	
	螺旋式熔断器 FU_1	3	RL1-15/5A	
	螺旋式熔断器 FU_2	2	RL1-15/2A	
	交流接触器 KM	2	CJ20/10,380V	
	停止按钮 SB_1	1	LA4-3H(红色)	
	正转按钮 SB_2	1	LA4-3H(绿色)	
	反转按钮 SB_3	1	LA4-3H(黑色)	
	热继电器 FR	1	JR36-20，整定电流 2.2A	
	三相笼型异步电动机 M	1	Y802-4,0.75kW，Y 接法，380V，2A,1390r/min	
	接线端子排	若干	JX2-Y010	
	导线	若干	BVR-1.5mm 塑铜线	

3. 实施步骤

(1) 学生按人数分组,确定每组的组长。

(2) 以小组为单位,在机电综合实训台上,根据三相异步电动机双重互锁正反转控制电路的原理图,设计安装接线图和平面布置图；然后按照电动机控制电路的安装与调试步骤进行双重互锁正/反转控制电路的安装与调试。要求：在安装过程中严格遵循安装工艺和配线工艺,配线应整齐、清晰、美观,布局合理；安装好的电路,其电路机械和电气操作试验合格,并能检查和排除电路常见故障。

4. 实施要求

小组每位成员都要积极参与,由小组给出电路安装与调试的结果,并提交实训报告。小组成员之间要齐心协力,共同制订计划并实施。计划一定要制订合理,具有可行性。实施过程中注意安全规范,严格遵循安装和配线工艺,并注意小组成员之间的团队协作,对团结合作好的小组给予一定的加分。

6.4 任务评价

电动机双重互锁正/反转控制电路的安装与调试任务评分见表 6-3。

表 6-3 电动机双重互锁正/反转控制电路的安装与调试任务评分

评价类别	考核项目	考核标准	配分/分	得分/分
专业能力	电路设计	安装接线图和平面布置图设计合理	10	
	布局和结构	布局合理,结构紧凑,控制方便,美观大方	5	
	元器件的选择	元器件的型号、规格、数量符合图样的要求	5	
	导线的选择	导线的型号、颜色、横截面积符合要求	5	
	元器件的排列和固定	排列整齐,紧固各元器件时要用力均匀,紧固程度适当,元器件固定得可靠、牢固	5	
	配线	配线整齐、清晰、美观,导线绝缘良好,无损伤。线束横平竖直,配制坚固,层次分明,整齐美观	5	
	接线	接线正确、牢固,敷线平直整齐,无漏铜、反圈、压胶,绝缘性能好,外形美观	5	
	元器件安装	各元器件的安装整齐、匀称,间距合理,便于元件的更换	5	
	安装过程	能够读懂电动机控制电路的电气原理图,并严格按照图样进行安装,安装过程符合安装的工艺要求	5	
	会用仪表检查电路	会用万用表检查电动机控制电路的接线是否正确	5	
	故障排除	能够排除电路的常见故障	5	
	通电试车	电动机正常工作,电路机械和电气操作试验合格	10	
	工具的使用和原材料的用量	工具使用合理、准确,摆放整齐,用后归放原位;节约使用原材料,不浪费	5	
	安全用电	注意安全用电,不带电作业	5	
社会能力	团结协作	小组成员之间合作良好	5	
	职业意识	工具使用合理、准确,摆放整齐,用后归放原位;节约使用原材料,不浪费	5	
	敬业精神	遵守纪律,具有爱岗敬业、吃苦耐劳精神	5	
方法能力	计划和决策能力	计划和决策能力较好	5	

6.5 知识拓展

6.5.1 双重互锁正/反转控制电路安装的注意事项

按钮、接触器双重互锁正/反转控制电路如图 6-2 所示。

(1) 电动机及按钮的金属外壳必须可靠接地。接至电动机的导线必须穿在导线通道内加以保护,或采用坚韧的四芯橡皮线或塑料护套进行临时通电校验。

(2) 按钮内接线时,用力不可过猛,以防螺钉打滑。

(3) 热继电器的热元件应串联在主电路上,其动断触点应串接在控制电路中。

(4) 热继电器的整定电流应按电动机的额定电流自行调整。不允许弯折双金属片。

(5) 在一般情况下,热继电器应置于手动复位的位置上。若需要自动复位时,可将复位调节螺钉沿顺时针方向向里旋转。

(6) 热继电器因电动机过载动作后,若需再次起动电动机,必须待热元件冷却后,才能使热继电器复位。一般自动复位时间大于 5min,手动复位时间大于 2min。

(7) 起动电动机时,在按下起动按钮 SB_2 的同时,必须按住停车按钮 SB_1,以保证万一出现事故时可立即按下 SB_1 停车,防止事故扩大。

(8) 通电试车时,合上电源开关 QS,按下正转起动按钮 SB_2 或反转起动按钮 SB_3,观察控制是否正常,并在按下 SB_2 后再按下 SB_3,观察有无联锁作用。

(9) 编码套管装要正确。

(10) 通电试车时必须有指导教师在现场,并做到安全文明生产。

6.5.2 双重互锁正/反转控制电路的故障分析

1. 故障现象——电动机 M 不能起动

从主电路来分析,有熔断器 FU_1 断路、热继电器主电路有断点及电动机 M 绕组有故障 3 个原因;从控制电路来分析,有熔断器 FU_2 断路、1 号线至 2 号线间热继电器 FR 辅助动断触点接触不良、按钮 SB_1 动断触点接触不良 3 个原因。检查步骤为按下按钮 SB_2 或 SB_3,观察接触器 KM_1 或 KM_2 线圈是否吸合。如果吸合,则是主电路的问题,应重点检查电动机 M 绕组;若接触器 KM_1 或者 KM_2 线圈未吸合,则为控制电路的问题,重点检查熔断器 FU_1、FU_2、1 号线和 2 号线间的热继电器 FR 动断触点及按钮 SB_1 动断触点。

2. 故障现象——电动机 M 不能正转

从主电路来分析,有接触器 KM_1 主触点闭合接触不良的原因;从控制电路来分析,有按钮 SB_2 动合触点压合接触不良、按钮 SB_3 动断触点接触不良、接触器 KM_2 在 5 号线至 6 号线间的动断触点接触不良及接触器 KM_1 线圈损坏等原因。检查步骤为按下正转起动按钮 SB_2,观察接触器 KM_1 线圈是否吸合。如果接触器 KM_1 吸合,则检查接触器 KM_1 主触点及接触器 KM_2 在 5 号线和 6 号线之间的动断触点。

3. 故障现象——电动机 M 不能反转

从主电路来分析,有接触器 KM_2 主触点闭合接触不良的原因;从控制电路来分析,有按钮 SB_3 动合触点压合接触不良、按钮 SB_2 动断触点接触不良、接触器 KM_1 在 8 号线至 9 号线间的动断触点接触不良及接触器 KM_2 线圈损坏等原因。检查步骤为按下反转起动按钮 SB_3,观察接触器 KM_2 线圈是否吸合。如果接触器 KM_2 吸合,检查接触器 KM_2 主触点;如果接触器 KM_2 线圈未吸合,检查按钮 SB_2 在 7 号线和 8 号线间的动断触点及接触器 KM_1 在 8 号线和 9 号线之间的动断触点。

6.6 工匠故事:中国广核集团核燃料高级主任工程师乔素凯

乔素凯,中国广核集团有限公司中广核核电运营有限公司高级主任工程师,曾获"全国技术能手",中央企业劳动模范,中国广核集团优秀党员,中国广核集团首届"中广核工匠"。2019 年 1 月 18 日,乔素凯当选 2018 年"大国工匠年度人物"。

在核电站的最深处,有一个蔚蓝色的水池,在美丽的水下 4m 深处是 100 多组核燃料组件,每组组件中有 264 根核燃料棒。每 18 个月核电站进行大修时,1/3 的核燃料要被置换,同时要对有缺陷的核燃料组件进行修复,此时便是乔素凯与他带领的团队大展身手的时刻。

1992 年乔素凯从山西临汾电校毕业后,来到大亚湾核电站工作。目前,他是中广核核电运营有限公司大修中心核燃料服务分部高级主任工程师、大修换料顾问,从事核电站新燃料接收、大修堆芯换料、燃料组件检测与修复等所有与核燃料相关的工作。他带领的团队是国内唯一一支核燃料组件特殊维修专业技术团队，全国一半以上核电机组的核燃料都由该团队来维护和维修。

核燃料相关工作都有一定的危险性，且技术要求高、难度大，核燃料组件修复项目更是如此。由于工作的特殊性，"核燃料无小事"成了乔素凯经常挂在嘴边的话，他也一直以"不允许毫厘之差"的高标准来要求自己和身边的同事。

有一次，在大亚湾电站核燃料组件修复过程中，当破损燃料棒拔出后插入替换棒时，该棒位置比其他棒位低了几毫米，担任项目负责人的他坚定地表示："必须返工！核燃料无小事，我们不能在核燃料组件上留下任何安全隐患，一次就必须把事情做好。"最终，在大家的反复试验下，将替换棒拉到了正常高度，成功修复了组件，保证了组件再入堆后的安全运行。

"修复是最难的，也是要求最高的。"核燃料组件修复完全在水下操作，修复一组有缺陷的核燃料组件，有400多道工序，其中有不可逆转的200多道工序是关键点操作。而乔素凯做到了能用4m的长杆完成水下精确值为3.7mm的操作；面对核燃料棒包壳管0.53mm的壁厚，他可以用自己的手感和经验保证核燃料在抽出的过程中完好无损。

乔素凯有一个习惯，那便是随身携带一个小本子，换料现场和PMC(核燃料装载储存系统)设备哪里有缺陷，哪里需要改进，他都会一一记在小本子上。

"将需要修复的燃料棒取出时必须慎之又慎，核燃料工作干得时间越长，就会越谨小慎微。"乔素凯说。

多年来，正是怀着对核燃料的敬畏之心，乔素凯带领他的团队一直守护着核岛最深处的这方水池，完成了一个又一个挑战。至今，其所在团队共为国内20台核电机组完成了100多次核燃料装卸任务，创造了连续56000步操作零失误的纪录，实现了燃料操作零失误及换料设备零缺陷，堪称守护核安全的典范。

2012年以前，我国核电站使用的水下耐高辐照光导管摄像机需要从国外购买，一套60多万元。"那时候，水下摄像机坏了还得请外国技术人员来维修，他们从上飞机开始就按小时收费。"为实现技术与产品国产化，乔素凯与相关机构花了7年时间，成功研发了国产摄像机。

多年来，乔素凯一直致力于PMC的维修及换料操作、换料人员行为规范、燃料组件专项视频检测与分析、燃料组件修复及后运、堆芯换料装载技术优化、堆芯装载异常困难处理、换料专用设备国产化研发等领域，目前，这些技术均处于国内领先水平，其主持并参与的项目有19项获得国家专利，部分项目还获得了中国核能行业协会及国家能源奖项。在此基础上，他更深入地研究燃料组件水下整体修复项目，通过前期大量的安全可行性论证、国内外调研及消化吸收技术难点，数项关键技术和核心部件通过上万次试验，终于获得了关键工程样机数据。2019年年初，燃料组件整体修复设备整机试验一次成功，得到了评审专家的一致好评。该设备的技术路线优于国内外通用修复模式，填补了国内在压水堆核电站乏燃料组件水下整体修复领域的空白。

十年磨一剑，二十年磨一心，二十六年来乔素凯一直用一颗精益求精的匠心不断探索，艰难攻关，只为打破国内技术空白，完善操作工艺，他常对同事和家人自豪地说："我们中国人的核电出口了，从一无所有到去帮外国建设运营核电站，我特别骄傲！"

因为选择，所以坚守。乔素凯用二十五年如一日的精心呵护为这份责任保驾护航；面对毫厘之差，他一次又一次地说"不"，只为核燃料组件的安全运行；面对"人有我无"的状况，他扎根现场，潜心钻研，只为能够打破技术垄断。“核燃料组件是有生命的，你要不好好对它，它肯定以最坏的状态展示给你。如果你好好对它、呵护它，发现缺陷马上处理，不让它带病运行，它永远是以最好的状态在为电站发电。”面对自己的工作，乔素凯这样说。

他没有很高的学历，却总能身体力行、脚踏实地、不断学习；没有超人的智慧，却凭着一股钻劲深入细致地做好每一项工作，乔素凯就是凭着对工作的一心一意，抱着“一次把事情做好”的信念，在这份特殊的岗位上实现他的价值，为实现我国核电强国的“核电梦”“中国梦”增砖添瓦！

思考与练习

1. 什么是互锁控制？互锁控制有几种方式？哪种是电路中必需的？

2. 实现电动机正/反转控制的方法有几种？它们的操作方式有何不同？

3. 在图 6-2 所示电路中，若正/反转控制电路都不工作，试分析可能的故障及原因。

4. 试设计能在两地控制同一台电动机正/反转点动控制电路的电路图，并分析其工作过程。

5. 试设计风机控制电路，要求有送新风和排烟控制，有电源、送新风和排烟指示。

Task 7

自动往返控制电路的安装与调试

7.1 任务目标

(1) 熟悉并掌握行程开关的结构和功能。

(2) 能够利用行程开关实现机械互锁控制。

(3) 能够正确分析自动往返控制电路的工作原理。

(4) 能够根据电路图安装三相异步电动机自动往返控制电路。

(5) 能够正确分析并快速排除电路故障。

7.2 知识探究

7.2.1 行程开关

行程开关又称限位开关或位置开关,是一种常用的小电流主令电器。它能够利用生产机械运动部件的碰撞使其触点动作来实现对电路的接通或分断控制。通常,这类开关被用来限制机械运动的位置或行程,使运动机械按一定位置或行程自动停止、反向运动、变速运动或自动往返运动等。

行程开关按其结构可分为直动式、滚轮式和微动式。行程开关与按钮的作用相同,但两者的操作方式不同,按钮是靠人的手指操纵的,而行程开关是依靠生产机械运动部件的挡铁碰撞而动作的。作用与按钮相同,只是其触点的动作不是靠手动操作,而是利用生产机械某些运动部件上的挡铁碰撞其滚轮,使触点动作来实现接通或分断某些电路,使之达到一定的控制要求。

1. 行程开关的识别

行程开关如图 7-1 所示,其电气图形符号和文字符号如图 7-2 所示。

行程开关的识别过程如下。

(1) 判断行程开关类型。

(2) 找到动合触点和动断触点的接线端子。

(3) 触动行程开关的操作机构(如推杆或滚轮),观察触点动作和复位情况。

(4) 检测、判别触点的好坏,判别方法与交流接触器触点判别方法类似。

(a) 直动式行程开关　(b) 滚轮式行程开关　(c) 微动式行程开关

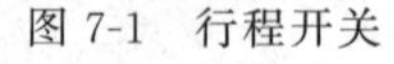

图 7-1　行程开关

(a) 动合触点　(b) 动断触点　(c) 复合触点

图 7-2　行程开关的电气图形符号和文字符号

2. 行程开关的选择

(1) 根据应用场合及控制对象选择是一般用途开关还是起重设备用的行程开关。

(2) 根据安装环境选择防护形式是开启式还是防护式。

(3) 根据控制回路的电压和电流选择采用何种系列的行程开关。

(4) 根据机械与行程开关的传力与位移关系选择合适的头部结构形式。

3. 行程开关的安装与使用

安装行程开关时,安装位置要准确,安装要牢固;挡铁与撞块的位置应符合控制电路的要求,并确保能可靠地与挡铁进行碰撞;如果安装的是滚轮式行程开关,要注意滚轮的安装方向符合控制要求。

行程开关在使用过程中,要定期检查和保养,及时对触点进行清理(除去油垢、粉尘等),经常检查动作是否灵活可靠,防止因长期碰撞而产生的行程开关松动、接触不良或接线松脱等故障。

4. 行程开关的常见故障及排除

行程开关的常见故障及排除方法如表 7-1 所示。

表 7-1　行程开关的常见故障及排除方法

故障现象	产生原因	排除方法
行程开关复位但动断触点不能闭合	触点偏斜或动触点脱落	修复或更换
	触杆被杂物卡住	清除杂物
	弹簧弹力减退或被卡住	更换弹簧或清除卡阻
挡铁碰撞行程开关但触点不动作	安装位置不对,离挡铁太远	重新安装,调整与挡铁距离
	触点接触不良或连接线松脱	清理触点表面或重新连线
行程开关的杠杆已偏转但触点不动作	安装位置装得太低	重新安装
	触点由于机械卡阻而不动作	清除卡阻

7.2.2　位置控制与自动往返控制电路

1. 位置控制电路

在工业生产过程中，一些自动或半自动的生产机械要求运动部件的行程或位置受到限制。如图7-3所示，要求运动小车向前运动时不能超出SQ_1所在位置，向后运动时不能超过SQ_2所在位置，也就是完成具有自动停止功能的正/反转控制。

从图7-4可见，位置控制电路是以行程开关作为控制元件来控制电动机停止的，电路中将行程开关的动断触点分别串接入对应的交流接触器线圈电路中。

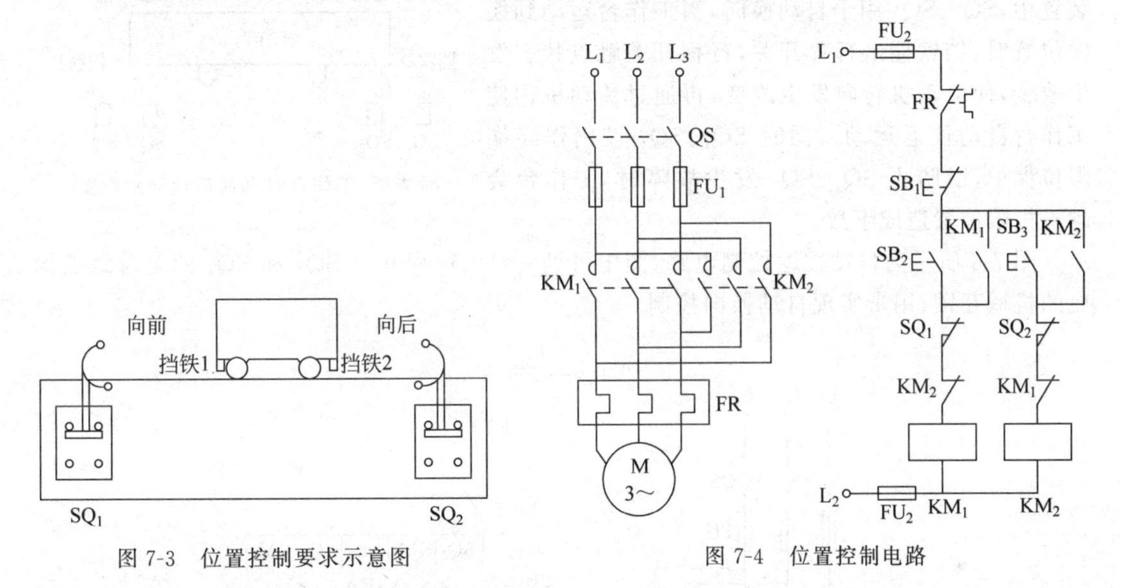

图7-3　位置控制要求示意图　　图7-4　位置控制电路

1）电路工作过程分析

(1) 运动小车向前运动。合上刀开关QS，接通三相电源→按下正转起动按钮SB_2→交流接触器KM_1线圈得电→交流接触器KM_1互锁触点断开，对KM_2联锁保证KM_2线圈无法得电→交流接触器KM_1自锁触点闭合形成自锁→交流接触器KM_1主触点闭合→电动机M起动连续正转→小车前移达到限定位置，挡铁1碰撞行程开关SQ_1，使得SQ_1动断触点分断→KM_1线圈失电→KM_1自锁触点断开，KM_1互锁触点恢复闭合→KM_1主触点断开→电动机M失电停转，小车停止前移。

此时即使按下SB_2，由于挡铁压住SQ_1，SQ_1动断触点依然分断，所以KM_1线圈也不会得电，保证小车不会超过SQ_1所在的位置。

(2) 运动小车向后运动。按下反转起动按钮SB_3→交流接触器KM_2线圈得电→交流接触器KM_2互锁触点断开，对KM_1联锁保证KM_1线圈无法得电→交流接触器KM_2自锁触点闭合形成自锁→交流接触器KM_2主触点闭合→电动机M起动连续反转，小车后移→SQ_1恢复闭合→达到限定位置，挡铁2碰撞行程开关SQ_2，使SQ_2动断触点分断→KM_2线圈失电→KM_2自锁触点断开，KM_2互锁触点恢复闭合→KM_2主触点断开→电动机M失电停转，小车停止后移。

(3) 停止。若小车在运动过程中需要紧急停止，只需按下SB_1按钮即可。

2）电路特点

位置控制电路以行程开关作为控制电动机自动停止的控制元件，电路中仍然要求具备电气互锁。该电路能使生产机械每次起动后自动停止在规定的地方，也常用于运动机械设备的行程极限保护。

2. 自动往返控制电路

在工业生产过程中，还有一些生产机械要求运动部件在一定范围内自动往返工作，以方便对工件进行连续加工，提高生产效率。图 7-5 所示装置中，SQ_1、SQ_2 用于自动换向，当工作台运动到换向位置时，挡铁撞击行程开关，行程开关触点状态发生改变，使电动机转向发生改变，再通过传动机构使工作台自动往返运动。同时 SQ_3、SQ_4 被用作终端限位保护，以防止 SQ_1、SQ_2 发生故障时，工作台会越过极限位置造成事故。

图 7-5　工作台自动往返运动示意图

图 7-6 所示为自动往返控制电路，图中可见一对由行程开关 SQ_1 和 SQ_2 的复合触点构成的机械互锁，用来实现自动换向控制。

自动往返
控制电路

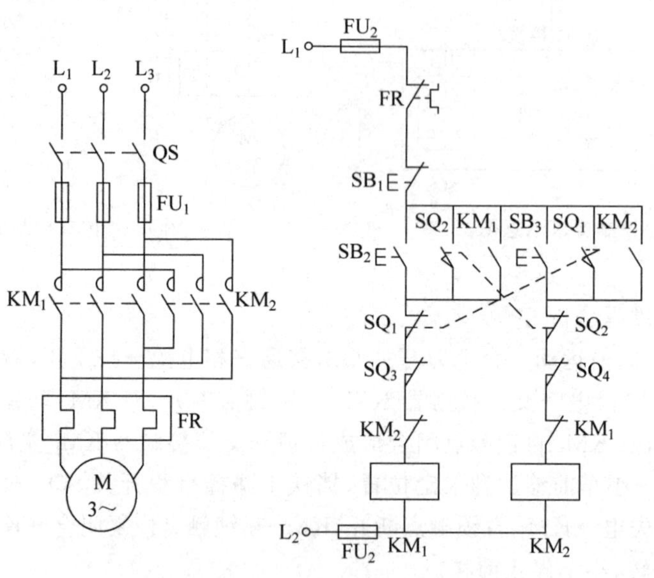

图 7-6　自动往返控制电路

1）电路工作过程分析

（1）自动往返的实现。合上刀开关 QS，接通三相电源→按下正转起动按钮 SB_2→交流接触器 KM_1 线圈得电→交流接触器 KM_1 互锁触点断开，对 KM_2 联锁保证 KM_2 线圈无法得电→交流接触器 KM_1 自锁触点闭合形成自锁→交流接触器 KM_1 主触点闭合→电动机 M 起动连续正转→工作台左移→达到限定换向位置，挡铁 1 碰撞行程开关 SQ_1→SQ_1 动断触点断开→KM_1 线圈失电→KM_1 主触点断开→工作台停止左移→KM_1 自锁触点断开，KM_1 互锁触点恢复闭合→电动机 M 失电停转→同时 SQ_1 动合触点闭合→KM_2 线圈得电→KM_2 互锁触点断开，对 KM_1 联锁保证 KM_1 线圈无法得电→KM_2 自锁触点闭合形成自锁→

KM_2 主触点闭合→电动机 M 起动连续反转→工作台右移释放 SQ_1，SQ_1 所有触点复位，达到限定换向位置挡铁碰撞 SQ_2→SQ_2 动断触点断开→KM_2 线圈失电→KM_2 自锁触点断开，KM_2 互锁触点恢复闭合→KM_2 主触点断开→电动机 M 失电停转，工作台停止右移→同时 SQ_2 动合触点闭合→KM_1 线圈得电→KM_2 互锁触点断开，KM_2 自锁触点闭合形成自锁→KM_2 主触点闭合→电动机 M 又正转→工作台又左移，同时释放 SQ_2 复位→到换向位置又碰撞 SQ_1，如此往复。

若先按下按钮 SB_3，则 KM_2 先得电，电动机反转，带动工作台先向右移动，碰撞行程开关 SQ_2，切断 KM_2 支路，随后开始 KM_1 得电，电动机正转，带动工作台再向左移动，如此往复。

(2) 停止控制。机械装置在运动过程中需要紧急停止，只需按下 SB_1 按钮即可。

2) 电路特点

(1) 行程开关 SQ_1、SQ_2 安装在终点和起点处，利用机械装置的移动，使其触点动作，代替手动按钮，使机械装置能够自动往返。

(2) 任何时刻，按下停止按钮 SB_1，电动机 M 都将停止运转，然后才能操作 SB_2 或 SB_3 使电动机 M 运转；电动机 M 运转时，操作 SB_2 或 SB_3 无效。

(3) 电路中需具备终端保护环节。当行程开关损坏或被异物卡住时，其触点无法动作，机械装置可能无法停止。实际应用中，需要在每个行程开关的后面，再安装一个行程开关，将其动断触点与相应的交流接触器的线圈串联，作为极限位置开关。

7.3 任务实施：自动往返控制电路的安装与调试

1. 工作任务单

工作任务单如表 7-2 所示。

表 7-2　工作任务单

序号	任务内容	任务要求
1	自动往返控制电路图的识读	能够正确识读电路，并会分析其工作过程
2	自动往返控制电路的安装	按照电路图完成电路的安装，遵循配线工艺
3	自动往返控制电路的调试	会运用仪表检修调试过程出现的故障

2. 材料工具单

材料工具单如表 7-3 所示。

表 7-3　材料工具单

项　目	名　称	数　量	型　号	备　注
所用工具	电工工具	每组一套		
所用仪表	数字万用表	每组一块	优德利 UT39A	
所用元件及材料	组合开关 QS	1	HZ10-10/3	
	螺旋式熔断器 FU_1	3	RL1-15/5A	
	螺旋式熔断器 FU_2	2	RL1-15/2A	
	交流接触器 KM	2	CJ20/10，380V	

续表

项　目	名　称	数 量	型　号	备 注
所用元件及材料	正转按钮 SB_1	1	LA4-3H(绿色)	
	反转按钮 SB_2	1	LA4-3H(黑色)	
	停止按钮 SB_3	1	LA4-3H(红色)	
	行程开关 SQ	4	JLXK1-111	
	热继电器 FR	1	JR36-20，整定电流 2.2A	
	三相笼型异步电动机 M	1	Y802-4，0.75kW，Y 接法，380V，2A，1390r/min	
	接线端子排	若干	JX2-Y010	
	导线	若干	BVR-1.5mm 塑铜线	

3. 实施步骤

(1) 学生按人数分组，确定每组的组长。

(2) 以小组为单位，在机电综合实训网板台上，根据具有终端保护的自动往返控制电路的电路原理图，设计出平面布置图和安装接线图，然后按照电动机控制电路的安装与调试步骤进行自动往返控制电路的安装与调试，安装过程中注意行程开关的使用。要求：在安装过程中严格遵循安装工艺和配线工艺，配线应整齐、清晰、美观，布局合理；安装好的电路机械和电气操作试验合格，并能检查和排除电路常见故障。

4. 实施要求

小组每位成员都要积极参与，由小组给出电路安装与调试的结果，并提交实训报告。小组成员之间要齐心协力，共同制订计划并实施。计划一定要制订合理，具有可行性。实施过程中注意安全规范，严格遵循安装和配线工艺，并注意小组成员之间的团队协作，对团结合作好的小组给予一定的加分。

7.4 任务评价

自动往返控制电路的安装与调试任务评分见表 7-4。

表 7-4 自动往返控制电路的安装与调试任务评分

评价类别	考 核 项 目	考 核 标 准	配分/分	得分/分
专业能力	电路设计	安装接线图和平面布置图设计合理	10	
	布局和结构	布局合理，结构紧凑，控制方便，美观大方	5	
	元器件的选择	元器件的型号、规格、数量符合图样的要求	5	
	导线的选择	导线的型号、颜色、横截面积符合要求	5	
	元器件的排列和固定	排列整齐，紧固各元器件时要用力均匀，紧固程度适当，元器件固定得可靠、牢固	5	

续表

评价类别	考核项目	考核标准	配分/分	得分/分
专业能力	配线	配线整齐、清晰、美观，导线绝缘良好，无损伤。线束横平竖直，配制坚固，层次分明，整齐美观	5	
	接线	接线正确、牢固，敷线平直整齐，无漏铜、反圈、压胶，绝缘性能好，外形美观	5	
	元器件安装	各元器件的安装整齐、匀称，间距合理，便于元件的更换	5	
	安装过程	能够读懂电动机控制电路的电气原理图，并严格按照图样进行安装，安装过程符合工艺要求	5	
	会用仪表检查电路	会用万用表检查电动机控制电路的接线是否正确	5	
	故障排除	能够排除电路的常见故障	5	
	通电试车	电动机正常工作，电路机械和电气操作试验合格	10	
	工具的使用和原材料的用量	工具使用合理、准确，摆放整齐，用后归放原位；节约使用原材料，不浪费	5	
	安全用电	注意安全用电，不带电作业	5	
社会能力	团结协作	小组成员之间合作良好	5	
	职业意识	工具使用合理、准确，摆放整齐，用后归放原位；节约使用原材料，不浪费	5	
	敬业精神	遵守纪律，具有爱岗敬业、吃苦耐劳精神	5	
方法能力	计划和决策能力	计划和决策能力较好	5	

7.5　工匠故事：中国工程物理研究院机械制造工艺研究所高级技师陈行行

陈行行，中国工程物理研究院机械制造工艺研究所高级技师，先后获得“全国五一劳动奖章”“全国技术能手”“四川工匠”等荣誉称号。2019 年 1 月 18 日，陈行行当选 2018 年“大国工匠年度人物”。

陈行行是一个从微山湖畔小乡村走出来的农家孩子。小时候，他的动手能力就很强，喜欢把自行车、电视的零部件拆了重新组装。从山东技师学院机械工程系毕业后，他进入中国工程物理研究院研究所，是该所一专多能的技术技能复合型人才。

有一次，陈行行接到一项任务——制作国家某重仪专项分子泵项目的一个核心零部件。该零部件不仅加工精度要求高，而且加工过程中的程序调试异常烦琐，费时费力，尤其是因加工振动导致的零件表面质量差。陈行行与技术人员一起从难点入手，通过优化铣削方式、加工刀具和工装夹具，编制合理的加工程序和发掘设备智能辅助专家系统的两个高级功能，攻克了加工振动导致的质量难题，同时消除了叶片边缘毛刺现象，不仅缩短了工序，而且加工质量更优，使加工效率提高了 3.5 倍。

在某型号定型产品重要零件的批量加工中，陈行行通过对加工刀具、切削方式和加工程序及装夹方式进行优化，使加工效率提高了1倍，有效解决了因刚性差导致的加工变形问题，节省了钳工研磨工序，使生产出来的产品合格率高于98%。

陈行行用3年时间完成了普通人需要16年时间达成的目标，成为单位在新设备运用、新功能发掘、新加工方式创新等方面的领军人才。他作为研究所唯一的特聘技师，具体管理着3个高技能人才工作站，兼任了某壳体高效加工和加工中心两个高技能人才工作站的领办人。作为高技能人才工作站的领办人，陈行行和他的团队有信心把工作站建设成数控加工创新成果的孵化器。

陈行行不仅做好自己的事情，还兼任着研究所里数控加工中心的培训老师，从选材、备课到教学，都尽心尽力完成好。经他培训和指导的选手有5人分获国家级技能比赛职工组前十名，还有5人获四川省级职工组的前三名。他还多次应邀在四川省总工会、中国机电装备维修与改造技术协会(绵阳)和中国工程物理研究院培训中心等单位举办的技能培训班上授课，把自己积累的心得经验、窍门绝活毫无保留地分享给学员。

思考与练习

1. 行程开关可将________信号转化为________信号，通过控制其他电器来控制运动部分的________、________或进行限位保护。
2. 行程开关在电气控制系统中有哪些功能？
3. 生产现场有哪些位置控制和自动往返控制设备？
4. 自动往返控制电路与正/反转控制电路有什么异同？

项目三

三相异步电动机降压起动控制电路的安装与调试

目标要求

知识目标

(1) 掌握时间继电器的识别及使用方法。

(2) 掌握三相异步电动机降压起动的控制要求。

(3) 能够正确分析三相异步电动机降压起动控制电路的工作原理。

能力目标

(1) 能够根据实际电路的控制要求选择合适的降压起动电路。

(2) 能够完成三相异步电动机降压起动控制电路的安装与调试。

(3) 能够检查并排除三相异步电动机降压起动控制电路的故障。

素质目标

(1) 学生应树立职业意识,并按照企业的“6S”(整理、整顿、清扫、清洁、素养、安全)质量管理体系要求自己。

(2) 操作过程中,必须时刻注意安全用电,严格遵守电工安全操作规程。

(3) 爱护工具和仪器、仪表,自觉做好维护和保养工作。

(4) 具有吃苦耐劳、爱岗敬业、团队合作、勇于创新的精神,具备良好的职业道德。

安全规范

(1) 实训室内必须着工装,严禁穿凉鞋、背心、短裤、裙装进入实训室。

(2) 使用绝缘工具,并认真检查工具绝缘是否良好。

(3) 停电作业时,必须先验电,确认无误后方可工作。

(4) 带电作业时,必须在教师的监护下进行。

(5) 树立安全和文明生产意识。

Task 8

定子绕组串联电阻降压起动控制电路的安装与调试

8.1 任务目标

(1) 了解时间继电器的工作原理。

(2) 掌握通电延时与断电延时的电气符号和文字符号。

(3) 能够分析定子绕组串联电阻降压起动控制电路的工作过程。

(4) 能够完成定子绕组串联电阻降压起动控制电路的安装及调试。

8.2 知识探究

8.2.1 时间继电器

时间继电器是作为辅助元件用于各种保护及自动装置中,使被控元件达到所需要的延时动作的继电器。它是一种利用电磁机构或机械动作原理,当线圈通电或断电后,触点延时闭合或断开的自动控制元件。

1. 时间继电器的分类与原理

时间继电器是一种利用电磁原理或机械动作原理实现触点延时接通或断开的自动控制电器。其种类很多,常用的有电磁式、空气阻尼式、电动式和晶体管式等。时间继电器按照延时类型可分为通电延时时间继电器与断电延时时间继电器。

时间继电器

1) 通电延时时间继电器

特点:线圈通电后触点要延迟一段时间才动作,但断电后触点立刻动作。

动作过程:线圈通电→衔铁吸合→SQ_1 动合闭合,动断断开;线圈通电→空气室充气延时→SQ_2 动合闭合,动断断开;线圈断电→衔铁释放→SQ_1 动合断开,动断闭合,SQ_2 动合断开,动断闭合。通电延时时间继电器结构如图 8-1 所示。

2) 断电延时时间继电器

特点:线圈通电后触点立刻动作,但断电后触点要延迟一段时间才动作。

动作过程:线圈通电→衔铁吸合→SQ_1 动合闭合,动断断开,SQ_2 动合闭合,动断断开;

线圈断电→衔铁释放→SQ_1 动合断开，动断闭合，空气室充气延时→SQ_2 动合断开，动断闭合。断电延时时间继电器结构如图 8-2 所示。

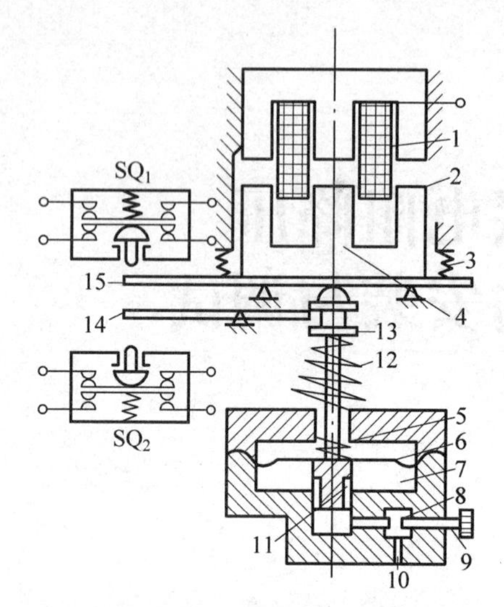

图 8-1 通电延时时间继电器结构

1—线圈；2—衔铁；3—反力弹簧；4—铁芯；5—弱弹簧；6—橡皮膜；7—微动开关；8—螺旋；9—调节螺钉；10—进气口；11—活塞；12—宝塔形弹簧；13—活塞杆；14—杠杆；15—推板

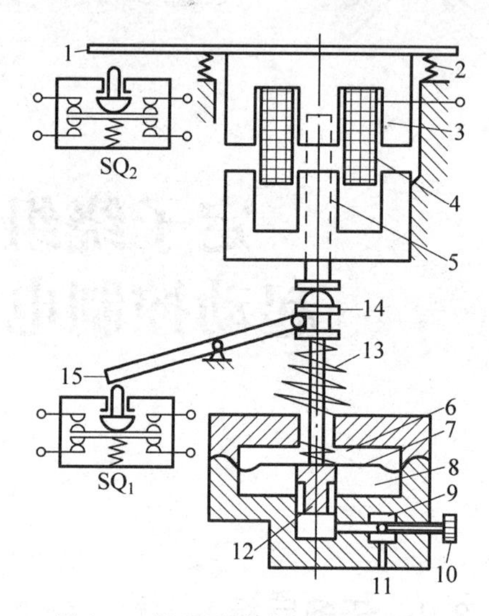

图 8-2 断电延时时间继电器结构

1—推板；2—反力弹簧；3—衔铁；4—线圈；5—铁芯；6—弱弹簧；7—橡皮膜；8—微动开关；9—螺旋；10—调节螺钉；11—进气口；12—活塞；13—宝塔形弹簧；14—活塞杆；15—杠杆

2. 时间继电器的识别、选择及安装

1）时间继电器的识别

时间继电器如图 8-3 所示，其电气图形和文字符号如图 8-4 所示。

(a) 空气阻尼式时间继电器

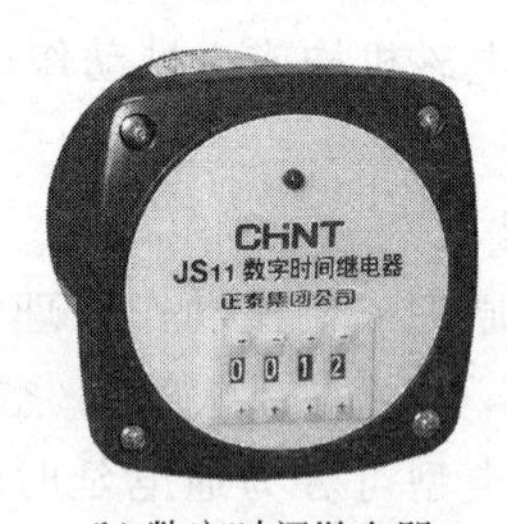

(b) 数字时间继电器

(c) 晶体管时间继电器

图 8-3 时间继电器

时间继电器的识别过程如下。

(1) 识读时间继电器的铭牌。

(2) 识读时间继电器的控制电压。

(3) 识读时间继电器的引脚号和引脚接线图。

(4) 检测判别各触点的好坏。

(5) 测量线圈的阻值，阻值与产品、控制电压的等级及类型有关。

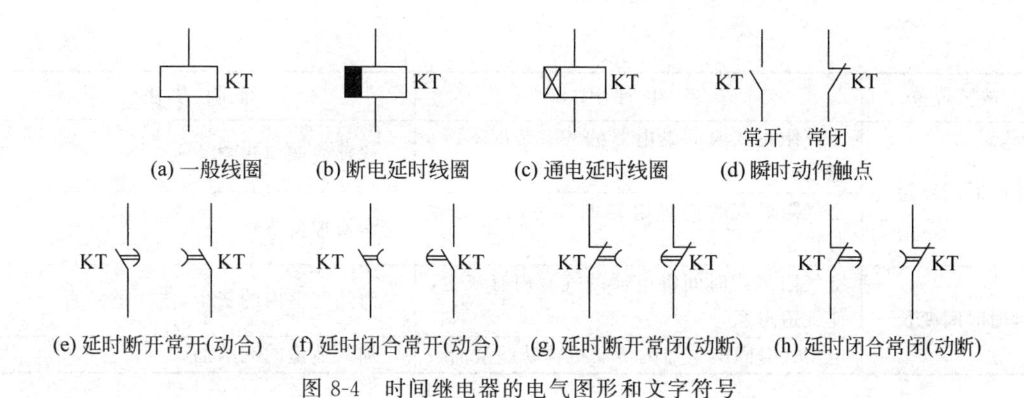

图 8-4　时间继电器的电气图形和文字符号

2）时间继电器的选择

时间继电器主要根据控制回路中的延时方式、瞬时动作触点的数量及吸引线圈的电压等级来选用。空气阻尼式时间继电器的延时及触点方式有 4 种，即通电延时闭合的动合触点、通电延时断开的动断触点、断电延时断开的动断触点和断电延时闭合的动合触点。

3）时间继电器的调整

(1) 断开主回路电源，接通控制回路电源。

(2) 用螺丝刀调节螺钉，按所需延时的时间，使指针指向与这一时间大致相符的刻度。

(3) 按下延时控制回路按钮，同时记下延时起始时间。延时结束后，立即记下结束时间，核对实际延时时间与所需延时时间是否相符，如不符则继续向左或向右旋转调整螺钉，重复这一调节过程，直至实际延时时间与所需延时时间相符。

4）时间继电器的安装

(1) 时间继电器应按说明书规定的方向安装，继电器在断电后释放的衔铁运动方向垂直向下，其倾斜度不超过 5°。

(2) 时间继电器的整定值应预先在不通电时整定，并在试车时校正。

(3) 时间继电器金属底板上的接地螺钉必须与接地线可靠连接。

(4) 通电延时型和断电延时型可在整定时间内自行调换。

(5) 使用时，应经常清除灰尘及油污，否则延时误差将增大。

3. 时间继电器常见故障及排除

时间继电器常见故障及排除方法见表 8-1。

表 8-1　时间继电器常见故障及排除方法

故障现象	产生原因	排除方法
延时触点不动作	电磁铁线圈断线	更换线圈
	电源电压低于线圈额定电压值过多	更换线圈或调高电源电压
	电动式时间继电器的同步电动机线圈断线	调换同步电动机
	电动式时间继电器的棘爪无弹性，不能刹住棘齿	调换棘爪
	电动式时间继电器游丝断裂	调换游丝

续表

故障现象	产生原因	排除方法
延时时间缩短	空气阻尼式时间继电器的气室装配不严、漏气	修理或调换气室
	空气阻尼式时间继电器的气室内橡皮薄膜损坏	调换橡皮薄膜
延时时间变长	空气阻尼式时间继电器的气室内有灰尘，使气道阻塞	清除气室内的灰尘，使气道畅通
	电动式时间继电器的传动机构缺润滑油	加入适量的润滑油

8.2.2 定子绕组串联电阻降压起动控制电路

在工厂中，若三相笼型异步电动机的额定功率超出了允许直接起动的范围，则应采用降压起动。所谓降压起动也称减压起动，是借助起动设备将电源电压适当降低后加在定子绕组上进行起动，待电动机转速升高到接近稳定时，再使电压恢复到额定值，转入正常运行。三相笼型异步电动机容量在10kW以上或由于其他原因不允许直接起动时，应采用降压起动。

三相笼型异步电动机的降压起动

降压起动的目的是减小起动电流以及对电网的不良影响，但它同时又降低了起动转矩，所以只适用于空载或轻载起动时的笼型异步电动机。笼型异步电动机降压起动的方法通常有定子绕组回路串电阻或电抗器降压起动、定子绕组串自耦变压器降压起动、Y-△变换降压起动、延边三角形降压起动4种方法。

定子绕组串接电阻降压起动是指在电动机起动时，把电阻串接在电动机定子绕组与电源之间，通过电阻的分压作用来降低定子绕组上的起动电压，待电动机起动后，再将电阻短接，使电动机在额定电压下全压运行。

1. 电动机的直接起动条件

一般7.5kW以下的小容量笼型异步电动机都可以直接起动。可用下面的公式来计算电动机的起动方式：

$$\frac{I_{st}}{I_N} \leqslant \frac{3}{4} + \frac{S}{4P}$$

式中：I_{st} 为电动机全压起动电流(A)；I_N 为电动机额定电流(A)；S 为电源变压器总容量(kV·A)；P 为电动机的额定功率(kW)。

2. 接触器控制定子绕组串电阻降压起动控制电路

接触器控制定子绕组串电阻降压起动控制电路如图8-5所示。

1) 电路工作过程分析

合上电源开关QS。

(1) 降压起动。按下按钮 SB_2→KM_1 线圈得电→KM_1 主触点和辅助动合触点闭合→电动机M定子串电阻降压起动。

(2) 全压运行。待笼型电动机起动后，按下按钮 SB_3→KM_2 线圈得电→KM_2 辅助动合触点先断开→KM_1 线圈得电→KM_2 主触点和辅助动合触点闭合→电动机M全压运行。

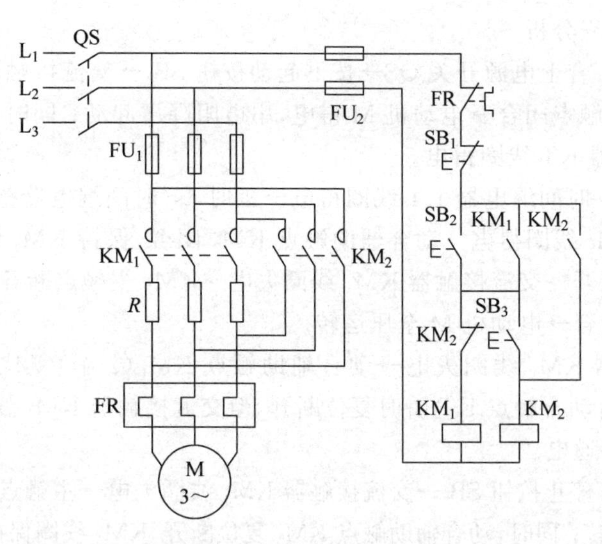

图 8-5　接触器控制定子绕组串电阻降压起动控制电路

(3) 停止。按停止按钮 SB_1→整个控制电路失电→KM_2(或 KM_1)主触点和辅助触点分断→电动机 M 失电停转。

2) 电路特点

电动机从降压起动到全压起动时,必须再按下起动按钮 SB_3,才能全压起动,不能实现自动控制,因此通常采用时间继电器控制定子绕组串电阻降压起动的方式。

3. 时间继电器自动控制定子绕组串电阻降压起动控制电路

时间继电器自动控制定子绕组串电阻降压起动控制电路如图 8-6 所示。

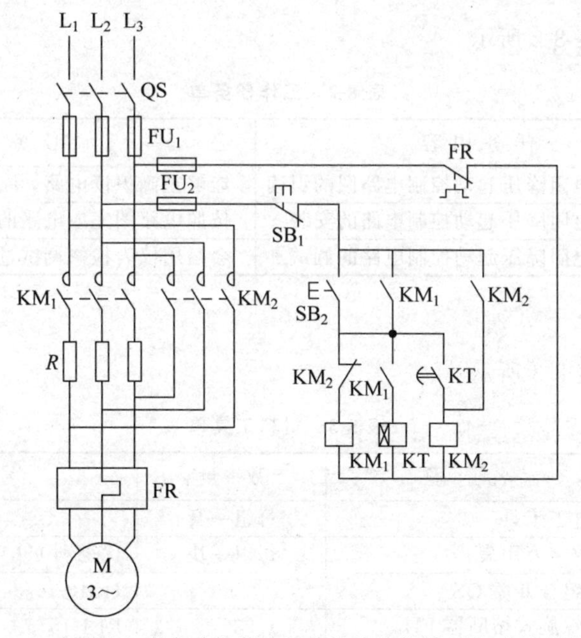

定子绕组串联电阻降压起动控制电路

图 8-6　时间继电器自动控制定子绕组串电阻降压起动控制电路

1）电路工作过程分析

(1) 降压起动。合上电源开关 QS→按下起动按钮 SB_2→交流接触器 KM_1 线圈得电吸合并自锁→KM_1 主触点闭合→电动机 M 得电，串电阻降压起动；同时 KM_1 的动合辅助触点闭合→时间继电器 KT 线圈得电。

(2) 全压起动。时间继电器 KT 线圈得电→延时 5s(时间继电器整定 5s)后，延时动合触点 KT 闭合→KM_2 线圈得电→动合辅助触点 KM_2 闭合，保持 KM_2 线圈通电。同时，动断辅助触点 KM_2 断开→交流接触器 KM_1 线圈失电→KM_1 主触点断开，切除起动电阻；但由于 KM_2 主触点闭合→电动机 M 全压运转。

(3) 交流接触器 KM_1 线圈失电→动合辅助触点 KM_1（2 个）复位断开→时间继电器 KT 线圈失电→延时动合触点 KT 瞬时复位断开，但交流接触器 KM_2 线圈通过闭合的动合辅助触点 KM_2 保持通电。

(4) 停止。按下停止按钮 SB_1→交流接触器 KM_2 线圈失电→主触点 KM_2 复位断开→电动机 M 失电停止运转；同时，动合辅助触点 KM_2 复位断开，KM_2 线圈保持失电状态。

2）电路特点

定子串电阻降压起动方法由于不受电动机接线方式的限制，设备简单，因此常用于中小型生产机械中。对于大功率电动机，由于所串电阻能量消耗大，一般改用串接电抗器实现降压起动。另外，由于串电阻(电抗器)起动时，加到定子绕组上的电压一般只有直接起动时的一半，因此其起动转矩只有直接起动时的 1/4，所以定子串电阻(电抗器)降压起动方法只适用于起动要求平稳、起动次数不频繁的空载或轻载起动，这种降压起动方法在实际生产中的应用正在逐步减少。

8.3 任务实施：定子串联电阻降压起动控制电路的安装与调试

1. 工作任务单

工作任务单如表 8-2 所示。

表 8-2 工作任务单

序号	任务内容	任务要求
1	定子串联电阻降压起动控制电路图的识读	能够正确识读电路，并会分析其工作过程
2	定子串联电阻降压起动控制电路的安装	按照电路图完成电路的安装，遵循配线工艺
3	定子串联电阻降压起动控制电路的调试	会运用仪表检修调试过程中出现的故障

2. 材料工具单

材料工具单如表 8-3 所示。

表 8-3 材料工具单

项目	名称	数量	型号	备注
所用工具	电工工具	每组一套		
所用仪表	数字万用表	每组一块	优德利 UT39A	
所用元件及材料	组合开关 QS	1	HZ10-10/3	
	螺旋式熔断器 FU_1	3	RL1-15/5A	
	螺旋式熔断器 FU_2	2	RL1-15/2A	

续表

项　目	名　称	数　量	型　号	备　注
所用元件及材料	交流接触器 KM_1、KM_2	2	CJ20/10,380V	
	时间继电器 KT	1	JS7-5A	
	起动电阻器 R	1	ZX1-1/40	
	按钮 SB_1	1	LA4-3H(绿色)	
	按钮 SB_2	1	LA4-3H(红色)	
	热继电器 FR	1	JR36-20，整定电流 2.2A	
	三相笼型异步电动机 M	1	Y802-4,0.75kW，Y 接法，380V，2A,1390r/min	
	接线端子排	若干	JX2-Y010	
	导线	若干	BVR-1.5mm 塑铜线	

3. 实施步骤

(1) 学生按人数分组，确定每组的组长。

(2) 以小组为单位，在机电综合实训网板台上，根据时间继电器自动控制定子绕组串电阻降压起动控制电路原理图，设计出平面布置图，然后按照电动机控制电路的安装与调试步骤进行时间继电器自动控制定子绕组串电阻降压起动控制电路的安装与调试，注意时间继电器的用法，时间继电器整定时间为5s。要求：在安装过程中严格遵循安装工艺和配线工艺，配线应整齐、清晰、美观，布局合理；安装好的电路机械和电气操作试验合格，并能检查和排除电路常见故障。

4. 实施要求

小组每位成员都要积极参与，由小组给出电路安装与调试的结果，并提交实训报告。小组成员之间要齐心协力，共同制订计划并实施。计划一定要制订合理，具有可行性。实施过程中注意安全规范，严格遵循安装和配线工艺，并注意小组成员之间的团队协作，对团结合作好的小组给予一定的加分。

8.4　任务评价

时间继电器自动控制定子绕组串电阻降压起动控制电路的安装与调试任务评分见表8-4。

表8-4　时间继电器自动控制定子绕组串电阻降压起动控制电路的安装与调试任务评分

评价类别	考核项目	考核标准	配分/分	得分/分
专业能力	电路设计	电路图和平面布置图设计合理	10	
	布局和结构	布局合理，结构紧凑，控制方便，美观大方	5	
	元器件的选择	元器件的型号、规格、数量符合图样的要求	5	
	导线的选择	导线的型号、颜色、横截面积符合要求	5	
	元器件的排列和固定	排列整齐，紧固各元器件时要用力均匀，紧固程度适当，元器件固定得可靠、牢固	5	

续表

评价类别	考 核 项 目	考 核 标 准	配分/分	得分/分
专业能力	配线	配线整齐、清晰、美观,导线绝缘良好,无损伤。线束横平竖直,配制坚固,层次分明,整齐美观	5	
	接线	接线正确、牢固,敷线平直整齐,无漏铜、反圈、压胶,绝缘性能好,外形美观	5	
	元器件安装	各元器件的安装整齐、匀称,间距合理,便于元件的更换	5	
	安装过程	能够读懂电动机控制电路的电气原理图,并严格按照图样进行安装,安装过程符合安装的工艺要求	5	
	会用仪表检查电路	会用万用表检查电动机控制电路的接线是否正确	5	
	故障排除	能够排除电路的常见故障	5	
	通电试车	电动机正常工作,电路机械和电气操作试验合格	10	
	工具的使用和原材料的用量	工具使用合理、准确,摆放整齐,用后归放原位;节约使用原材料,不浪费	5	
	安全用电	注意安全用电,不带电作业	5	
社会能力	团结协作	小组成员之间合作良好	5	
	职业意识	工具使用合理、准确,摆放整齐,用后归放原位;节约使用原材料,不浪费	5	
	敬业精神	遵守纪律,具有爱岗敬业、吃苦耐劳精神	5	
方法能力	计划和决策能力	计划和决策能力较好	5	

8.5 资料导读

8.5.1 电阻器

电阻器是具有一定电阻值的电气元件,电流通过时产生电压降。利用电阻器的这一特性,可控制电动机的起动、制动及调速。常用的电阻器有铸铁电阻器、板形(框架式)电阻器、铁铬铝合金电阻器和管形电阻器,其外观如图 8-7 所示。

(a) ZX1系列　(b) ZX2系列　(c) ZX9系列　(d) ZX10系列

图 8-7　电阻器

(1) 铸铁电阻器的型号为 ZX1,由铸或冲压成形的电阻片组装而成,取材方便,价格低廉,有良好的耐腐蚀性和较大的发热时间常数,但性脆易断,电阻值较小,温度系数较大。适用于交流低压电路，供电动机起动、调速、制动及放电等用。

(2) 框架式电阻器的型号为 ZX2，在瓷质绝缘件上绕制的板形(ZX2-2 型)或带形(ZX2-1 型)康铜电阻元件，其特点是耐振，具有较高的机械强度，适用于交、直流低压电路，尤其适用于要求耐振的场合。

(3) 铁铬铝合金电阻器有 ZX9 和 ZX10 两种型号。ZX9 由铁铬铝合金电阻带轧成波浪管形，电阻为敞开式；ZX10 由铁铬铝合金带制成的螺旋式管形电阻元件装配而成，适用于大、中功率的电动机起动、制动和调速。

8.5.2　常见时间继电器

1. 直流电磁式时间继电器

结构：由电磁式继电器 U 形铁芯上装上阻尼套筒构成，结构如图 8-8 所示。

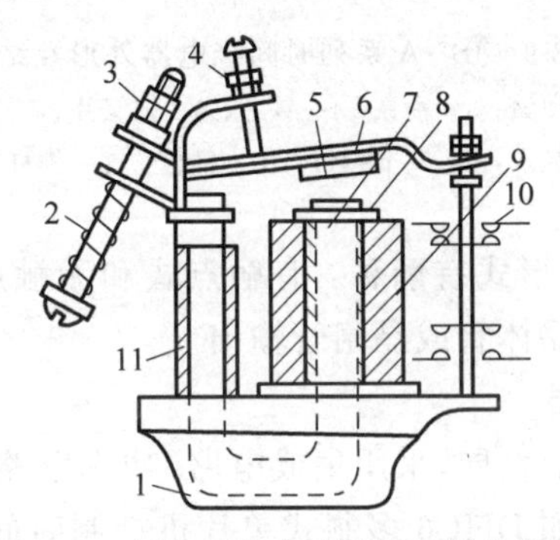

图 8-8　直流电磁式时间继电器的结构

1—底座；2—反力弹簧；3、4—调节螺钉；5—非磁性垫片；6—衔铁；7—铁芯；8—极靴；9—电磁线圈；10—触点系统；11—阻尼套筒

工作原理：线圈断电时，铁芯磁通迅速减小，由电磁感应在阻尼套筒内产生感应电流，阻碍原磁场减弱，使铁芯继续吸持衔铁一段时间，延迟动作。

调整方法：改变非磁性热片厚度(粗调)或改变反力弹簧松紧(细调)来调节延时时间。垫片越厚，弹簧越紧，则延时越长。

特点：只能直流断电延时动作，延时时间短。

2. 空气式时间继电器

结构：由电磁系统、触点系统、空气室和传动机构组成，如图 8-9 所示。

电磁系统：由铁芯、线圈、衔铁、反力弹簧及弹簧片构成。

触点系统：两对瞬动触点(一对动合，一对动断)，两对延时动作触点(一对动合，一对动断)。

空气室：室内有一块橡皮膜，随空气量的增减而移动，而空气量增减速度受到节流孔限制，进气越快则延时越短。

传动机构：由推板、推杆、杠杆和宝塔形弹簧构成。

3. 半导体时间继电器

电子式时间继电器在时间继电器中已成为主流产品，电子式时间继电器由晶体管或集成电路和电子元件等构成。电子式时间继电器具有延时范围广、精度高、体积小、耐冲击和耐振动、调节方便及寿命长等优点，所以发展很快，应用广泛。

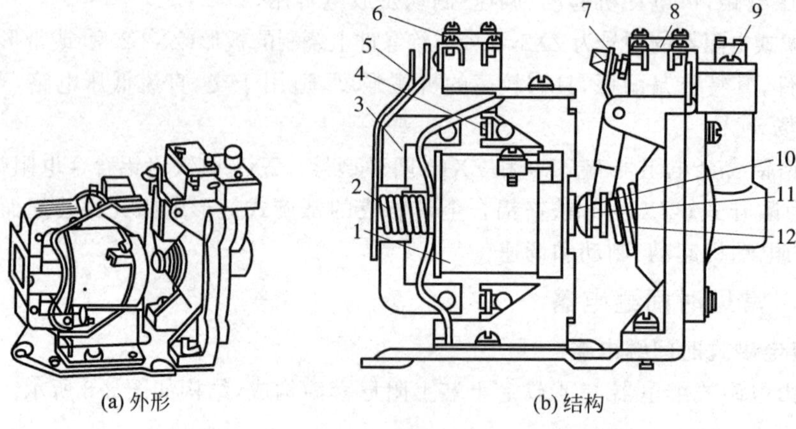

图 8-9 JS7-A 系列时间继电器外形及结构

1—线圈；2—反力弹簧；3—衔铁；4—铁芯；5—弹簧片；6—瞬时触点；
7—杠杆；8—延时触点；9—调节螺钉；10—推板；11—推杆；12—宝塔形弹簧

半导体时间继电器的输出形式有两种：有触点式和无触点式，前者是用晶体管驱动小型电磁式继电器，后者是采用晶体管或晶闸管输出。

4. 单片机控制时间继电器

近年来，随着微电子技术的发展，采用集成电路、功率电路和单片机等电子元件构成的新型时间继电器大量问世，例如 DHC6 多制式单片机控制时间继电器，J5S17、J3320、JSZ13 等系列大规模集成电路数字时间继电器，J5145 等系列电子式数显时间继电器，J5G1 等系列固态时间继电器等。

DHC6 多制式时间继电器是为适应工业自动化控制水平越来越高的要求而生产的。多制式时间继电器可使用户根据需要选择最合适的制式，使用简便方法达到以往需要较复杂接线才能达到的控制功能。这样既节省了中间控制环节，又大大提高了电气控制的可靠性。DHC6 多制式时间继电器采用单片机控制，LCD 显示，具有 9 种工作制式，正计时、倒计时任意设定，8 种延时时段，延时范围从 0.01s～999.9h 任意设定，键盘设定，设定完成之后可以锁定按键，防止误操作。可按要求任意选择控制模式，使控制电路最简单可靠。

J5S17 系列时间继电器由大规模集成电路、稳压电源、拨动开关、4 位 LED 数码显示器、执行继电器及塑料外壳几部分组成。采用 32kHz 石英晶体振荡器，安装方式有面板式和装置式两种。装置式插座可用 M4 螺钉固定在安装板上，也可以安装在标准 35mm 安装卡轨上。

J5S20 系列时间继电器是 4 位数字显示小型时间继电器，它采用晶体振荡作为时基基准，采用大规模集成电路技术，不但可以实现 9999h 的长延时，还可以保证其延时精度。配用不同的安装插座及附件可应用在面板安装、35mm 标准安装导轨及螺钉安装的场合。

8.6 工匠故事：潍柴动力股份有限公司首席技师王树军

王树军，潍柴动力股份有限公司首席技师。2019 年 1 月 18 日，王树军当选 2018 年“大国工匠年度人物”。2019 年 4 月 23 日，荣获“全国五一劳动奖章”。

王树军攻克的海勒加工中心光栅尺气密保护设计缺陷填补了国内空白，成为中国工匠勇于挑战进口设备的经典案例。他独创的“垂直投影逆向复原法”解决了斗山加工中心定位精度为千分之一度的 NC 转台锁紧故障，打破了国际技术的封锁和垄断。

王树军带的徒弟中，7 人获得技师资格证书，5 人获得高级技师资格证书。2018 年，王树军的两个徒弟分别获得全国机器人大赛、自动化控制大赛二等奖。为了让更多年轻人成为高精尖技术工人，他每年授课达 240 课时，培养的学员个个成为装备管理的骨干。

向洋权威说“不”，做高精尖设备维护第一人，折服国外专家，为中国工人赢得尊重。2005 年，潍柴动力为提升主力产品 WP10 发动机竞争力，先后从德国和日本引进了世界先进数控加工中心和加工单元。在这些顶尖设备安装初期，负责调试的都是充满优越感的外方工程师。在某品牌加工中心调试过程中，废品率高达 10%，外国专家一筹莫展。王树军根据非对称铸造件内应力缓释原理，结合实际，大胆创新，在原设计基础上加装夹紧力自平衡机构，将废品率成功控制在 0.1%之内，为中国工人赢得了尊重。他进一步提出成立“中外联合设备调试小组”的建议，面对这个曾经击败过自己的中国人，外国专家不得不同意这一要求，这为中国维修人员打开了难得的国外高精尖设备维修这一禁区。而以王树军为组长的中方调试小组也不负众望，联合调试仅 4 个月，就解决技术难题 72 项，不仅得到外国专家的肯定，更积累了 3 万多字的技术资料。

大胆质疑，解决进口数控设备行业难题。随着高精设备服役时间的不断增加，某加工中心光栅尺故障频发。光栅尺是数控机床最精密的部件，相当于人的神经，一旦损坏，只能更换。而采购备件不仅会产生巨额费用，还会严重影响企业生产。“我怀疑这批设备有设计缺陷，导致了光栅尺的损坏”，王树军大胆的质疑惊呆众人，王树军无异将自己推到风口浪尖。在众人的怀疑中，他用一周的时间，对照设备构造找到了该批次加工中心的设计缺陷。继而通过拆解废弃光栅尺、3D 建模构建光栅尺气路空气动力模型、利用欧拉运动微分方程计算出 16 处气路支路负压动力值，搭建了全新气密气路，该方案成功取代原设计，攻克了该加工中心光栅尺气密保护设计缺陷难题，将故障率由 40%降至 1%，年创造经济效益 780 余万元，该设计填补了国内空白，也成为中国工人勇于挑战进口设备行业难题的经典案例。

挑战不可能，打破国外精密转台维修垄断。进口加工中心精密部件很多，数控转台、主轴等涉及生产厂家的核心技术，厂家既不提供相关资料，也不做培训，一旦发生故障，只能求助厂家。2012 年，一台定位精度为千分之一度的进口加工中心 NC 转台锁紧出现严重漏油现象，面对这个整合了机械、液压、电器、气动各个环节的铁疙瘩，售后服务人员也无从下手，建议返厂维修。王树军利用独创的“垂直投影逆向复原法”，绘制传动三维示意图确定复原思路，在不使用专用工装的情况下，凭借“机械传动微调感触法”，成功在微米级装配精度下排除设备故障，打破了外国专家垄断维修数控转台的神话。

助力中国内燃机迈向高端，做自动化设备改造的领军者，自主造血，消除生产瓶颈。2016 年，潍柴动力推出了一款产品——WP9H/10H。这是一款自主研发的国内领先、世界先进、国Ⅵ排放的大功率发动机，是中国内燃机的高端战略产品，名副其实的“中国心”。该产品投放市场以来订单持续火爆，完全超出日产 80 台的设计预期。要想提升产能，最简单的方法就是增加新设备，但至少 18 个月的采购周期将极大影响与外国产品的竞争。“既然我们的产品已经实现了从中国制造向中国创造的突破，那么我们的设备同样可以实现自主研发制造的突破！”王树军决定带队为 WP9H/10H 这颗“中国心”自主造血。他采用“加工精度升级、智能化程度升级”的方式,升级主轴孔凸轮轴孔精镗床等52台设备,自制“树军自动上下料单元”等33台设备,制造改制工装216台套,优化刀具、刀夹79套,不仅节约设备采购费用3000多万元,更将日产能从80台提高到120台,缩短市场投放周期12个月,每年创造直接经济效益1.44亿元。

逆向思维,突破加工禁区。产品的高端不仅体现在前期工艺设计上,更体现在新材料的应用上。WP9H/10H采用了蠕墨铸铁这一新型铸铁,在实现柴油机轻量化的同时,对自制件加工提出了更高的要求。发动机机体后端集成齿轮室最薄位置仅8mm,加工过程中极易出现震刀现象,严重影响产品加工精度,属于机械加工的“禁区”。王树军团队最初通过调整刀片材料、修整切削参数,有效减小了震刀,但单工位加工时间高达22min,无法满足生产线15min的节拍要求。后来,王树军逆向思维提出“反铣刀”设计概念。新的“反铣刀”刀片用正前角的设计方案代替负前角,借助正前角刀片耐冲击的特性,横向分散加工应力,同时将刀柄由分体式刀柄改为一体式刀柄,新刀具应用后单工位加工时间降至13min。不但解决了加工难题,还提高了41%的生产效率,为企业创造了巨大的经济效益。

大胆尝试,助推智能制造。潍柴动力是工信部确定的智能制造示范基地,王树军所在的一号工厂是高端柴油发动机智能工厂,王树军也成为装备智能化升级的领军人物。潍柴新一代高端产品采用全新四气门整体式气缸盖,其设计较前代产品实现革命性突破,加工难度不可同日而语。为保证生产线平衡率,公司决定在导管阀座底孔工序启用3台斗山HM8000加工中心,以并行作业的方式生产。柔性加工中心以其多品种换型作业而独占优势,但工序间转换效率低,成为行业无解的诟病。而在王树军的字典里从来就没有“无解”这两个字,“跨工序智能机器人协同系统”成为他又一次的大胆尝试。以闲置机器人为运载核心、增设地轨实现六轴运载向七轴运载的突破,同时辅以光感识别系统,实现物料状态的自动识别调整。随着该系统的使用,四气门整体式气缸盖加工效率一举提升了37.5%,高效高质的定制化生态成为这颗中国心的新名片。

2014年,王树军仅用10天时间成功改进了进口双轴精镗床,解决了产品新工艺刀具不配套的加工难题,缩短了新产品的投产周期,节约了购置资金300余万元。2016年,他用50天时间主持完成了气缸盖两气门生产线向四气门生产线换型的改造,改进设备15台,改进工装20套,累计节省采购成本1024万元。由他设计制造的“气缸盖气门导管孔自动铰孔装置”解决了漏铰及铰孔质量差的问题,每年创造效益500余万元,获得国家实用新型发明专利。“H1气缸盖自动下料单元”有效解决了人工搬运工件及翻转磕碰伤问题,每年创造效益850万元,获得“潍柴科技创新大会特等奖”。“机体框架自动合箱机”“机体主螺栓自动拧紧单元”等10多项自动化设备成功用于生产,整体效率提升了25%,每年创造经济效益2530余万元。

王树军凭借精益求精、持之以恒、爱岗敬业、不断创新的工匠精神,为广大职工树立了一个正直进取、勤学实干、技能突出的榜样形象。他是千千万万坚守一线岗位、默默奉献工匠的缩影,而他们正在为中国制造业自主创新、迈向高端不懈奋斗。

思考与练习

1. 时间继电器按延时方式可分为________和________。

2. 三相交流异步电动机降压起动的方法有________、________、________、________。

3. 断电延时时间继电器的延时触点为(　　)。

A. 延时闭合的动合触点

B. 瞬时动合触点

C. 瞬时闭合延时断开的动合触点

D. 延时闭合瞬时断开的动合触点

4. 通电延时时间继电器的动作情况是(　　)。

A. 线圈通电时触点延时动作,断电时触点瞬时动作

B. 线圈通电时触点瞬时动作,断电时触点延时动作

C. 线圈通电时触点不动作,断电时触点瞬时动作

D. 线圈通电时触点不动作,断电时触点延时动作

5. 断电延时时间继电器的动作情况是(　　)。

A. 线圈通电时触点延时动作,断电时触点瞬时动作

B. 线圈通电时触点瞬时动作,断电时触点延时动作

C. 线圈通电时触点不动作,断电时触点瞬时动作

D. 线圈通电时触点不动作,断电时触点延时动作

6. 下列不允许直接起动三相异步电动机的功率是(　　)kW。

A. 2.2　　B. 5.6　　C. 6.8　　D. 12

7. 在延时精度要求不高、电源电压波动较大的场合,应使用(　　)时间继电器。

A. 空气阻尼式　　B. 电动式　　C. 数字式

8. 大型异步电动机不允许直接起动,其原因是(　　)。

A. 机械强度不够　　B. 电动机温升过高

C. 起动过程太快　　D. 对电网冲击大

9. 三相笼型异步电动机定子绕组串联电阻降压起动的目的是(　　)。

A. 提高功率因数　　B. 减小起动电流　　C. 提高效率

10. 下面不是笼型异步电动机降压起动的方法有(　　)。

A. 定子绕组回路串电阻降压起动　　B. 定子绕组串自耦变压器降压起动

C. Y-△变换降压起动　　D. 转子绕组串频敏变阻器降压起动

11. 设计一个用时间继电器控制的顺序起动、同时停止的控制电路。

12. 三相异步电动机的起动基本要求有哪些?

13. 什么叫三相异步电动机的降压起动?有哪几种降压起动的方法?各有什么特点?

Task 9

Y-△降压起动控制电路的安装与调试

9.1 任务目标

(1) 能够分析时间继电器自动控制Y-△降压起动控制电路的工作过程。

(2) 能够根据电路图进行三相异步电动机的时间继电器自动控制Y-△降压起动控制电路的安装。

(3) 能够正确分析并快速排除电路故障。

9.2 知识探究

电动机Y-△降压起动是指把正常工作时电动机三相定子绕组作△连接的电动机,起动时换接成按Y连接,待电动机起动后,再将电动机三相定子绕组按△连接,使电动机在额定电压下工作。采用Y-△降压起动,可以减少起动电流,其起动电流仅为直接起动时的1/3,起动转矩也为直接起动时的1/3。大多数功率较大的△接法三相异步电动机降压起动都采用此方法。Y-△降压起动控制电路一般分为3种,第一种是利用Y-△降压转换器手动降压起动;第二种是利用按钮、接触器控制的Y-△降压起动电路;第三种是利用时间继电器控制的Y-△降压起动电路。

9.2.1 Y-△降压转换器手动降压起动

Y-△降压转换器手动降压起动电路及转换器外形如图9-1所示。

1. 电路工作过程分析

闭合电源开关 QS_1。

(1) Y降压起动。将三刀双掷开关 QS_2 扳到Y起动位置,此时定子绕组接成星形,实现星形降压起动。

(2) △稳定运行。待电动机转速接近稳定时,再把三刀双掷开关 QS_2 扳到△运行位置,实现三角形全压稳定运行。

(3) 停止。断开 QS_1→电动机M失电停转。

2. 电路特点

手动控制的Y-△转换器电路结构简单,操作方便。不需控制电路,直接用手动方式拨

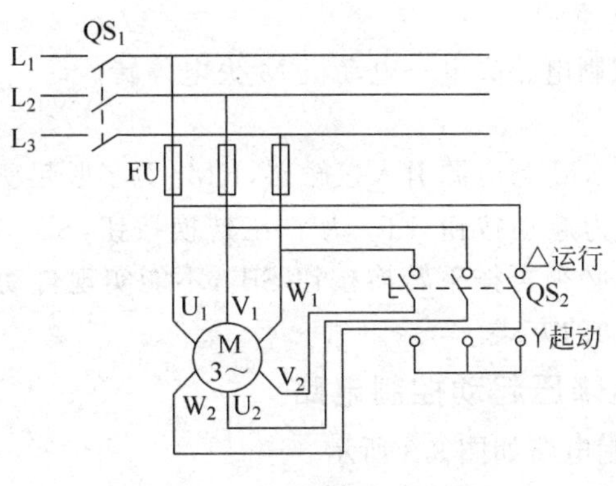

(a) 手动Y-△转换器降压起动电路

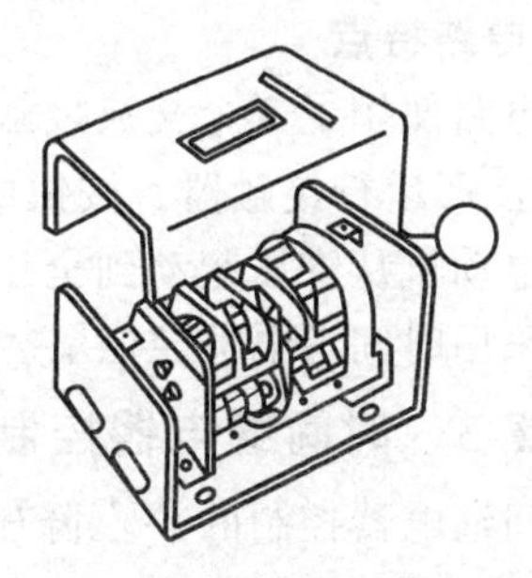
(b) 手动Y-△转换器外形图

图 9-1 Y-△降压转换器手动降压起动

动手柄，切换主电路达到降压起动的目的。

9.2.2 按钮、接触器控制的Y-△降压起动控制电路

按钮、接触器控制的Y-△降压起动控制电路如图 9-2 所示。

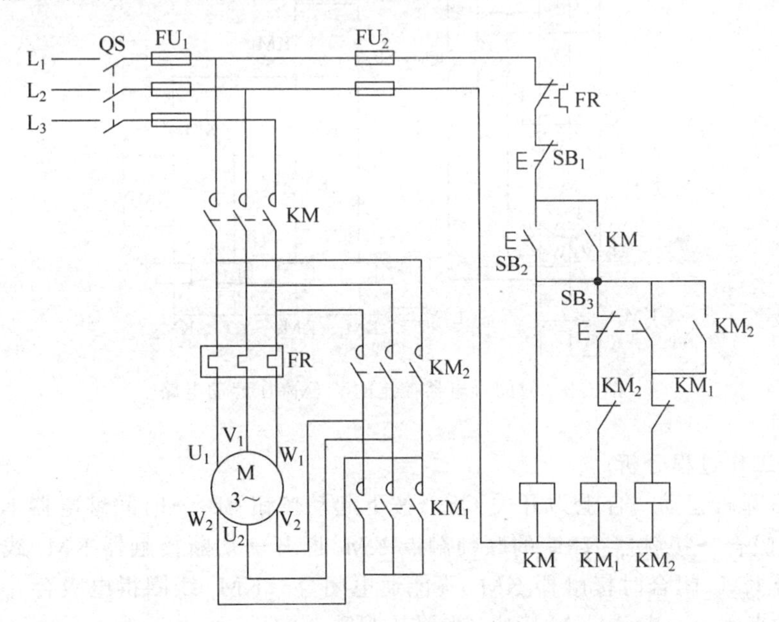

图 9-2 按钮、接触器控制的Y-△降压起动控制电路

Y-△降压起动控制

1. 电路工作过程分析

(1) Y形降压起动。合上电源开关 QS→按下起动按钮 SB_2→KM 线圈得电→KM 动合辅助触点闭合实现自锁→KM_1 线圈得电→KM_1 主触点闭合，同时 KM_1 动断辅助触点断开，实现互锁，切断 KM_2 线圈使其不能得电→电动机Y形降压起动。

(2) △形全压运行。按下按钮 SB_3→SB_3 动断触点断开→接触器 KM_1 线圈失电，电动机Y形运转停止→同时 SB_3 动合触点闭合→接触器 KM_2 线圈得电→KM_2 动断辅助触点断开，实现互锁，切断 KM_1 线圈使其不能得电→同时 KM_2 主触点闭合，KM_2 动合触点闭合实现自锁→电动机△形全压运行。

(3) 停止。按停止按钮 SB_1→整个控制电路失电→电动机 M 失电停转。

2. 电路特点

本电路使用了3个交流接触器,其中 KM 为电源引入接触器,KM_1 为Y形起动接触器,KM_2 为△形运行接触器。按钮中的 SB_2 为起动按钮,SB_3 为Y-△转换按钮,SB_1 为停止按钮。在电动机从降压起动到全压运行时,必须再按下转换按钮 SB_3,不能实现自动控制,因此通常采用时间继电器控制Y-△降压起动的方式。

9.2.3 时间继电器控制的Y-△降压起动控制电路

时间继电器控制的Y-△降压起动控制电路如图9-3所示。

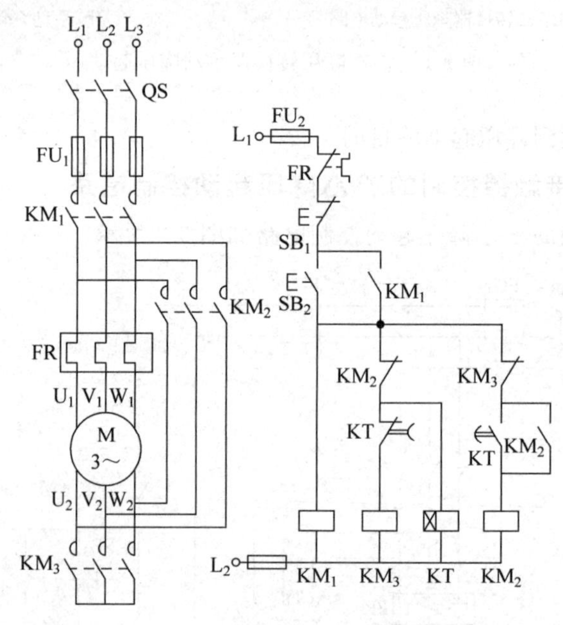

图9-3 时间继电器控制的Y-△降压起动电路

1. 电路工作过程分析

(1) Y形降压起动。合上刀开关 QS→按下起动按钮 SB_2→时间继电器 KT 和接触器 KM_3 均得电吸合→接触器 KM_3 的联锁触点 KM_3 断开→切断接触器 KM_2 线圈回路的电源,使接触器 KM_3 闭合时接触器 KM_2 不能通电闭合→KM_1 线圈得电吸合并自锁→KM_1 和 KM_3 主触点闭合→电动机 M 接成Y形降压起动。

(2) △形全压运行。时间继电器 KT 线圈得电,开始计时→延时5s(时间继电器整定为5s)后,延时动断触点 KT 断开→接触器 KM_3 线圈失电→KM_3 的主触点断开,Y形连接断开,同时接触器 KM_3 的动合辅助触点复位闭合→接触器 KM_2 线圈得电吸合并自锁→接触器 KM_2 的主触点闭合,将电动机 M 绕组接成△形全压运行。

(3) 联锁控制。接触器 KM_2 线圈得电吸合→动断辅助触点 KM_2 断开→接触器 KM_3 线圈保持失电状态→时间继电器 KT 线圈失电→延时动断触点 KT 瞬时复位闭合,为下次起动做好准备。

(4) 停止。按下停止按钮 SB_1→交流接触器 KM_1、KM_2 线圈失电→主触点 KM_1、KM_2 复位断开→电动机 M 失电停止运转。

2. 电路特点

(1) 本电路由 3 个交流接触器 KM_1、KM_2、KM_3 主触点的通断配合,分别将电动机的定子绕组接成Y形或△形。当 KM_1、KM_3 线圈通电吸合时,其主触点闭合,定子绕组接成Y形;当 KM_1、KM_2 线圈通电吸合时,其主触点闭合,定子绕组接成△形。

(2) 利用时间继电器的延时,自动控制电动机的Y形起动和△形运行,起动时间与时间继电器的延时时间相同,可通过时间继电器整定。只适应于△形接法运行的电动机。

(3) 三相笼型异步电动机Y-△降压起动具有投资少、电路简单的优点。但是在限制起动电流的同时,起动转矩只有直接起动时的1/3,因此只适用于空载或轻载起动的场合。

9.3 任务实施:Y-△降压起动控制电路的安装与调试

1. 工作任务单

工作任务单如表 9-1 所示。

表 9-1 工作任务单

序号	任务内容	任务要求
1	Y-△降压起动控制电路图的识读	能够正确识读电路,并会分析其工作过程
2	Y-△降压起动控制电路的安装	按照电路图完成电路的安装,遵循配线工艺
3	Y-△降压起动控制电路的调试	会运用仪表检修、调试过程中出现的故障

2. 材料工具单

材料工具单如表 9-2 所示。

表 9-2 材料工具单

项目	名称	数量	型号	备注
所用工具	电工工具	每组一套		
所用仪表	数字万用表	每组一块	优德利 UT39A	
所用元件及材料	组合开关 QS	1	HZ10-10/3	
	螺旋式熔断器 FU_1	3	RL1-15/5A	
	螺旋式熔断器 FU_2	2	RL1-15/2A	
	交流接触器 KM_1、KM_2、KM_3	3	CJ20/10,380V	
	时间继电器 KT	1	JS7-5A,380V	
	按钮 SB_1	1	LA4-3H(绿色)	
	按钮 SB_2	1	LA4-3H(红色)	
	热继电器 FR	1	JR36-20,整定电流 2.2A	
	三相笼型异步电动机 M	1	YS-5024W,0.75kW,△接法,380V,2A,1440r/min	
	接线端子排	若干	JX2-Y010	
	导线	若干	BVR-1.5mm 塑铜线	

3. 实施步骤

(1) 学生按人数分组,确定每组的组长。

(2) 以小组为单位,在机电综合实训网板台上,根据时间继电器控制的Y-△降压起动控制电路原理图,设计出平面布置图,然后按照电动机控制电路的安装与调试步骤进行时间继电器控制的Y-△降压起动控制电路的安装与调试,注意时间继电器的用法和电动机的接线方法,时间继电器整定时间为5s。要求:在安装过程中严格遵循安装工艺和配线工艺,配线应整齐、清晰、美观,布局合理;安装好的电路机械和电气操作试验合格,并能检查和排除电路常见故障。

4. 实施要求

小组每位成员都要积极参与,由小组给出电路安装与调试的结果,并提交实训报告。小组成员之间要齐心协力,共同制订计划并实施。计划一定要制订合理,具有可行性。实施过程中注意安全规范,严格遵循安装和配线工艺,并注意小组成员之间的团队协作,对团结合作好的小组给予一定的加分。

9.4 任务评价

时间继电器控制的Y-△降压起动控制电路的安装与调试任务评分见表9-3。

表9-3 时间继电器控制的Y-△降压起动控制电路的安装与调试任务评分

评价类别	考核项目	考核标准	配分/分	得分/分
专业能力	电路设计	电路图和平面布置图设计合理	10	
	布局和结构	布局合理,结构紧凑,控制方便,美观大方	5	
	元器件的选择	元器件的型号、规格、数量符合图样的要求	5	
	导线的选择	导线的型号、颜色、横截面积符合要求	5	
	元器件的排列和固定	排列整齐,紧固各元器件时要用力均匀,紧固程度适当,元器件固定得可靠、牢固	5	
	配线	配线整齐、清晰、美观,导线绝缘良好,无损伤。线束横平竖直,配制坚固,层次分明,整齐美观	5	
	接线	接线正确、牢固,敷线平直整齐,无漏铜、反圈、压胶,绝缘性能好,外形美观	5	
	元器件安装	各元器件的安装整齐、匀称,间距合理,便于元件的更换	5	
	安装过程	能够读懂电动机控制电路的电气原理图,并严格按照图样进行安装,安装过程符合安装的工艺要求	5	
	会用仪表检查电路	会用万用表检查电动机控制电路的接线是否正确	5	
	故障排除	能够排除电路的常见故障	5	
	通电试车	电动机正常工作,电路机械和电气操作试验合格	10	
	工具的使用和原材料的用量	工具使用合理、准确,摆放整齐,用后归放原位;节约使用原材料,不浪费	5	
	安全用电	注意安全用电,不带电作业	5	

续表

评价类别	考 核 项 目	考 核 标 准	配分/分	得分/分
社会能力	团结协作	小组成员之间合作良好	5	
	职业意识	工具使用合理、准确，摆放整齐，用后归放原位；节约使用原材料，不浪费	5	
	敬业精神	遵守纪律，具有爱岗敬业、吃苦耐劳精神	5	
方法能力	计划和决策能力	计划和决策能力较好	5	

9.5　资料导读：同步电机与异步电机的区别

1. 同步电机与异步电机的定义

三相交流电通过一定结构的绕组时，要产生旋转磁场，在旋转磁场的作用下，转子随旋转磁场旋转，如果转子的转速同旋转磁场的转速完全一致，就是同步电机；如果转子的转速小于磁场转速，也就是说两者不同步，就是异步电机。异步电机结构简单，应用广泛。同步电机要求转子有固定的磁极（永磁或电磁），如交流发电机和同步交流电动机。

异步电动机的工作原理是通过定子的旋转磁场在转子中产生感应电流，产生电磁转矩，转子中并不直接产生磁场。因此，转子的转速一定是小于同步转速的（没有这个差值，即转差率，就没有转子感应电流），也因此叫作异步电机。而同步电机转子本身产生固定方向的磁场（用永磁铁或直流电流产生），定子旋转磁场“拖着”转子磁场（转子）转动，因此，转子的转速一定等于同步转速，也因此叫作同步电机。作为电动机时，大部分是用异步电机；发电机都是同步电机。

2. 异步电机

1）异步电机的基本原理

（1）当三相异步电机接入三相交流电源时，三相定子绕组流过三相对称电流产生的三相磁动势（定子旋转磁动势），并产生旋转磁场。

（2）该旋转磁场与转子导体有相对切割运动，根据电磁感应原理，转子导体产生感应电动势，并产生感应电流。

（3）根据电磁力定律，载流的转子导体在磁场中受到电磁力作用，形成电磁转矩，驱动转子旋转，当电动机轴上带机械负载时，便向外输出机械能。

2）异步电机的特点

普通异步电机的定子绕组接交流电网，转子绕组不需与其他电源连接。因此，它具有结构简单，制造、使用和维护方便，运行可靠以及质量较小，成本较低等优点；缺点是功率因数滞后，轻载功率因数低，调速性能稍差。异步电机主要做电动机用，一般不做发电机。异步电机有较高的运行效率和较好的工作特性，从空载到满载范围内接近恒速运行，能满足大多数工农业生产机械的传动要求。异步电机还便于派生成各种防护形式，以适应不同环境条件的需要。异步电机运行时，必须从电网吸取无功励磁功率，使电网的功率因数变差。因此，对驱动球磨机、压缩机等大功率、低转速的机械设备，常采用同步电机。由于异步电机的转速与其旋转磁场转速有一定的转差关系，其调速性能较差（交流换向器电动机除外）。对要求较宽广和平滑调速范围的交通运输机械、轧机、大型机床、印染及造纸机械等，采用直流电机较经济、方便。但随着大功率电子器件及交流调速系统的发展，目前适用于宽调速的异步电机的调速性能及经济性已可与直流电机相媲美。

3. 同步电机

同步电机和异步电机一样，是一种常用的交流电机。其特点是稳态运行时，转子的转速和电网频率之间有不变的关系，$n=n_s=60f/p$，n_s 称为同步转速。若电网的频率不变，则稳态时同步电机的转速恒为常数，而与负载的大小无关。同步电机分为同步发电机和同步电动机。

1）同步电机的工作原理

(1) 主磁场的建立：励磁绕组通以直流励磁电流，建立极性相间的励磁磁场，即建立起主磁场。

(2) 载流导体：三相对称的电枢绕组充当功率绕组，成为感应电势或者感应电流的载体。

(3) 切割运动：原动机拖动转子旋转（给电机输入机械能），极性相间的励磁磁场随轴一起旋转并顺次切割定子各相绕组（相当于绕组的导体反向切割励磁磁场）。

(4) 交变电势的产生：由于电枢绕组与主磁场之间的相对切割运动，电枢绕组中将会感应出大小和方向按周期性变化的三相对称交变电势。通过引出线，即可提供交流电源。

(5) 交变性与对称性：由于旋转磁场极性相间，使感应电势的极性交变；由于电枢绕组的对称性，保证了感应电势的三相对称性。

2）同步电机的运行方式

同步电机的主要运行方式有 3 种，即作为发电机、电动机和补偿机运行。作为发电机运行是同步电机最主要的运行方式，作为电动机运行是同步电机的另一种重要的运行方式。同步电动机的功率因数可以调节，在不要求调速的场合，应用大型同步电动机可以提高运行效率。近年来，小型同步电动机在变频调速系统中开始得到较多的应用。同步电机还可以接于电网作为同步补偿机，这时电机不带任何机械负载，靠调节转子中的励磁电流向电网发出所需的感性或者容性无功功率，以达到改善电网功率因数或者调节电网电压的目的。

9.6 工匠故事：中国石油集团西部钻探公司高级技师谭文波

谭文波，中国石油集团西部钻探公司高级技师，2018 年 4 月 28 日，获“全国五一劳动奖章”；2019 年 1 月 18 日，当选 2018 年“大国工匠年度人物”。

提到“大国工匠”，大家一定会想到这样一批人，数十年如一日地追求着技术的极致，靠着传承和钻研，凭着专注和坚守，实现了一个又一个的“中国制造”，谭文波就是这样的一个人。26 年前技校毕业在选择就业方向时，参加过抗美援朝的父亲对他说：“我的前半生献给了祖国，后半生献给了石油，作为年轻人，你要到边疆去，到祖国最需要的地方去”。在父亲这句话的影响下，谭文波从四川老家来到遥远的新疆，在荒凉的戈壁滩当起了石油工人。自参加工作以来，他勤学善思、动手动脑，解决无数一线生产难题，提高了生产效率，降低了作业风险等。同事们给他起了个外号，叫“土专家”。几年来，他立足一线，解决生产疑难问题 30 多项，技术转化革新成果 4 项，获得国家发明专利 4 项，实用新型专利 8 项，其中，具有自主知识产权的新型液压桥塞坐封工具被誉为世界首创。

谭文波是一名普通的工人，一些小改小革达不到科研项目的高度，没有经费，没有资源，只有依赖旧料利用变废为宝。空闲的时候，谭文波就喜欢捣鼓这些“宝贝”，吃住在单位是常事。正是这些看似不值钱、不起眼的“破烂零件”为他提供了许多创新灵感，解决了许多生产难题。

2008年，单位的一辆装载德国进口液压系统的电缆测井车的液压泵出现故障。每耽搁一天，单位就要遭受巨大的经济损失。谭文波主动请缨，利用废旧材料排除故障，为公司挽回经济损失100余万元。他用实际行动证明：外国专家人能做的，咱们中国石油工人照样能做好。

2010年，他利用闲置材料对传统井下工具进行加工改造。2011年，他研制的项目在提高现场应急作业能力的同时更实现了直接创效。仅一年，实现累计节省成本130余万元。同年8月，他又发明了连续油管液压助排器，将工作效率提高了30倍。

去过谭文波家的同事和朋友都知道，他家里堆满了小型车床、电机等各种试验器材，却没有一件像样的家电，他经常把自己的积蓄拿出来购买试验器具。在新型电缆桥塞坐封工具试验成功后，有几家国内外大型企业找到谭文波，纷纷表示出百万元高价购买这项专利，更有甚者表示愿意全款资助谭文波的孩子出国留学。他客气地回绝了，旁人说他“缺心眼”，他说：“说到底是企业成就了我的现在，我就是一名技术工人，我能为企业创造的最大价值就是把手头的活做细、做精、做好。钱对我来说很重要，但和我的工作比起来，可以说微不足道。一路走来，能干成几件自己喜欢而又有意义的事，留下一些值得回忆的东西，我想也就没什么遗憾了。”

油田作业中环境保护可谓是重中之重。在常规的油井抽汲求产施工中，由于防喷盒密闭不严，抽出的油水飞洒井场，造成严重环境污染。如何在施工过程中不让油污落地，谭文波用自己的“小发明”给出了答案。2017年3月的一天，谭文波在完成日常施工任务之余又围绕着“抽汲防喷盒”的加工改造日夜忙碌，这已经是他为新项目开发连续作战的第三天，他先后尝试了四种“新型防喷盒”的改造方案，但都被自己一一否定。发明进程受阻，神经高度紧绷的谭文波告诫自己：“不能急，要保持头脑清醒，重新整理思路，一定有一种方案可行。”他一直在思考如何实现“防喷盒与抽汲绳完全动态密封”的问题，突然，灵光一闪，出现一个新想法——既然要密封，现在围堵不行，疏浚可否？说干就干，他打开厂房灯，起动电焊机，按照新思路对工具开始连夜加工。终于，经过反复多次试压和动态模拟试验，在看到所有参数符合要求后，他长舒了一口气，又开始担心现场试验的真正考验。次日，谭文波带着他的“新型抽汲防喷盒”亮相百34井，进行首次现场试验，随着抽子的快速上提，紧盯着防喷盒的谭文波心都提到了嗓子眼。“方罐罐口出油了！”试油队员工大声报告着。谭文波看着自己制作出的新型防喷盒矗立在数米高的防喷管上正常运转，整个抽汲过程安全环保，无油滴落地。终于，他紧锁多日的眉头慢慢舒展开来，会心地笑了……至此，一项从研发到应用仅用不到10天的革新发明工具诞生了。一同在现场观察的公司负责人一把握住谭文波的手激动地说：“太棒了，真是好样的！感谢你，在咱们试油抽汲工艺中，这个小发明可解决了环保大问题呀！”2017年5月，新型抽汲防喷盒在原防喷盒的基础上再次改进，丝毫不增加原防喷盒尺寸，结构紧凑，现场使用操作简单、环保，深受施工作业队的欢迎。

传统的电缆桥塞坐封依靠工具内部的火药燃烧产生高温高压气体来完成，但火药在运输、使用和储存等方面存在诸多安全隐患，且管理和使用成本偏高，一直都是行业多年来面对的世界级难题。为了彻底摆脱传统火工品坐封方式，谭文波和他的团队积极构思，自主攻关。历经重重考验，他研发出新型电缆桥塞坐封工具。2014年5月，该项目成功通过自治区科技成果鉴定，受到自治区鉴定委员会专家一致好评，在世界范围内首创实现了以电能为动力取代火工品的作业方式，是石油行业中地层封闭工艺的一次重大技术革新，为社会进一步减少民爆物品的安全隐患提供了方向。截至2017年12月，该技术在新疆油田桥塞封闭作业中应用1300多井次，创直接经济效益6000多万元。

长期以来，谭文波开展的答疑解惑和各类培训使大家对创新科研工作产生了浓厚的兴趣。在研发攻关中他培养出一大批青年技术骨干，其中已有3人独立承担股份公司级研究项目，4人独立承担厅局级研究项目，培养和输送技术专家3名。截至2017年年底，谭文波工作室共公开发表论文5篇，改革50余项，创新成果30余项，为西部钻探试油公司创收近亿元，每年节约成本近1000万元，获全国总工会100个全国示范性劳模和工匠人才创新工作室称号。

如今，他被同事亲切地称为“石油诸葛”，他把所有的业余时间用来发明创造，为中国乃至世界石油技术带来一次又一次革新。谭文波的创造和奋斗为他带来无数赞誉，可对他来说，工作室里琳琅满目的机械设备就是勋章，为石油工作解决的一次次难题后百姓的认可就是奖赏。当被问到对“工匠精神”的理解时，谭文波说：“我总结起来就是9个字：精于工，匠于心，品于行。这就是说要对自己的技艺、自己的产品精益求精，跟自己‘死磕’。”

思考与练习

1. 采用Y-△降压起动的电动机，正常工作时定子绕组接成(　　)。

A. 角形　　B. 星形

C. 星形或角形　　D. 定子绕组中间带抽头

2. 三相笼型异步电动机Y-△降压起动时，其起动转矩是全压起动转矩的(　　)倍。

A. 1/3　　B. 3　　C. 2　　D. 1/2

3. 定子绕组为Y形接法的三相笼型异步电动机能否用Y-△起动方法？为什么？

4. 设计一个控制电路，第一台电动机起动10s后，第二台电动机自行起动运行5s后，两台电动机同时停止。要求如下：

(1) 画出主电路和控制电路。

(2) 两台电动机均实现单向旋转。

(3) 有必要的保护措施。

5. 设计一个小车控制电路，画出主电路和控制电路，具体要求如下：

(1) 用起动按钮控制小车从A点起动前进，到达B点后自动停止，经过40s后自动后退，回到A点后停止。

(2) 在小车来回过程中可以随时控制小车的停止。

(3) 在B点设终端保护。

项目四

三相异步电动机制动和调速控制电路的安装与调试

目标要求

知识目标

（1）了解速度继电器的结构及工作原理。

（2）能够分析三相异步电动机制动控制电路的工作原理。

（3）能够分析双速电动机控制电路的工作原理。

能力目标

（1）能够完成三相异步电动机制动控制电路的安装与调试。

（2）能够完成双速电动机控制电路的安装与调试。

（3）能够检查并排除制动控制电路和调速控制电路的故障。

素质目标

（1）学生应树立职业意识，并按照企业的“6S”（整理、整顿、清扫、清洁、素养、安全）质量管理体系要求自己。

（2）操作过程中，必须时刻注意安全用电，严格遵守电工安全操作规程。

（3）爱护工具和仪器、仪表，自觉做好维护和保养工作。

（4）具有吃苦耐劳、爱岗敬业、团队合作、勇于创新的精神，具备良好的职业道德。

安全规范

（1）实训室内必须着工装，严禁穿凉鞋、背心、短裤、裙装进入实训室。

（2）使用绝缘工具，并认真检查工具绝缘是否良好。

（3）停电作业时，必须先验电，确认无误后方可工作。

（4）带电作业时，必须在教师的监护下进行。

（5）树立安全和文明生产意识。

Task 10

反接制动控制电路的安装与调试

10.1 任务目标

(1) 熟悉并掌握速度继电器的符号及工作原理。

(2) 能够正确分析三相异步电动机反接制动控制电路的工作原理。

(3) 能够根据电路图安装三相异步电动机反接制动控制电路。

(4) 能够正确分析并快速排除电路故障。

10.2 知识探究

三相异步电动机切断电源后,由于惯性的作用,总要经过一段时间才能完全停下来。为缩短时间,提高生产效率和加工精度,要求生产机械能迅速、准确地停车。采取一定措施使三相笼型异步电动机在切断电源后迅速、准确停车的过程,称为三相笼型异步电动机制动。三相笼型异步电动机的制动方法分为机械制动和电气制动两大类。

在切断电源后,利用机械装置使三相笼型异步电动机迅速、准确停车的制动方法称为机械制动,应用较普遍的机械制动装置有电磁抱闸和电磁离合器两种。在切断电源后,产生和电动机实际旋转方向相反的电磁力矩(制动力矩),使三相笼型异步电动机迅速、准确停车的制动方法称为电气制动。常用的电气制动方法有反接制动、能耗制动和发电反馈制动等。

10.2.1 速度继电器

速度继电器是将旋转信号转换为开关信号的一种控制电器,主要用于笼型异步电动机的反接制动控制,故又称为反接制动继电器。其主要结构由定子、转子、可动支架、触点系统及端盖等部分组成。转子由永磁铁制成,与电动机或机械轴连接,随着电动机旋转而旋转;定子由矽钢片叠成并装有笼型短路绕组,与笼型异步电动机转子相似,内有短路条,也能围绕着转轴转动。当转子随电动机转动时,磁场与定子短路条相切割,产生感应电动势及感应电流,这与电动机的工作原理相同,故定子随着转子而转动起来。定子转动时带动杠杆,杠杆推动触点,使之闭合与分断。当电动机旋转方向改变时,继电器的转子与定子的转向也改变,这时定子就可以触动另外一组触点,使之分断与闭合。当电动机停止时,继电器的触点即恢复原来的静止状态。由于速度继电器工作时是与电动机同轴的,无论电动机正转还是反转,速度继电器的两个动合触点有一个闭合,就准备实行电动机的制动。

1. 速度继电器的识别

速度继电器如图 10-1 所示,其电气图形符号和文字符号如图 10-2 所示。

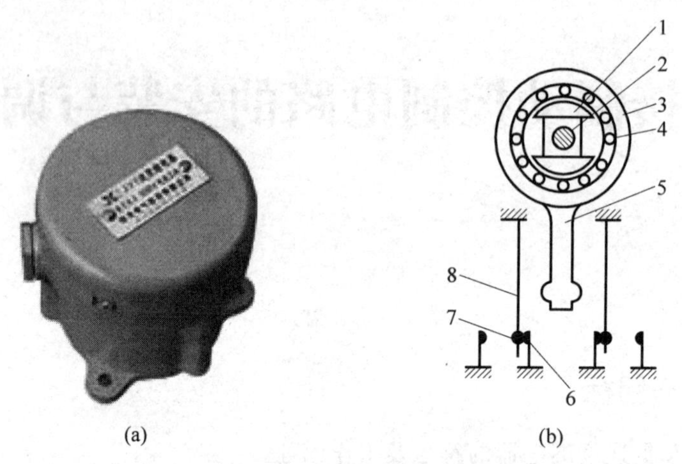

图 10-1 速度继电器

1—转子；2—电动机轴；3—定子；4—绕组；5—定子柄；6—静触头；7—动触头；8—簧片

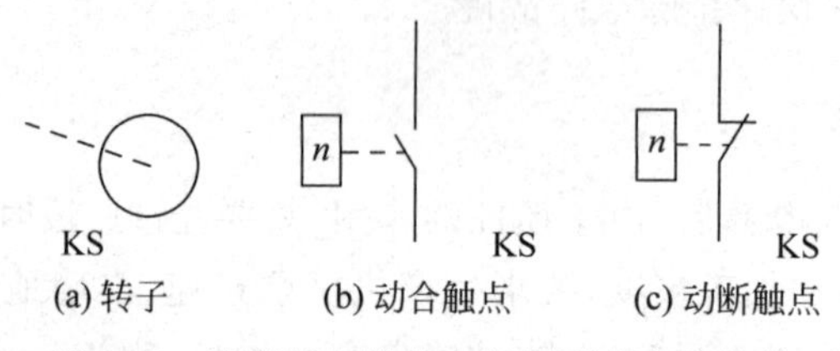

图 10-2 速度继电器的电气图形和文字符号

2. 速度继电器的选择

速度继电器主要根据电动机的额定转速来选择。常用的速度继电器有 JY1 型和 JFZ0 型两种。其中,JY1 型可在 700～3600r/min 范围内可靠地工作；JFZ0-1 型适用于 300～1000r/min；JFZ0-2 型适用于 1000～3600r/min。速度继电器具有两个动合触点、两个动断触点,触点额定电压为 380V,额定电流为 2A。一般速度继电器的转轴在转速为 120r/min 左右时即能动作,在 100r/min 时触点即能恢复到正常位置。

3. 速度继电器的使用

(1) 速度继电器的转轴应与电动机同轴连接。

(2) 速度继电器安装接线时,正、反向的触点不能接错,否则不能起到反接制动时接通或断开反向电源的作用。

(3) 可以通过调节螺钉来改变速度继电器动作的转速,以适应控制电路的要求。

4. 速度继电器的常见故障及排除

速度继电器的常见故障及排除方法如表 10-1 所示。

表 10-1　速度继电器的常见故障及排除方法

故障现象	可能原因	排除方法
反接制动时，速度继电器失效，使电动机不能制动	速度继电器的胶木摆杆断裂	更换胶木摆杆或速度继电器
	动合触点接触不良	调整触点位置或更换触点
	动触点断裂或失去弹性	拆开检查触点，清除触点的污物
反接制动时，制动不正常	速度继电器的弹性动触片调整不当	重新调整
	速度继电器设定值过高，导致过早地进入反接制动状态	调节整定螺钉来调节速度继电器的动作值，从而调整制动效果

10.2.2　三相异步电动机的反接制动控制电路

反接制动是依靠改变电动机定子绕组中的电源相序，使其产生一个与转子旋转方向相反的电磁转矩，迫使电动机迅速停转的制动方式。反接制动时，电动机定子绕组电流很大，相当于直接起动时的两倍，为了限制制动电流，通常在定子电路中串入反接制动电阻。但在制动到转速接近零时，应迅速切断电动机电源，以防电动机反向再起动。通常采用速度继电器来检测电动机的转速，并控制电动机反相电源的断开。反接制动控制电路如图 10-3 所示。

电动机反接制动控制电路

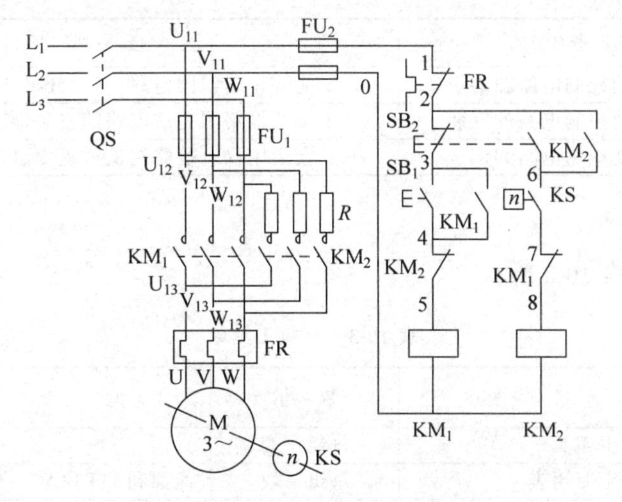

图 10-3　反接制动控制电路

1. 电路工作过程分析

(1) 合上电源开关 QS→按下起动按钮 SB_1→交流接触器 KM_1 线圈得电并自锁→电动机全压起动运行→当转速达到 120r/min 以上时，速度继电器 KS 的动合触点闭合，为制动做好准备。

(2) 当需要制动时，按下停止按钮 SB_2 并保持→SB_2 动断触点先断开→交流接触器 KM_1 线圈失电→KM_1 的主触点复位断开→三相异步电动机 M 断电，但由于惯性的作用，电动机 M 转子继续旋转，速度继电器 KS 的动合触点仍然闭合。

(3) 按钮 SB_2 的动合触点闭合→交流接触器 KM_2 线圈得电→KM_2 主触点闭合→三相异步电动机 M 定子串入制动电阻 R 并接通反相序电源进行反接制动，电动机转速迅速下降→当转速下降至120r/min以下时→速度继电器KS的动合触点复位断开→交流接触器KM_2线圈失电→制动过程结束,电动机自然停车至零。

(4) 松开按钮SB_2,为下次起动做好准备。

2. 电路特点

(1) 反接制动力强,制动迅速,控制电路简单,设备投资少。

(2) 能量损耗大,制动准确性差,制动过程中冲击力强,易损坏传动部件。因此,适用于10kW以下小容量的电动机,制动要求迅速、系统惯性大,不经常起动与制动的设备,如铣床、镗床、中型车床等主轴的制动控制。

(3) 容量较大的电动机采用反接制动时,须在主回路中串联限流电阻。但是,由于反接制动时,振动和冲击力较大,影响机床的精度,所以使用时受到一定限制。

10.3 任务实施:反接制动控制电路的实现

1. 工作任务单

工作任务单如表10-2所示。

表10-2 工作任务单

序号	任务内容	任务要求
1	反接制动控制电路图的识读	能够正确识读电路,并会分析其工作过程
2	反接制动控制电路的安装	按照电路图完成电路的安装,遵循配线工艺
3	反接制动控制电路的调试	会运用仪表检修调试过程中出现的故障

2. 材料工具单

材料工具单如表10-3所示。

表10-3 材料工具单

项目	名称	数量	型号	备注
所用工具	电工工具	每组一套		
所用仪表	数字万用表	每组一块	优德利UT39A	
所用元件及材料	组合开关QS	1	HZ10-10/3	
	螺旋式熔断器FU_1	3	RL1-15/5A	
	螺旋式熔断器FU_2	2	RL1-15/2A	
	交流接触器KM_1、KM_2	2	CJ20/10,380V	
	速度继电器KS	1	JY1	
	电阻	3	0.5Ω,50W	
	按钮SB_1	1	LA4-3H(绿色)	
	按钮SB_2	1	LA4-3H(红色)	
	热继电器FR	1	JR36-20,整定电流2.2A	
	三相笼型异步电动机M	1	Y802-4,0.75kW,Y接法,380V,2A,1390r/min	
	接线端子排	若干	JX2-Y010	
	导线	若干	BVR-1.5mm塑铜线	

3. 实施步骤

(1) 学生按人数分组,确定每组的组长。

(2) 以小组为单位,在机电综合实训网板台上,根据反接制动控制电路的电路原理图,设计出平面布置图和安装接线图,然后按照电动机控制电路的安装与调试步骤进行反接制动控制电路的安装与调试,安装过程中注意速度继电器的使用。要求:在安装过程中严格遵循安装工艺和配线工艺,配线应整齐、清晰、美观,布局合理;安装好的电路机械和电气操作试验合格,并能检查和排除电路常见故障。

4. 实施要求

小组每位成员都要积极参与,由小组给出电路安装与调试的结果,并提交实训报告。小组成员之间要齐心协力,共同制订计划并实施。计划一定要制订合理,具有可行性。实施过程中注意安全规范,严格遵循安装和配线工艺,并注意小组成员之间的团队协作,对团结合作好的小组给予一定的加分。

10.4 任务评价

反接制动控制电路的安装与调试任务评分见表10-4。

表10-4　反接制动控制电路的安装与调试任务评分

评价类别	考核项目	考核标准	配分/分	得分/分
专业能力	电路设计	安装接线图和平面布置图设计合理	10	
	布局和结构	布局合理,结构紧凑,控制方便,美观大方	5	
	元器件的选择	元器件的型号、规格、数量符合图样的要求	5	
	导线的选择	导线的型号、颜色、横截面积符合要求	5	
	元器件的排列和固定	排列整齐,紧固各元器件时要用力均匀,紧固程度适当,元器件固定得可靠、牢固	5	
	配线	配线整齐、清晰、美观,导线绝缘良好,无损伤。线束横平竖直,配制坚固,层次分明,整齐美观	5	
	接线	接线正确、牢固,敷线平直整齐,无漏铜、反圈、压胶,绝缘性能好,外形美观	5	
	元器件安装	各元器件的安装整齐、匀称,间距合理,便于元件的更换	5	
	安装过程	能够读懂电动机控制电路的电气原理图,并严格按照图样进行安装,安装过程符合安装的工艺要求	5	
	会用仪表检查电路	会用万用表检查电动机控制电路的接线是否正确	5	
	故障排除	能够排除电路的常见故障	5	
	通电试车	电动机正常工作,电路机械和电气操作试验合格	10	
	工具的使用和原材料的用量	工具使用合理、准确,摆放整齐,用后归放原位;节约使用原材料,不浪费	5	
	安全用电	注意安全用电,不带电作业	5	

续表

评价类别	考核项目	考核标准	配分/分	得分/分
社会能力	团结协作	小组成员之间合作良好	5	
	职业意识	工具使用合理、准确,摆放整齐,用后归放原位;节约使用原材料,不浪费	5	
	敬业精神	遵守纪律,具有爱岗敬业、吃苦耐劳精神	5	
方法能力	计划和决策能力	计划和决策能力较好	5	

10.5 资料导读:电磁抱闸制动控制电路

电磁抱闸主要由制动闸轮、摩擦闸瓦、杠杆、弹簧及电磁铁等组成,电磁抱闸的制动闸轮与电动机同轴连接。电磁抱闸有通电制动型和断电制动型两种,其实物如图10-4所示。

以断电制动型为例,电磁抱闸的制动原理为:电动机停机时,压力弹簧通过杠杆使摩擦闸瓦抱住制动闸轮实现制动;电动机起动时,抱闸电磁铁通电,克服弹簧的阻力,使摩擦闸瓦与制动闸轮分开,从而保证电动机正常起动。通电制动型与断电制动型正好相反。断电制动主要用在停电防险,跟电动机同步运行,广泛应用在起重运输机械中,控制物件升降速度;通电制动是指在不停电的前提下,设备需要停止的一种制动器,目前印刷、冶金、纺织等行业使用得较多。

(a) TDZ1系列通电制动型

(b) TJ2系列断电制动型

图10-4 电磁抱闸实物

1. 电磁抱闸的选用

(1) 为了选用较小型号的电磁抱闸和缩小安装位置,电磁抱闸应安装在高速传动轴或电动机轴上,因该轴的扭矩最小。

(2) 电磁抱闸的基本参数是制动力矩,与制动时间成正比,所以在决定和计算制动力矩时不可太大,以满足工作要求为宜。

(3) 为了使电磁抱闸在尽可能小的制动力矩下工作,可以通过调节螺母来改变主弹簧的压缩长度,达到需要的弹簧力及制动力矩。

(4) 机器设备在安装了制动轮以后,再安装电磁抱闸,制动轮必须经动力、静力平衡,两闸瓦中心连接线与制动轮中心偏差不得超过0.3mm。

2. 电磁抱闸的使用

(1) 安装前应清除灰尘和脏物,并检查衔铁有否机械卡阻。

(2) 调整好制动电磁铁与电磁抱闸之间的连接关系,保证电磁抱闸能获得所需的制动力矩。

(3) 电磁铁应按接线图进行接线,并接通电磁铁操作数次,检查衔铁动作是否正常。

(4) 定期检查衔铁行程的大小,该行程在运动过程中由于制动面的磨损而增大。当衔铁行程超过正常值时,即进行调整,以恢复制动面和转盘间的最小空隙。不应让行程增加到正常值以上,因为这可能引起吸力的显著降低。

(5) 注意可动部件的机械磨损,经常在可动部分擦油。

3. 电磁抱闸的常见故障及排除

电磁抱闸的常见故障及排除方法如表10-5所示。

表 10-5　电磁抱闸的常见故障及排除方法

故障现象	可能原因	排除方法
制动工作时噪声较大	静铁芯上短路环损坏	更换静铁芯
	铁芯未完全吸合	调整动、静铁芯的间隙
	动、静铁芯工作面上有油污	清除油污
	动、静铁芯歪斜	调整动、静铁芯的位置
电磁铁线圈发热	动、静铁芯未完全吸合	调整动、静铁芯的间隙
	电磁铁线圈短路或接头接触不良	更换或重接电磁铁线圈
	电磁铁线圈电源电压过低	调整电源电压
	电磁铁的工作电压或容量规格选择不当	更换电磁铁
电磁抱闸抱不住闸	主弹簧断裂损坏或紧固螺母松退	更换弹簧或旋紧螺母
	主弹簧张力过小	调整弹簧张力
	制动轮与闸瓦严重不同心	调整制动轮与闸瓦位置
电磁抱闸通电后不动作	电磁铁线圈开路或短路	更换电磁铁线圈
	主弹簧张力过大	调整弹簧张力
	电磁铁线圈电源电压过低	调整电源电压
	杂物卡阻	清除杂物

4. 电动机的电磁抱闸制动控制电路

电动机的电磁抱闸制动控制电路如图 10-5 所示。

1）电路工作过程分析

（1）合上电源开关 QS→按下起动按钮 SB_2→交流接触器 KM 线圈得电吸合并自锁→KM 的主触点闭合→三相异步电动机 M 与电磁抱闸线圈同时通电，使得电动机在获得起动转矩的同时，电磁抱闸通电使摩擦闸瓦与制动闸轮分开，使电动机顺利起动。

（2）当需要制动时，按下停止按钮 SB_1→交流接触器 KM 线圈失电→KM 的主触点复位断开→三相异步电动机 M 与电磁抱闸线圈同时断电→电磁抱闸的弹簧使摩擦闸瓦与制动闸轮抱紧实现制动，三相异步电动机 M 迅速停止。

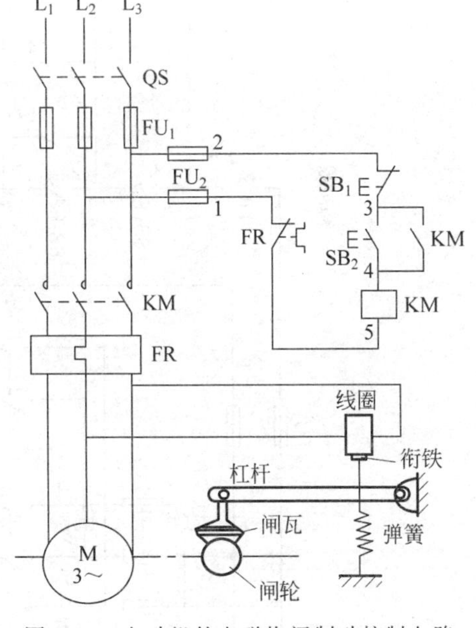

图 10-5　电动机的电磁抱闸制动控制电路

2）电路特点

（1）采用手动按钮控制，通电运行，断电制动，控制电路简单，操作方便和安全可靠。

（2）电磁抱闸制动器必须与电动机一起安装在固定的底座或座墩上，且电动机轴伸出端上的制动闸轮与闸瓦制动器的抱闸机构要在同一平面上，即轴心要一致。

10.6　知识拓展：双向起动反接制动控制电路的分析

根据对图 10-3 反接制动控制电路工作原理的分析，试分析图 10-6 所示的双向起动反接制动控制电路的原理及工作过程，可以通过上网和相关教材查找相关资料进行分析。

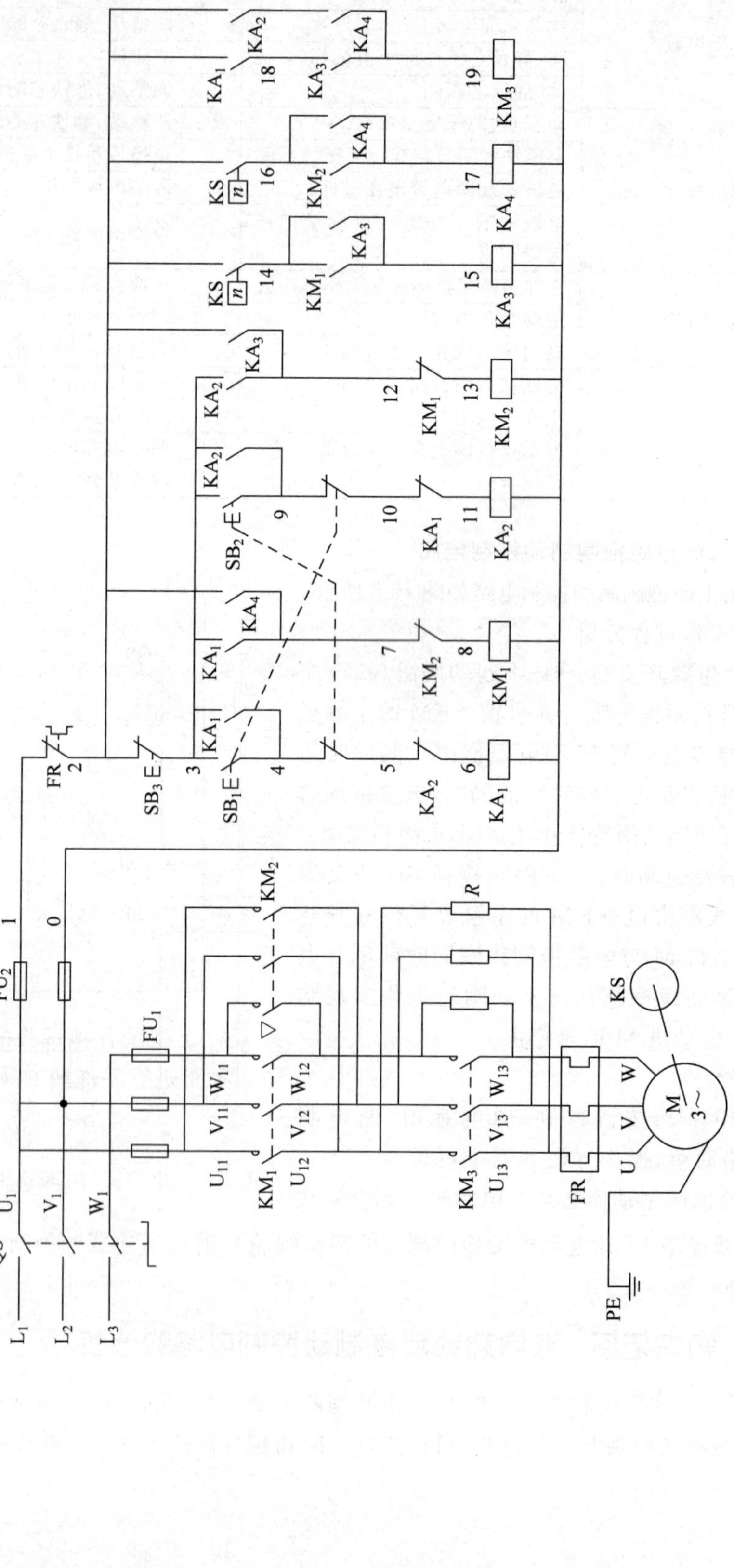

图 10-6 双向起动反接制动控制电路

10.7 工匠故事：上海飞机制造有限公司高级技师胡双钱

胡双钱，上海飞机制造有限公司数控机加车间钳工组组长，人称为“航空”手艺人。曾获全国劳动模范、全国五一劳动奖章、上海市质量金奖等荣誉称号。2015年10月13日，第五届全国道德模范评选被授予全国敬业奉献模范称号。2019年4月，荣获“最美职工”。

核准、划线，锯掉多余的部分，拿起气动钻头依线点导孔，握着锉刀将零件的锐边倒圆、去毛刺、打光……这是他每天的工作。在这日复一日的工作中，他秉承“一次做好、缺陷为零”的质量理念，用产品质量践行对生命的尊重。他经手的零件没有出过一次质量差错，连续12年被公司评为“质量信得过岗位”，并授予产品免检荣誉证书。

胡双钱出生在上海一个工人家庭，他从小就喜欢飞机。为了看飞机，他经常从中山北路的家里跑到大场机场。1978年，中学毕业的胡双钱面临着人生第一个重要选择，没有过多考虑，胡双钱便选择到上海飞机制造厂技校学习。入学后，作为学生的胡双钱，总是多做多干，默默练习。

正式入职上海飞机制造厂(现上飞公司)之后，胡双钱在工作中更是展现出一股刻苦劲，他时常带着本子、笔，蹲在现场做着各种记录，面对精度要求高、技术难度大的工作，胡双钱向经验丰富的师傅请教，机械图纸绘制、工序编制、公差配合等都是胡双钱不断琢磨的内容。他还把工资节约下来，用于学习包括铣床、钻床、钳工等加工知识。在MD82、MD83和MD90项目中，胡双钱如饥似渴地学习外国先进的质量管理方法和制造技术，提高自己的质量控制能力和技术水平。

1995年，上飞公司与波音公司签订了转包生产737-NG水平安定面的合作合同。这时的胡双钱已经从一个青涩的技术工人成长为一名技术娴熟的技术能手，在这个过程中，胡双钱最大的收获就是对质量的坚持。在长期的工作中，胡双钱始终把产品的质量放在第一位，特别注重自己所生产产品的质量形象。随着波音公司转包生产项目的签订，上飞公司引进了一套先进的质量管理体系，并于1996年开始开展一年一度的“质量信得过岗位”评选活动，其最基本的评选条件就是产品一次提交合格率为100%。评选活动开展的第一年，胡双钱就获得了这个荣誉。此后，他连续12年被上飞公司评为“质量信得过岗位”。2002年，他荣获上海最高的质量奖项——“上海市质量金奖”这一殊荣。

2002年、2008年我国ARJ21新支线飞机项目和大型客机项目先后立项研制，中国人的大飞机梦再次被点燃。由于飞机处于研制和试飞阶段，设计定型及各项试验的过程中会产生许多特制件，这些零件无法进行大批量、规模化生产，钳工是进行零件加工最直接的手段。胡双钱几十年的积累和沉淀开始发挥作用。

2014年5月初的一天，胡双钱的班组接到需要紧急加工ARJ21-700飞机起落架钛合金作动筒接头特制件制孔任务。此接头零件外形复杂、孔径小、精度高，胡双钱接到任务后，先打开AAO(先行装配大纲)，每个特制件都是精锻出来的，单价高达100多万元。36个孔，大小不一样，孔的精度要求是0.024mm，相当于头发丝直径的一半不到。“不试试怎么能说不行?”胡双钱认真分析技术资料，一次次做着演算，拿到零件和工装样板后，又反复比对，初步探索出一套加工方法和规律。他先将自己的加工想法在同等的废料上进行试验，在确保钻头、铰刀加工下来质量没有丝毫问题的情况下，才着手进行正式加工。与此同时，考虑到钛合金冷却性能差，容易出现孔加工后尺寸不稳定的特殊情况，因此采用红油加压缩空气冷却。为了解决孔距位置的质量精度问题,胡双钱采取“圆柱销”为辅助定位方法,先找准钻孔加工的位置;然后再用钻套引导钻头进行加工,以保证钻孔位置的精度。

当胡双钱依靠自己的双手和一台传统的铣钻床完成了这个令他自己都感到“紧张”的任务,加工的零件一次性通过质量管理部和适航管理部两个部门的检验,并立即被送去安装时,在场的技术员、调度员和生产工人无不心生钦佩之情。

2014 年年初的一天,临近下班时,生产调度员火急火燎地跑到钳工班组,“堵”住了准备要下班的胡双钱。原来 C919 大型客机项目平尾零件上,一个直径仅 1.6mm 位于连接接头的小孔需要胡双钱进行加工。孔槽位置精度为 0.15mm。由于这是一个带双角度的零件,存在 15°斜坡,属于非平面加工;且钻孔位置离上平面距离有 50cm,需要用戴长套筒的钻头进行加工。如此一来,加工精度很难保证。在困难面前,胡双钱定了定神,开动脑筋,寻找对策。他首先利用角度台虎钳找准钻孔的加固位置,再用小的钻夹头装夹在大的钻夹头里面,这样既能接长钻头,又能在加工时起到稳定作用。之后,他用中心钻定位,在确保钻孔位置后,再进行加工……一个个步骤忙而不乱、有条不紊。时间一分一秒地过去,到最后一个环节完成时,已经是次日凌晨 1 点。当胡双钱放下手中的工具,准备起身时,才感觉到浑身累得像散了架。然而,第二天清晨,车间同事发现,胡双钱已经在钳工组磨刀具了。

作为一名一线技术工人,胡双钱一直将工作视为一项不放心、不省心的事儿。胡双钱在工作中养成了一种习惯:工作前,先看懂图纸,了解工艺要求和技术规范;在接收零件时,先按照图纸检查上一道工序是否存在不当之处,再动手加工零件。如何保证产品质量,在几十年的工作实践中,胡双钱总结了自己的方法。这些方法的原理虽然很简单,却是保持产品质量优质交付的“诀窍”。钳工工作的第一步就是划线,在划线的过程中,胡双钱发明了自己的“对比复查法”:从涂淡金水开始,把它当成是零件的初次划线,根据图纸零件形状涂在零件上,“好比在一张纸上先用毛笔写一个字,然后再用钢笔在这张纸上同一个位置写同样一个字,这样就可以增加一次复查的机会,减少事故的发生。”“反向验证法”则是令胡双钱最为兴奋的“金科玉律”。这也是与最基础的划线有关:钳工在划线零件角度时,通常采用万能角度尺划线,那么如何验证划线是否正确?如果采用同样方法复查,很难找出差错。这时胡双钱就会用三角函数算出划线长度进行验证。结果一致,就继续实施后面的操作;结果不相符,就说明有问题了。这样做无异于在这一基础环节上做了双倍的工作量,但却为保证加工的准确和质量、减少报废等打下了基础。

工作理念是胡双钱多年工作经验的淬炼,只有传授出来,才能真正体现价值和意义。这些年,胡双钱言传身教,为青年人答疑解惑。“刚入职的青年技术工人对技术工人的未来感到迷茫。”面对一张张年轻的脸庞,胡双钱都会引导青年人树立正确的职业观,“任何先进技术都是手臂的延伸,科技如何发展都不能替代人们劳动的双手。就像造飞机,许多零件要实现精细化,数控机床、电子设备没有办法完全实现,还要靠钳工手工完成,事实上,世界一流的飞机制造公司都保留着钳工岗位,其待遇与工程师一样甚至更高。”作为“过来人”,胡双钱深知,要培养出优秀青年技术人才,先要拨正“头上”思想的弦,“手上”的活才能教好。胡双钱将自己所学的知识和工作理念教给年轻职工,不断提升后辈的技术水平,为民用飞机事业培养更多的优秀人才。他说:“这是我们这一代工人的职责,也是我们航空人应有的胸怀。”

已经 55 岁的胡双钱现在最大的愿望是:最好再干 10 年、20 年,为中国大飞机多做一点!

思考与练习

1. 三相异步电动机的制动方法有机械制动和电气制动两大类，机械制动有________和________；电气制动有________和________。

2. 三相异步电动机反接制动时，采用对称电阻接法，可以在限制制动转矩的同时，也限制(　　)。

A. 制动电流　　B. 起动电流　　C. 制动电压

3. 把运行中的三相笼型异步电动机三相定子绕组出线端的任意两相电源接线对调，电动机的运行状态变为(　　)。

A. 反接制动　　B. 反转运行　　C. 先是反接制动，随后是反转运行

4. 常用的制动方法有几种？常用的机械制动和电气制动的方法各有几种？

5. 什么是反接制动？有什么特点？适用于什么场合？

任务 11 Task 11

能耗制动控制电路的安装与调试

11.1 任务目标

(1) 能够正确分析能耗制动控制电路的工作原理。

(2) 能够根据电路图进行能耗制动控制电路的安装。

(3) 能够正确分析并快速排除电路故障。

11.2 知识探究

能耗制动就是在运行中的三相异步电动机停车时,在切除三相交流电源后,立即在定子绕组的任意两相中通入直流电,以获得大小和方向都不变化的恒定磁场,从而产生一个与电动机原来的转矩方向相反的电磁转矩以实现制动。当电动机转速下降到零时,再切除直流电源。能耗制动的优点是能耗小,制动电流小,制动准确度较高,制动转矩平滑;缺点是需直流电源整流装置,设备费用高,制动力较弱,制动转矩与转速成比例减小。能耗制动适用于电动机能量较大,要求制动平稳、制动频繁以及停位准确的场合。能耗制动是一种应用很广泛的电气制动方法,常用在铣床、龙门刨床及组合机床的主轴定位等。能耗制动控制电路如图 11-1 所示。

1. 电路工作过程分析

(1) 合上电源开关 QS→按下起动按钮 SB_1→交流接触器 KM_1 线圈通电并自锁→三相异步电动机 M 全压起动运行。

(2) 当需要制动时,按下停止按钮 SB_2→SB_2 动断触点先断开→交流接触器 KM_1 线圈失电→KM_1 的主触点复位断开→三相异步电动机 M 断电,但由于惯性的作用,电动机 M 转子继续旋转。

(3) 停止按钮 SB_2 的动合触点后闭合→交流接触器 KM_2 和时间继电器 KT 线圈同时得电→动合辅助触点 KM_2 和动合触点 KT 闭合,形成自锁→主触点 KM_2 闭合→给三相异步电动机 M 两相定子绕组通入直流电流,进行能耗制动。

(4) 当达到时间继电器 KT 的整定值时→延时动断触点 KT 断开→交流接触器 KM_2

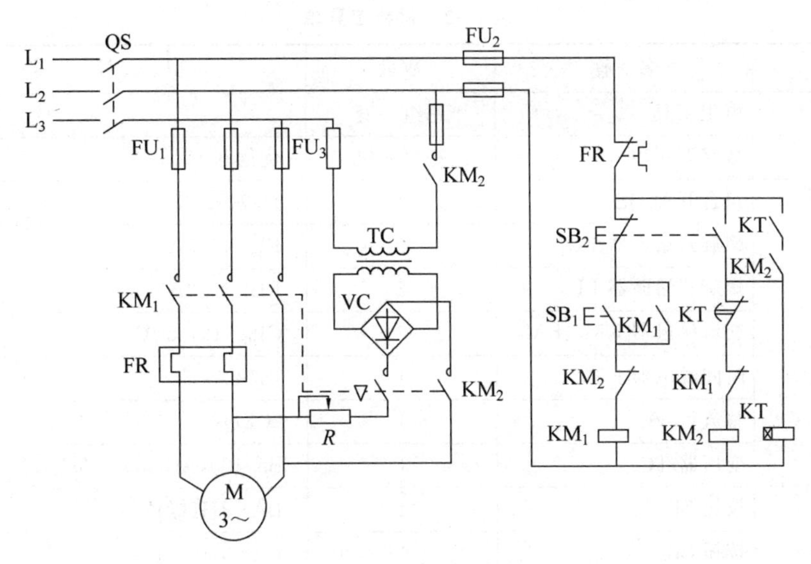

图 11-1　能耗制动控制电路

线圈失电→主触点 KM_2 复位断开→断开直流电源，能耗制动结束。同时，动合辅助触点 KM_2 复位断开→时间继电器 KT 线圈失电→延时动断触点 KT 复位闭合，为下次起动做好准备。

电动机能耗制动控制电路

2. 电路特点

（1）能耗制动没有反接制动强烈，制动平稳，制动电流比反接制动小得多，所消耗的能量小，通常适用于电动机功率较大，起动、制动操作频繁的场合，如磨床、龙门刨床等控制电路。

（2）能耗制动需附加直流电源装置，制动力量较弱，在低速时，制动转矩较小。

11.3　任务实施：能耗制动控制电路的安装与调试

1. 工作任务单

工作任务单如表 11-1 所示。

表 11-1　工作任务单

序号	任务内容	任务要求
1	能耗制动控制电路图的识读	能够正确识读电路，并会分析其工作过程
2	能耗制动控制电路的安装	按照电路图完成电路的安装，遵循配线工艺
3	能耗制动控制电路的调试	会运用仪表检修调试过程中出现的故障

2. 材料工具单

材料工具单如表 11-2 所示。

表 11-2 材料工具单

项 目	名 称	数量	型 号	备注
所用工具	电工工具	每组一套		
所用仪表	数字万用表	每组一块	优德利 UT39A	
所用元件及材料	组合开关 QS	1	HZ10-10/3	
	螺旋式熔断器 FU_1	3	RL1-15/5A	
	螺旋式熔断器 FU_2	2	RL1-15/2A	
	交流接触器 KM_1、KM_2	2	CJ20/10,380V	
	时间继电器 KT	1	JS7-2A	
	整流桥 VC	1	2CZ11C	
	变压器 TC	1	BK-100,AC 380V/AC 220V	
	按钮 SB_1	1	LA4-3H(绿色)	
	按钮 SB_2	1	LA4-3H(红色)	
	热继电器 FR	1	JR36-20,整定电流 2.2A	
	三相笼型异步电动机 M	1	Y802-4,0.75kW,Y接法,380V,2A,1390r/min	
	接线端子排	若干	JX2-Y010	
	导线	若干	BVR-1.5mm 塑铜线	

3. 实施步骤

(1) 学生按人数分组,确定每组的组长。

(2) 以小组为单位,在机电综合实训网板台上,根据能耗制动控制电路的电路原理图,设计出平面布置图和安装接线图,然后按照电动机控制电路的安装与调试步骤进行能耗制动控制电路的安装与调试,安装过程中注意整流桥和时间继电器的使用。要求:在安装过程中严格遵循安装工艺和配线工艺,配线应整齐、清晰、美观,布局合理;安装好的电路机械和电气操作试验合格,并能检查和排除电路常见故障。

4. 实施要求

小组每位成员都要积极参与,由小组给出电路安装与调试的结果,并提交实训报告。小组成员之间要齐心协力,共同制订计划并实施。计划一定要制订合理,具有可行性。实施过程中注意安全规范,严格遵循安装和配线工艺,并注意小组成员之间的团队协作,对团结合作好的小组给予一定的加分。

11.4 任务评价

能耗制动控制电路的安装与调试任务评分见表 11-3。

表 11-3　能耗制动控制电路的安装与调试任务评分

评价类别	考核项目	考核标准	配分/分	得分/分
专业能力	电路设计	安装接线图和平面布置图设计合理	10	
	布局和结构	布局合理，结构紧凑，控制方便，美观大方	5	
	元器件的选择	元器件的型号、规格、数量符合图样的要求	5	
	导线的选择	导线的型号、颜色、横截面积符合要求	5	
	元器件的排列和固定	排列整齐，紧固各元器件时要用力均匀，紧固程度适当，元器件固定得可靠、牢固	5	
	配线	配线整齐、清晰、美观，导线绝缘良好，无损伤。线束横平竖直，配制坚固，层次分明，整齐美观	5	
	接线	接线正确、牢固，敷线平直整齐，无漏铜、反圈、压胶，绝缘性能好，外形美观	5	
	元器件安装	各元器件的安装整齐，匀称，间距合理，便于元器件的更换	5	
	安装过程	能够读懂电动机控制电路的电气原理图，并严格按照图样进行安装，安装过程符合安装的工艺要求	5	
	会用仪表检查电路	会用万用表检查电动机控制电路的接线是否正确	5	
	故障排除	能够排除电路的常见故障	5	
	通电试车	电动机正常工作，电路机械和电气操作试验合格	10	
	工具的使用和原材料的用量	工具使用合理、准确，摆放整齐，用后归放原位；节约使用原材料，不浪费	5	
	安全用电	注意安全用电，不带电作业	5	
社会能力	团结协作	小组成员之间合作良好	5	
	职业意识	工具使用合理、准确，摆放整齐，用后归放原位；节约使用原材料，不浪费	5	
	敬业精神	遵守纪律，具有爱岗敬业、吃苦耐劳精神	5	
方法能力	计划和决策能力	计划和决策能力较好	5	

11.5　资料导读：制动方式的比较

(1) 机械制动：机械制动的优点是安全性和可靠性较高，不会因电网电源的中断或电气电路的故障而影响到制动；缺点是制动装置的体积比较大，要求制动时间越短，冲击振动就越大，停位准确性低。

(2) 反接制动：反接制动的优点是没有抱闸机构，制动转矩大且迅速，实现制动比较容易；缺点是制动时冲击大，对机构的传动部件损坏大，且制动电流是电动机额定电流的3～5倍，对定子绕组、接触器主触点和配电电路的危害很大，增加维护量并严重缩短电气设备使用寿命，频繁制动对位时能量损耗也相当大。

(3) 能耗制动：能耗制动的优点是制动转矩平滑，能随时改变制动转矩，可以使生产机械可靠停止，最适合用于经常起动、频繁逆转并要求迅速停车的生产机械；缺点是能量不能回馈电网，还需增加直流电源。

据测试结果，电动机能耗制动过程的电能损耗仅为反接制动过程的1/3左右，对于起、制动频繁的异步电动机，如果采用反接制动时会发热严重，甚至能烧毁电动机，而能耗制动和机械制动能保证电动机在正常运转时的发热在允许范围之内。综合比较后可知，能耗制动具有机械制动和反接制动所不具备的优越性,用于生产会更经济和实用。

11.6 知识拓展:速度继电器控制的能耗制动控制电路的分析

根据对图 11-1 能耗制动控制电路工作原理的分析,试分析图 11-2 所示的速度继电器控制的能耗制动控制电路的原理及工作过程,可以通过上网和相关教材查找相关资料进行分析。

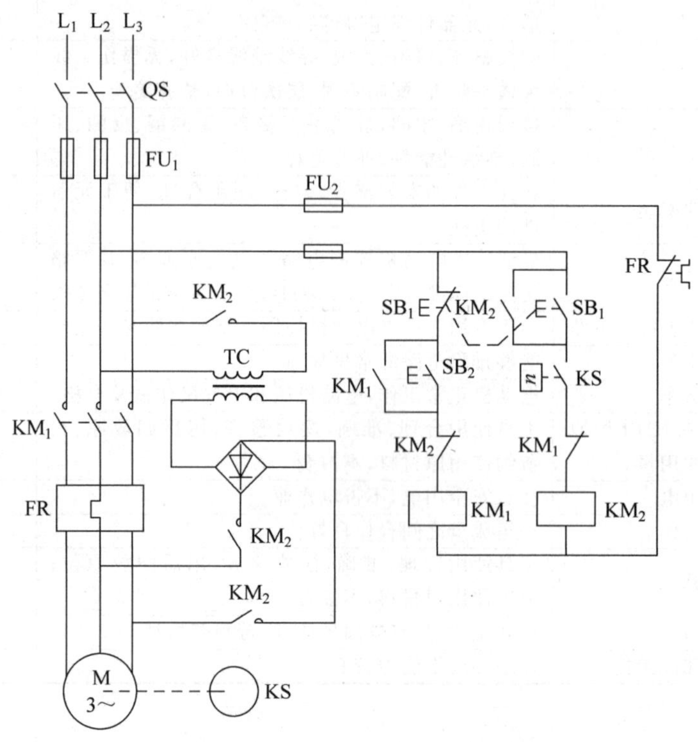

图 11-2 速度继电器单向能耗制动控制电路

11.7 工匠故事:沪东中华造船(集团)有限公司高级技师张冬伟

张冬伟,现为沪东中华造船(集团)有限公司(以下简称沪东中华)总装二部围护系统车间电焊二组班组长,高级技师,获得全国技术能手、中央企业职业技能大赛焊工比赛铜奖等荣誉。主要从事 LNG(液化天然气)船的围护系统二氧化碳焊接和氩弧焊焊接工作。

张冬伟刻苦钻研船舶建造技术,潜心传承工匠精神,成为公司高端产品 LNG 船,以及当今世界最先进、建造难度最大的 45000t 集装箱滚装船的建造骨干工人,蓝领精英。他用自己火红的青春谱写了一曲执着于国家海洋装备建设的奉献之歌。

1998 年,张冬伟进入沪东中华所属的高级技工学校,学的是电焊专业。在学校期间,由于成绩优异,他被学校派去参加了在上海船厂船舶有限公司举办的技术交流活动。2001 年,张冬伟从技校毕业,进入了沪东中华。他非常幸运,一进厂就遇到名师——沪东中华最年轻的焊接高级技师、专家型人才、全国技术能手和中央企业劳动模范秦毅。当时,他和其他刚进入沪东中华的技校毕业生一起被厂里组成一个小组,由师傅秦毅带着到船上去工作。

工作没多久，张冬伟便以其出色的表现获得了一个参加集训的机会。集训十分辛苦，有时为了干好一个焊接工作，需要在钢板上连续工作七八个小时。在集训时，他目睹了秦毅单面焊双面成型的高超技艺。“当时我就感觉到焊接中的学问不少，很多东西自己还不知道，书本上也没有看到过，我就对自己说要努力向师傅学习。”他回忆说。事实上，在集训过程中，他作为一个新人，就是凭着“勤奋、认真、好学”的精神给秦毅和其他人留下了深刻的印象。更让张冬伟大开眼界的是，这段时间沪东中华正在积极备战国内首艘 LNG 船建造所进行的大量高难度焊接技术培训。

LNG 船是国际上公认的高技术、高难度、高附加值的“三高”船舶，被誉为“造船工业皇冠上的明珠”，其建造技术只有欧美和日韩等发达国家的极少数船厂掌握。研发建造 LNG 船是沪东中华人响应党中央关于早日把我国建设成为世界第一造船大国的号召，为实现公司“五三一”战略目标而进行的一次自我挑战，它对推动和保障国家能源战略的实施具有极为重要的意义。张冬伟是中国首批 LNG 船建造者之一，他从接触 LNG 船开始就立志为中国 LNG 船建造事业作出贡献。在建造过程中，张冬伟发扬了沪东中华“团结拼搏，争创一流”的企业精神，甘于吃苦，勇于奉献，用自己的聪明才智解决了一个又一个难题，为 LNG 船的顺利建造作出了突出贡献。

作为 LNG 船核心的围护系统，焊接是重中之重。承接 LNG 船对沪东中华来说是一个巨大的考验，国内没有先例可循，国外对我们又实行技术封锁，只能在摸索中一步步艰难前行。作为一名“80 后”焊工，张冬伟的技术水平和经验不比老师傅差，甚至要高出许多，因为他对焊接的喜爱促使他不断地用心去研究和创新，围护系统建造的高难度和高技术正需要他这样的人才。面对肩上的重担，张冬伟不断地磨砺自己，用高标准要求自己。围护系统使用的殷瓦大部分为 0.7mm 厚的殷瓦钢，殷瓦焊接犹如在钢板上“绣花”，对人的耐心和责任心要求非常高，张冬伟能够耐得住寂寞，潜心从事焊接工艺研究，不断地磨炼自己的心性，培养自己的专注度，短短几米长的焊缝，需要焊接五六个小时，如果不能沉下心来，根本就不能保质保量完成任务。

围护系统建造首先涉及到的是基座连接件 MO5 自动焊焊接。由于我国现有加工精度和造船技术与国外存在较大差异，原本在总组时焊接的连接件要在大舱成型后才能焊接。这样原先焊后再背面涂装油漆的工艺被彻底推翻，为保证围护系统的顺利建造，张冬伟与技术人员放弃了休息时间，日夜埋头图纸堆中，经过不懈攻关完成了 MO5 的工艺改动实验任务，并得到了船东和领导的一致好评。LNG 船液货舱围护系统液穹区域、不锈钢托架是非常重要的支撑部件，与船体的安装间隙在 4～7mm，要求单面焊接双面成形，变形要求控制在 2mm 以内，由于要接触温度低于－40℃，采用普通的二氧化碳工艺，低温力学性能达不到 TIG 加丝焊要求，因托架的特殊结构，张冬伟只做了一些专用的背面保护工袋，以避免氧化，焊接时温度严格控制在 15℃以下，有效地减小了变形与合金元素的烧损。试验取得了成功，得到了专利方法国 GTT 公司和美国 ABS 船级社的认可，并用于 LNG 船实船生产当中，收到了良好的成效。

张冬伟在生产过程中非常注意经验的积累和总结，国内没有现成的作业标准，他就不断摸索完善各类焊接工艺，先后参与编写了《14 万立方米 LNG 船殷瓦管十字连接件焊接工艺研究》《LNG 船殷瓦手工焊自动焊焊接工艺》《端部列板操作指导书及修补工艺》以及《MO2 自动焊与 MO3 凸缘螺柱自动焊产生的主要缺陷和修补方案》等作业指导书，为提高 LNG

船生产效率,保证产品质量起到积极作用。

国之大者在于人。随着各项荣誉接踵而至,外界的诱惑也纷至沓来。但面对诱惑他从不为所动,始终保持着对企业的忠诚。他的师傅是"80后"全国技术能手秦毅,秦毅不仅手把手教会了他焊接技术,教会了他无私地帮助别人,也用高尚的品格教会了他做人的道理。这些年,张冬伟从一名技校学生成长为顶尖的焊接技能人才,遇到了很多的困难和挑战。但是,他从来没有退缩过。"不管面对多大的阻碍,我都没有想到过放弃,一次都没有。"

其实,在2005年参与国内首艘LNG船建造的时候,张冬伟才不过24岁,几个小时、十几个小时,就这样守在殷瓦板上,持续不断地进行焊接。正是这种不怕困难、坚持到底的信念,让张冬伟具有了远超过其年龄的耐心和韧性,也让他在这个原本十分艰苦和枯燥的岗位上找到了很大的乐趣。

张冬伟坦言,造船行业与其他行业相比并不光鲜,反而十分艰苦,来自外界的诱惑很多也很大,不过,坚持到底是他一贯的作风,他不会为外界的繁华所动。而且,他从不到20岁就进入沪东中华技校,毕业后就在沪东中华工作,进厂后一直跟着师傅秦毅,此后一直参与建造LNG船,这些年来,是秦毅手把手地教他学技术,是沪东中华给了他参与建造高端产品的舞台,对秦毅、对沪东中华,他早已经有了深厚的感情,难以割舍。

10余年来,张冬伟以坚定的信念和朴实的作风为企业的发展默默耕耘,用实际行动践行着自己的青春誓言,他要尽自己最大的努力提升技能水平,也要将自己的知识和经验毫无保留地传授给身边的同事,以培养更多的技术能手。通过师徒带教的形式,自2005年至2015年的10年间,张冬伟累计指导培训了焊接最高等级殷瓦G证、SP3、SP4、SP7等手工焊证及MO1~MO8氩弧焊自动焊工40余人,殷瓦拆板工6人,涉及围护系统焊接的各个焊接种类,满足了LNG船围护系统建造的各项需求,并先后带出了30余名熟练掌握多种焊接类型的复合型殷瓦焊工,其中2名已经是班组长,其余均为车间的技术骨干。

思考与练习

1. 三相笼型异步电动机能耗制动是将正在运转的电动机从交流电源上切除后,(　　)。
   A. 在定子绕组中串入电阻　　B. 在定子绕组中通入直流电流
   C. 重新接入反相序电源　　D. 以上说法都不正确
2. 起重机上采用电磁抱闸制动,属于(　　)。
   A. 电气制动　　B. 反接制动　　C. 能耗制动　　D. 机械制动
3. 下列三相笼型异步电动机的制动方法中(　　)最强烈。
   A. 能耗制动　　B. 电磁抱闸制动
   C. 电磁离合器制动　　D. 反接制动
4. 什么是能耗制动?有什么特点?适用在什么场合?
5. 试设计三相交流异步电动机双重互锁正、反转起动能耗制动控制电路。

任务 12 —— Task 12

双速电动机控制电路的安装与调试

12.1 任务目标

(1) 了解双速电动机的工作原理。

(2) 掌握双速电动机的接线及调速方法。

(3) 能够分析双速电动机控制电路的工作原理。

(4) 能够进行双速电动机控制电路的安装与调试。

12.2 知识探究

一般机床的电动机只有一种转速,但在有些机床中,如 T68 型镗床和 M1432A 型万能外圆磨床的主轴,为了得到较宽的调速范围,就采用了双速电动机来传动。双速电动机是指通过不同的连接方式可以得到两种不同转速,即低速和高速的电动机。

双速电动机属于异步电动机变极调速,是通过改变定子绕组的连接方法达到改变定子旋转磁场磁极对数,从而改变电动机的转速。根据公式 $n_1=60f/p$ 可知,异步电动机的同步转速与磁极对数成反比,磁极对数增加一倍,同步转速 n_1 下降至原转速的一半,电动机额定转速 n 也将下降近一半,所以改变磁极对数可以达到改变电动机转速的目的。这种调速方法是有级的,不能平滑调速,而且只适用于笼型电动机。

12.2.1 双速电动机的调速方法及接线

三相交流异步电动机调速方法有以下 3 种。

(1) 改变三相电源频率 f(变频调速)。

(2) 改变转差率 s。

(3) 改变磁极对数 p。

通常通过改变电动机的磁极对数 p 来改变电动机的转速。三相多速异步电动机有双速、三速、四速等,分为倍极调速(2/4、4/8)和非倍极调速(如 4/6、6/8)两大类。多速异步电动机调速方法是有级的,不能平滑调速,而且只适用于笼型电动机。绕组常用的接法有Y/YY 和△/YY。

双速电动机是采用改变定子绕组的接线方式,以获得不同的磁极对数来改变电动机的转速。4/2 极双速异步电动机定子绕组接线方式如图 12-1 所示。

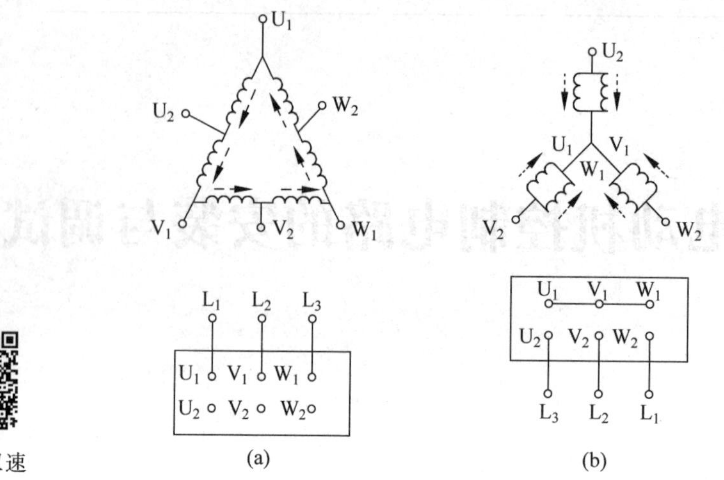

电动机双速
控制原理

图 12-1 4/2 极双速异步电动机定子绕组接线方式

如图 12-1 所示,4/2 极双速异步电动机定子绕组不但有 3 个出线端 U_1、V_1、W_1,还在每相绕组的中点再各接出一个出线端 U_2、V_2、W_2,共有 6 个出线端。改变这 6 个出线端与电源的连接方式就可得到两种不同的转速。图 12-1(a)所示的电动机定子绕组接成△形,极数为 4 极(极对数为 2),同步转速为 1500r/min,这种方式只需将三相电源接至定子绕组△形连接顶点的出线端 U_1、V_1、W_1 上,其余三个出线端 U_2、V_2、W_2 悬空不接,双速电动机为低速运转;图 12-1(b)所示的电动机定子绕组接成Y形,极数为 2 极(极对数为 1),同步转速为 3000r/min,这种方式需将三相电源接至定子绕组Y形连接顶点的出线端 U_2、V_2、W_2 上,其余三个出线端 U_1、V_1、W_1 短接,双速电动机为高速运转。需要注意的是,改变极对数后,相序方向与原来相序相反,必须将电动机任意两个出线端对调,保证变极后转动方向不变。4/2 极双速异步电动机的常用调速控制电路有手动控制调速电路和自动控制调速电路两种。

12.2.2 4/2 极双速异步电动机手动控制调速电路

手动控制调速电路有低速按钮和高速按钮两个复合按钮,可以低速起动,也可以高速起动,在电动机运行状态下能够进行高速或低速的切换,适用于小容量双速电动机的控制。双速电动机手动控制调速电路如图 12-2 所示。

1. 电路工作过程分析

(1) 低速起动时,合上电源开关 QS→按下低速起动按钮 SB_1→SB_1 动断触点先断开→切断交流接触器 KM_2 和 KM_3 线圈的电路,保证其不能通电,形成电气互锁;SB_1 动合触点后闭合→交流接触器 KM_1 线圈通电并自锁→KM_1 主触点闭合→相序为 U_1、V_1、W_1,双速电动机 M 接成△形,低速起动运行。

(2) 高速起动时,按下高速起动按钮 SB_2→SB_2 动断触点先断开→切断交流接触器 KM_1 线圈的电路,保证其不能通电,形成电气互锁;SB_2 动合触点后闭合→交流接触器 KM_2 和 KM_3 线圈通电并自锁→KM_2 主触点闭合→相序改变为 W_2、V_2、U_2;同时,KM_3 主触点闭合→将 U_1、V_1、W_1 短接→双速电动机 M 接成YY连接,高速起动运行。

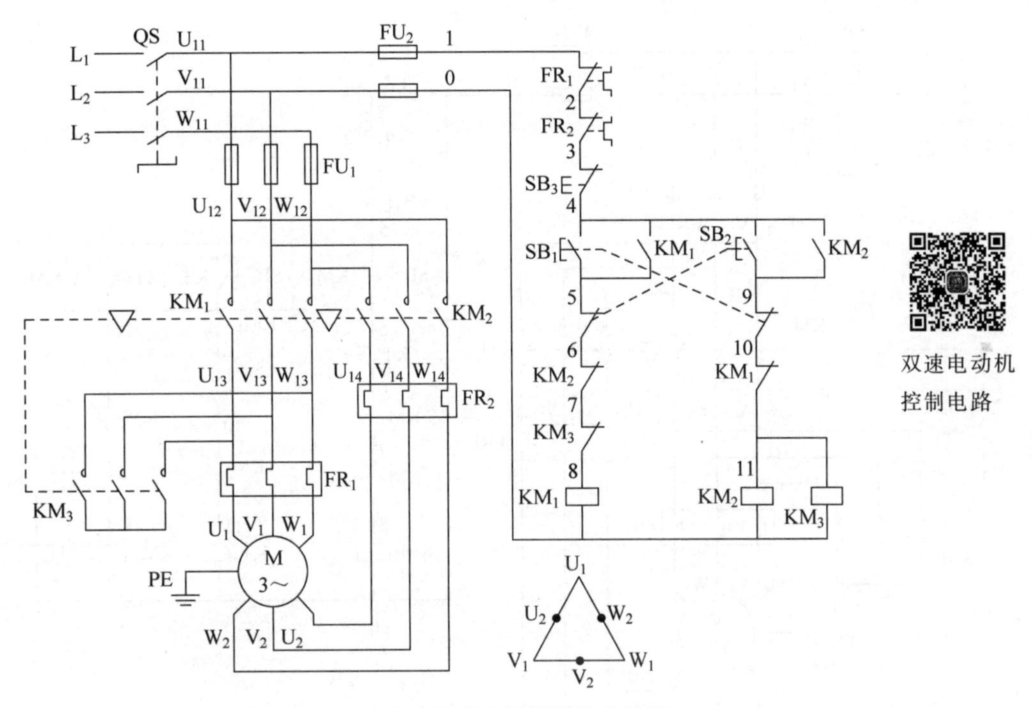

图 12-2　双速电动机手动控制调速电路图

(3) 低速转高速或高速转低速与起动的情况类似。

(4) 按下停止按钮 SB_3，无论双速电动机 M 处于低速还是高速，都断电停止运行。

2. 电路特点

(1) 手动控制较为灵活，能够低速起动，也可以高速起动。

(2) 运行中，可以直接改变运行状态，低速变高速或高速变低速，但不能自动实现从低速到高速的转换，而且高速变低速时会产生较大的制动电流。

12.2.3　4/2 极双速异步电动机自动控制调速电路

自动控制调速电路采用时间继电器控制，先低速起动，低速运行后才能切换到高速运行，电动机在高速运行状态下也不能直接切换到低速，适用于大容量电动机的控制。双速电动机自动控制调速电路如图 12-3 所示。

1. 电路工作过程分析

1) 低速

合上电源开关 QS→按下低速起动按钮 SB_1→SB_1 动断触点分断 KT 线圈→SB_1 动合触点闭合→交流接触器 KM_1 线圈通电并自锁，同时 KM_1 互锁触点分断 KM_2、KM_3 线圈，KM_1 主触点闭合→双速电动机 M 接成△形，低速起动运行。

2) 高速

(1) 按下高速起动按钮 SB_2→时间继电器 KT 线圈通电→时间继电器 KT 动合触点闭合自锁并按整定时间延时→交流接触器 KM_1 线圈通电并自锁→KM_1 主触点闭合→双速电动机 M 接成△形，低速起动运行。

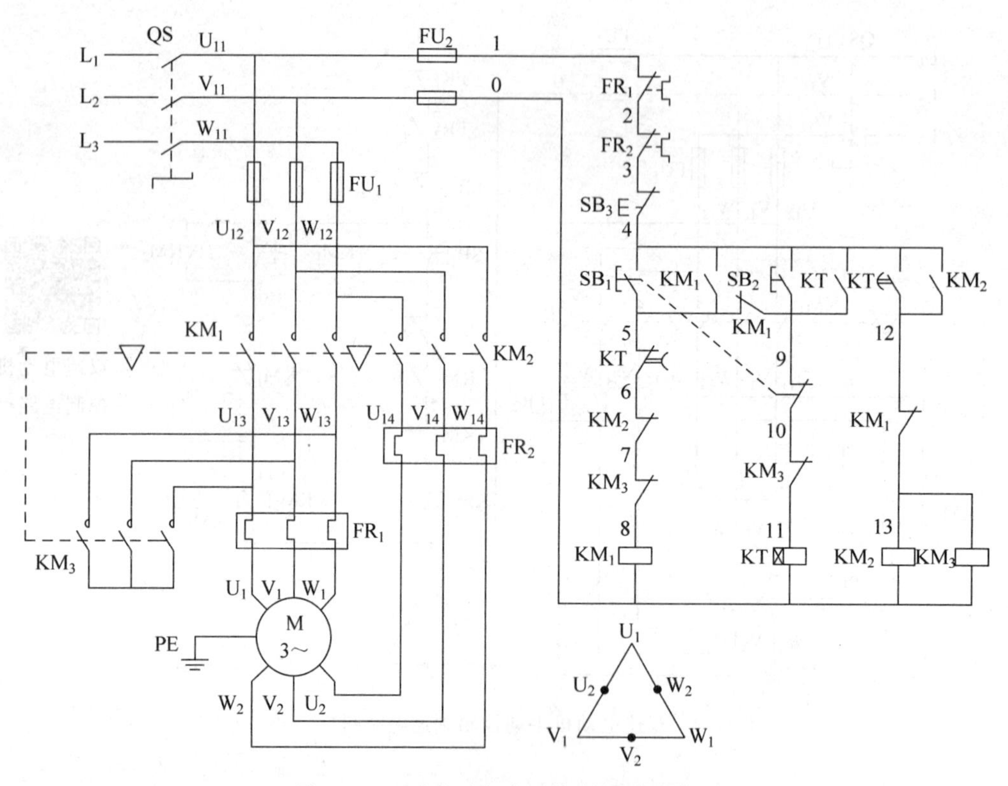

图 12-3　双速电动机自动控制调速电路图

(2) 延时时间到,通电延时动断触点 KT 断开→交流接触器 KM_1 线圈失电→KM_1 主触点断开;同时,通电延时动合触点 KT 闭合→交流接触器 KM_2 和 KM_3 线圈通电→KM_2 互锁触点分断 KM_1 线圈,同时 KM_2 自锁触点闭合自锁,KM_2、KM_3 主触点闭合→双速电动机 M 接成YY连接,高速起动运行。同时,辅助动断触点 KM_3 断开→时间继电器 KT 线圈失电→通电延时动合触点 KT 复位断开,但由于辅助动合触点 KM_2 闭合,保持交流接触器 KM_2 和 KM_3 线圈通电。

(3) 低速转高速与高速起动的情况类似。

3) 停止

按下停止按钮 SB_3,无论双速电动机 M 处于低速还是高速,都断电停止运行。

2. 电路特点

(1) 当需要电动机高速运转时,只要按下高速起动按钮 SB_2,电动机就可以经低速起动后自动切换到高速。过程比较平稳,冲击小。

(2) 在高速运行中,不能直接改变为低速运行状态,需要按下停止按钮后,再低速起动。

12.3　任务实施:4/2 极双速异步电动机手动控制调速电路的安装与调试

1. 工作任务单

工作任务单如表 12-1 所示。

表 12-1　工作任务单

序号	任务内容	任务要求
1	4/2 极双速异步电动机手动控制调速电路图的识读	能够正确识读电路,并会分析其工作过程
2	4/2 极双速异步电动机手动控制调速电路的安装	按照电路图完成电路的安装,遵循配线工艺
3	4/2 极双速异步电动机手动控制调速电路的调试	会运用仪表检修调试过程中出现的故障

2. 材料工具单

材料工具单如表 12-2 所示。

表 12-2　材料工具单

项　　目	名　　称	数　量	型　　号	备注
所用工具	电工工具	每组一套		
所用仪表	数字万用表	每组一块	优德利 UT39A	
所用元件及材料	组合开关 QS	1	HZ10-10/3	
	螺旋式熔断器 FU_1	3	RL1-15/5A	
	螺旋式熔断器 FU_2	2	RL1-15/2A	
	交流接触器 KM_1、KM_2、KM_3	3	CJ20/10,380V	
	按钮 SB_1	1	LA4-3H(红色)	
	按钮 SB_2	1	LA4-3H(绿色)	
	按钮 SB_3	1	LA4-3H(黑色)	
	热继电器 FR	1	JR36-20, 整定电流 2.2A	
	4/2 极双速笼型异步电动机 M	1	YD132S -4/2,额定功率 4.5kW,额定电压 380V,额定转速 1460/2910r/min	
	接线端子排	若干	JX2-Y010	
	导线	若干	BVR-1.5mm 塑铜线	

3. 实施步骤

(1) 学生按人数分组,确定每组的组长。

(2) 以小组为单位,在机电综合实训网板台上,根据 4/2 极双速异步电动机手动控制调速电路的电路原理图,设计出平面布置图和安装接线图,然后按照电动机控制电路的安装与调试步骤进行 4/2 极双速异步电动机手动控制调速电路的安装与调试,安装过程中注意 4/2 极双速笼型异步电动机的使用。要求:在安装过程中严格遵循安装工艺和配线工艺,配线应整齐、清晰、美观,布局合理;安装好的电路机械和电气操作试验合格,并能检查和排除电路常见故障。

4. 实施要求

小组每位成员都要积极参与，由小组给出电路安装与调试的结果，并提交实训报告。小组成员之间要齐心协力，共同制订计划并实施。计划一定要制订合理，具有可行性。实施过程中注意安全规范，严格遵循安装和配线工艺，并注意小组成员之间的团队协作，对团结合作好的小组给予一定的加分。

12.4 任务评价

4/2 极双速异步电动机手动控制调速电路的安装与调试任务评分见表 12-3。

表 12-3 4/2 极双速异步电动机手动控制调速电路的安装与调试任务评分

评价类别	考核项目	考核标准	配分/分	得分/分
专业能力	电路设计	安装接线图和平面布置图设计合理	10	
	布局和结构	布局合理，结构紧凑，控制方便，美观大方	5	
	元器件的选择	元器件的型号、规格、数量符合图样的要求	5	
	导线的选择	导线的型号、颜色、横截面积符合要求	5	
	元器件的排列和固定	排列整齐，紧固各元器件时要用力均匀，紧固程度适当，元器件固定得可靠、牢固	5	
	配线	配线整齐、清晰、美观，导线绝缘良好，无损伤。线束横平竖直，配制坚固，层次分明，整齐美观	5	
	接线	接线正确、牢固，敷线平直整齐，无漏铜、反圈、压胶，绝缘性能好，外形美观	5	
	元器件安装	各元器件的安装整齐、匀称，间距合理，便于元器件的更换	5	
	安装过程	能够读懂电动机控制电路的电气原理图，并严格按照图样进行安装，安装过程符合安装的工艺要求	5	
	会用仪表检查电路	会用万用表检查电动机控制电路的接线是否正确	5	
	故障排除	能够排除电路的常见故障	5	
	通电试车	电动机正常工作，电路机械和电气操作试验合格	10	
	工具的使用和原材料的用量	工具使用合理、准确，摆放整齐，用后归放原位；节约使用原材料，不浪费	5	
	安全用电	注意安全用电，不带电作业	5	
社会能力	团结协作	小组成员之间合作良好	5	
	职业意识	工具使用合理、准确，摆放整齐，用后归放原位；节约使用原材料，不浪费	5	
	敬业精神	遵守纪律，具有爱岗敬业、吃苦耐劳精神	5	
方法能力	计划和决策能力	计划和决策能力较好	5	

12.5 资料导读：双速三相异步电动机极对数及高、低速绕组判别方法

1. 判断三相异步电动机极对数的方法

凡通电运行过的三相异步电动机，在转子铁芯上有微弱的剩磁。这个剩磁的极对数，与电动机三相绕组所构成的极对数是相同的。电动机在静止情况下，如果用手随便朝某个方

向缓慢转动转子旋转，定子三相绕组与这个剩磁之间产生相对运动，由于电磁感应作用，能使三相异步电动机处于发电机工作状态，在三相绕组中产生微弱的三相感应电动势。根据这个原理，不论三相异步电动机是Y形还是△形接法，在电动机的三个引出线的任意两线间，就可以用直流毫伏表、万用表的直流微安挡来测量这个感应电动势的大小和方向。感应电动势的大小与剩磁多少和转动速度有关；而感应电动势的方向(在转子旋转一周时)变化次数，与绕组的极对数有关。

例如，Y112-4 型三相异步电动机，4.0kW、380V、△接法、1440r/min，用上述方法来测量极对数。将 500 型万用表调到微安挡，表笔接于电动机的 3 个引出线头的任意两个线头上，用手转动转子，缓慢均匀地旋转一周时，万用表指针会朝正、反两个方向各摆动两次，则为 4 极。所以无论其容量如何，在转子旋转一周时，根据表针左、右摆动次数，就能辨别出电动机的极对数。因此，在电动机转动一周时，万用表左、右各摆动 1 次为 2 极，各摆动 2 次为 4 极，各摆动 3 次为 6 极，各摆动 4 次为 8 极，以此类推。

2. △/YY接法双速电动机 6 个出线端的高、低速接法判别

双速电动机广泛用在 T68 镗床及立式车床的刀架进给，这种电动机低速运行是大△接法，如图 12-4(a)所示。电源从 U_1、V_1、W_1 接入，称为低速组。电动机高速运行时，是YY接法，如图 12-4(b)所示。电源从 U_2、V_2、W_2 接入，U_1、V_1、W_1 并接在一起，称为高速组。在安装和维修中，如果电动机出线头的编号丢失了，在电动机不解体的情况下，如何判断各出线头的编号来进行接线呢?

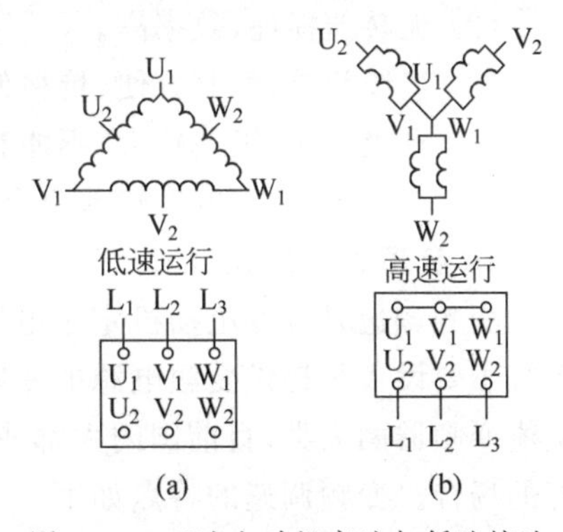

图 12-4　双速电动机高速与低速接法

(1) 找出对应相等的绕组 3 个出线头。用万用表电阻“R×1”或“R×10”挡测量各出线头之间的直流电阻值进行比较，如果电动机容量较大，可用双臂电桥测量。由于三相绕组是对称的，所以△形和YY形各相引出线绕组的直流电阻是相等的。首先用一表笔搭任意一出线头，另一表笔碰其他 5 个出线头，当测得阻值为二小一大，则这 3 个出线头为一组，剩下 3 个出线头也为一组。

(2) 利用测量极对数的方法来判别高速组和低速组。将万用表选择在直流微安挡，表笔分别测量各二组 3 个出线头的任意两个出线头，在均匀缓慢转动电动机转子一周时，电表指针都会向正、反方向摆动，其偏转的幅值也不同，此时观察表针摆动次数与偏转幅值，如果向正、反方向各摆动两次，而电表指示值为一大一小，其数值相差 1 倍左右，使电表指针摆动指示值大的一组为低速组，由于摆动次数为正、反各摆两次，此低速组为 4 极；而较小的一组为高速组，此高速组为 2 极。因此，此双速电动机为 4/2 极，4 极为大△接法，2 极为YY接法。

当测得一组电表指针摆动幅值极小，而另一组却使电表指针各摆动一次，摆动幅值较大，那么摆动幅值大的一组为高速组，由于指针正、反各摆动一次，此高速组为 2 极；而摆动幅值极小一组为低速组，此低速组为 4 极。因此，此双速电动机仍为 4/2 极，4 极为大△接法，2 极为YY接法。

为什么同是 4/2 极的双速电动机会测得两种现象，这决定于电动机的运行状态。如果电动机是按 4 极接法运行,在停车后电动机转子铁芯留有 4 极剩磁;如果电动机是按 2 极接法运行,在停车后电动机转子铁芯留有 2 极剩磁,因此得出上述两种测试结果。

双速电动机还有 8/4 极或 6/4 极两种接法,其判断方法与 4/2 极双速电动机步骤相同。它的摆动幅值决定电动机最后一次的运行状态,如果运行是低速,则 8 极,电表指针正、反各摆动 4 次,6 极,正、反各摆动 3 次,4 极,指针正、反各摆动 2 次,表指针幅值是一大一小;如果运行是高速,则 8 极、6 极,电表指针摆动次数及幅值极小,4 极,指针会正、反各摆动 2 次且摆动幅值大。

12.6 知识拓展:常用的电动机调速方法

1. 变极对数调速方法

变极对数调速方法是用改变定子绕组的接线方式来改变笼型电动机定子极对数达到调速目的,适用于不需要无级调速的生产机械,如金属切削机床、升降机、起重设备、风机、水泵等。变极调速的特点如下。

(1) 具有较硬的机械特性,稳定性良好。

(2) 无转差损耗,效率高。

(3) 接线简单,控制方便,价格低。

(4) 有级调速,级差较大,不能获得平滑调速。

(5) 与调压调速、电磁转差离合器配合使用,可以获得较高效率的平滑调速特性。

2. 变频调速方法

变频调速是改变电动机定子电源的频率,从而改变其同步转速的调速方法。变频调速系统主要设备是提供变频电源的变频器,变频器可分成交流—直流—交流变频器和交流—交流变频器两大类,目前国内大都使用交—直—交变频器。适用于要求精度高、调速性能较好的场合。变频调速的特点如下。

(1) 效率高,调速过程中没有附加损耗。

(2) 应用范围广,可用于笼型异步电动机。

(3) 调速范围大,特性硬,精度高。

(4) 技术复杂,造价高,维护检修困难。

3. 串级调速方法

串级调速是指绕线式电动机转子回路中串入可调节的附加电势来改变电动机的转差,达到调速的目的。大部分转差功率被串入的附加电势所吸收,再利用附加的装置,把吸收的转差功率返回电网或转换能量加以利用。根据转差功率吸收利用方式,串级调速可分为电机串级调速、机械串级调速及晶闸管串级调速形式,多采用晶闸管串级调速。适合于风机、水泵及轧钢机、矿井提升机、挤压机上使用。串级调速的特点如下。

(1) 可将调速过程中的转差损耗回馈到电网或生产机械上,效率较高。

(2) 装置容量与调速范围成正比,投资少,适用于调速范围在额定转速 70%~90%的生产机械上。

(3) 调速装置发生故障时可以切换至全速运行,避免停产。

(4) 晶闸管串级调速功率因数偏低,谐波影响较大。

4. 绕线式电动机转子串电阻调速方法

绕线式异步电动机转子串入附加电阻，使电动机的转差率加大，电动机在较低的转速下运行。串入的电阻越大，电动机的转速越低。此方法设备简单，控制方便，但转差功率以发热的形式消耗在电阻上。绕线式电动机转子串电阻调速属有级调速，机械特性较软。

5. 定子调压调速方法

当改变电动机的定子电压时，可以得到一组不同的机械特性曲线，从而获得不同转速。由于电动机的转矩与电压平方成正比，因此最大转矩下降很多，其调速范围较小，使一般笼型电动机难以应用。为了扩大调速范围，调压调速应采用转子电阻值大的笼型电动机，如专供调压调速用的力矩电动机，或者在绕线式电动机上串联频敏电阻。为了扩大稳定运行范围，当调速在 2∶1 以上的场合应采用反馈控制以达到自动调节转速的目的。调压调速的主要装置是一个能提供电压变化的电源，目前常用的调压方式有串联饱和电抗器、自耦变压器以及晶闸管调压等几种。晶闸管调压方式为最佳。调压调速一般适用于 100kW 以下的生产机械。定子调压调速的特点如下。

(1) 调压调速线路简单，易实现自动控制。

(2) 调压过程中转差功率以发热形式消耗在转子电阻中，效率较低。

6. 电磁调速电动机调速方法

电磁调速电动机由笼型电动机、电磁转差离合器和直流励磁电源(控制器)三部分组成。直流励磁电源功率较小，通常由单相半波或全波晶闸管整流器组成，改变晶闸管的导通角，可以改变励磁电流的大小。电磁转差离合器由电枢、磁极和励磁绕组三部分组成。电枢和后两者没有机械联系，都能自由转动。电枢与电动机转子同轴连接称主动部分，由电动机带动；磁极用联轴节与负载轴对接称从动部分。当电枢与磁极均为静止时，如励磁绕组通以直流，则沿气隙圆周表面将形成若干对 N、S 极性交替的磁极，其磁通经过电枢。当电枢随拖动电动机旋转时，由于电枢与磁极间相对运动，因而使电枢感应产生涡流，此涡流与磁通相互作用产生转矩，带动有磁极的转子按同一方向旋转，但其转速恒低于电枢的转速 N_1。这是一种转差调速方式，变动转差离合器的直流励磁电流，便可改变离合器的输出转矩和转速。适用于中、小功率，要求平滑起动、短时低速运行的生产机械。电磁调速电动机的调速特点如下。

(1) 装置结构及控制线路简单，运行可靠，维修方便。

(2) 调速平滑，无级调速。

(3) 对电网无谐波影响。

(4) 速度损失大，效率低。

7. 液力耦合器调速方法

液力耦合器是一种液力传动装置，一般由泵轮和涡轮组成，它们统称工作轮，放在密封壳体中。壳中充入一定量的工作液体，当泵轮在原动机带动下旋转时，处于其中的液体受叶片推动而旋转，在离心力作用下沿着泵轮外环进入涡轮时，就在同一转向上给涡轮叶片以推力，使其带动生产机械运转。液力耦合器的动力传输能力与壳内相对充液量的大小是一致的。在工作过程中，改变充液率就可以改变耦合器的涡轮转速，做到无级调速。

12.7 工匠故事：青岛四方机车高级技师宁允展

宁允展，中国南车四方股份有限公司车辆钳工高级技师，中国南车技能专家。2019年4月，荣获“最美职工”；12月，荣获交通运输部授予的“全国交通技术能手”称号。

宁允展出身工匠家庭。在身为工匠的父亲的耳濡目染下，宁允展从小就喜欢手艺。1991年，19岁的宁允展从铁路技校毕业，进入当时的青岛四方机车车辆厂(中国南车四方股份有限公司前身)，从事车辆钳工工作，一干就是24年。

2004年，中国南车四方股份有限公司开始由国外引进高速动车组技术。转向架是高速动车组九大关键技术之一，而转向架构架上的“定位臂”则是转向架的核心部位。正是这个接触面不足$10cm^2$的“定位臂”，一度成为高速动车组试制初期困扰转向架制造的巨大难题。高速动车组在运行速度超过200km/h的情况下，定位臂的接触面要承受相当于23t的冲击力，定位臂和轮对节点必须有75%以上的接触面间隙小于0.05mm，否则会直接影响行车安全。唯一可行的操作方法就是手工研磨。然而经过机器粗加工后的定位臂，留给人工研磨的空间只有0.05mm左右，也就是一根头发丝的直径。在当时，国内并没有可供借鉴的成熟操作技术经验，宁允展主动请缨，向这项难度极高的研磨技术发起挑战。打磨机以超过300r/s的转速高速旋转，磨小了，精度达不到要求；磨大了，动辄十几万元的构架就会报废。经过无数次反复研究试验，宁允展仅用一周的时间便掌握了外方熟练工人需花费数月才能掌握的技术，突破了这一瓶颈难题，他研磨出的定位臂受到外方专家的高度肯定。

在高速动车组进入大批量制造阶段后，外方的研磨方法已经不适应企业生产需要。宁允展将目光瞄向研磨工艺。他反复摸索，试验了近半年时间，发明了“风动砂轮纯手工研磨操作法”，采用分层、交错、叠加式研磨，将定位臂接触面织成了一张纹路细密、摩擦力超强的“网”。这一研磨法将研磨效率提高了1倍多，接触面的贴合率也从原来的75%提高到了90%以上，这项绝技被纳入工艺文件，应用到现场生产，使长期制约转向架批量制造的瓶颈难题得到破解，为高速动车组转向架的高质量、高产量的交出作出了突出贡献。他研磨的定位臂已经创造了连续十年无次品的纪录。就定位臂研磨而言，在国内能够在0.05mm的研磨空间里进行打磨作业的只有宁允展一人。

宁允展出身钳工，但他自学了焊工、电工，是高速列车转向架生产的“多面手”。突破常规、寻找更好的方式、方法解决问题，这成为他工作中坚持的原则。转向架检修加工部位容易损伤，由于精度要求高，修复起来非常困难。而一个加工件动辄上万元。针对这一突出难题，在行业内没有先例可以参照的情况下，宁允展将自己的研磨技术和焊接手法巧妙结合，独立发明了一套“精加工表面缺陷焊修方法”，修复精度最高可达到0.01mm，相当于一根头发丝的1/5，能够有效还原加工部位，这一操作法被中国南车认定为集团级别的“绝招绝技”。而他利用空闲时间研究出的“折断丝攻、螺栓的堆焊取出操作法”，适用于所有螺纹孔的检修或者新造过程，适用于全部具有螺纹孔的产品，具有非常广泛的推广价值，这项在行业内被广泛认可的“绝招绝技”成为解决相关难题的必备“武器”。

宁允展善钻研、爱钻研的性格让他不断承接公司大量颇具实效性和针对性的生产制造攻关课题项目。在构架加工初期，如何保证加工铁屑杂质排出、如何确保构架空气室内无铁屑等杂物？是长期以来困扰构架生产的难题。作为公司提高产品质量的大师级人物，宁允展认真研究分析了各车型构架内腔结构，决定通过技术革新从根源上避免铁屑等杂物进入空气室内。他结合各车型构架特点，不断地尝试各种方法，经过上百次的试验和改进，巧妙地制作出了多套防护空气室工装，有效地避免了构架加工空簧孔时铁屑进入空气室内。空簧孔防护工装在各车型构架生产中得到应用及推广，并在高速动车组和出口产品上广泛应用，受到了上级部门的多次表彰。

能够立足岗位主动工作，解决多部门无法解决的难题，这也是宁允展的工作理念。当广州地铁6号线构架上二系空簧安装座1/4′BSPP管座螺纹损伤，无人员能修复构架即将面临报废时，宁允展自告奋勇，结合构架结构特点和螺纹孔缺陷类型，利用精湛的操作技能研究出了一套独特的修复方案，该方法纳入公司级“解决技术难题库”。

宁允展主持的提升构架加工内腔铁屑一次性清除率、动车27°踏面清扫器座M12螺纹引头工装等课题频频获公司优秀攻关课题和技术革新课题奖项并被广泛推广应用，他设计制作的工装很多都用到了现场生产：动车组排风消音器、动车攻丝引头工装、动车定位臂螺纹引头定位工装、动车空簧孔防护、动车踏面清扫器座螺纹引头工装、制动夹钳开口销开劈工具、动车组刻打样冲组合与划线找正工装、地铁差压阀组焊工装等。其中，“一种轨道车辆构架空簧孔防护装置”“350千米速度等级克诺尔夹钳开口销开劈工具”两项发明通过专利审查，获得了国家专利。一种转向架衬套退卸力判定装置专利初审已通过，这些发明每年能为公司节约创效近300万元，为企业精益化发展作出了突出贡献。

宁允展的理念是“工匠就是凭手艺吃饭”。2012年，他在家自费购买了车床、打磨机和电焊机，将家中30多平方米的小院改造成了一个小“工厂”，成为他业余时间钻研新工装、发明新方法的第二厂房。凭借这种创新创造、探索不止的劲头，宁允展成为企业“万众创新”当之无愧的先锋代言人。

一心一意做手艺，不当班长不当官，扎根一线24年，宁允展与很多人有着不同的追求。“我不是完人，但我的产品一定是完美的。做到这一点，需要一辈子踏踏实实做手艺。”这是宁允展的信条。

如今，国内铁道线上飞奔的高速列车，近一半来自宁允展所在的中国南车四方股份有限公司。宁允展说，身为第一代“高铁工匠”，他的梦想就是自己研磨的高速列车走出国门，驰骋世界！

思考与练习

1. 双速异步电动机的变极调速的△/YY连接，其中△是________运行，YY是________运行。

2. 通常会利用改变双速电动机的(　　)来改变电动机的磁极对数。

A. 拖动对象　　B. 工作电压　　C. 绕组接法　　D. 所处磁场

3. 双速控制接线中，电动机在高速运行下，电动机绕组都被接成(　　)。

A. 星形　　B. 双星形　　C. 三角形

4. 双速电动机的定子绕组有几个出线端？分别画出△/YY双速电动机在低速、高速时定子绕组的接线图。

5. 三相交流异步电动机的调速方法有几种？

项目五

典型机床控制电路的检修

知识目标

(1) 了解典型机床的基本结构。

(2) 掌握典型机床电气控制电路的工作原理。

(3) 能够正确分析并识读典型机床控制系统的原理图。

(4) 掌握机床电气控制系统的故障分析和判断方法。

能力目标

(1) 能够识读典型机床电气控制电路图。

(2) 能够正确分析并判断典型的机床电气系统故障。

(3) 熟练地运用电工仪表、工具排除典型机床电气系统故障。

素质目标

(1) 学生应树立职业意识,并按照企业的"6S"(整理、整顿、清扫、清洁、素养、安全)质量管理体系要求自己。

(2) 操作过程中,必须时刻注意安全用电,严格遵守电工安全操作规程。

(3) 爱护工具和仪器、仪表,自觉做好维护和保养工作。

(4) 具有吃苦耐劳、爱岗敬业、团队合作、勇于创新的精神,具备良好的职业道德。

(1) 实训室内必须着工装,严禁穿凉鞋、背心、短裤、裙装进入实训室。

(2) 使用绝缘工具,并认真检查工具绝缘是否良好。

(3) 停电作业时,必须先验电,确认无误后方可工作。

(4) 带电作业时,必须在教师的监护下进行。

(5) 树立安全和文明生产意识。

任务 13 Task 13

CA6140型卧式车床电气系统的检修

13.1 任务目标

机床电气系统的检修

(1) 能够正确使用和选择仪表。

(2) 掌握识读机床电气原理图的方法。

(3) 掌握机床电气系统检修的基本方法。

(4) 能够识读 CA6140 型卧式车床电气控制原理图。

(5) 能够正确分析、判断并快速排除 CA6140 型卧式车床的电气故障。

13.2 知识探究

13.2.1 机床电气系统检修的步骤

1. 故障调查

一般调查的步骤如下。

1) 问

机床发生故障后,首先应向操作者了解故障发生的前后情况,以便根据电气设备的工作原理分析发生故障的原因。一般询问的内容如下所述。

(1) 故障发生在开机前、开机后,还是发生在运行中?是运行中自行停车,还是发现异常情况后由操作者停下来的?

(2) 发生故障时听到了什么异常声音,是否见到弧光、火花、冒烟,是否闻到了焦煳味?

(3) 是否拨动了什么开关、按钮?

(4) 仪表及指示灯出现了什么情况?

(5) 以前是否出现过类似故障?是如何处理的?

操作者的陈述可能不完整,有些情况可能陈述不出来,甚至有些陈述内容是错误的,但仍要仔细询问,因为有些故障是由于操作者粗心大意、对机床的性能不熟悉、采用不正确的操作方法造成的,在进行检查时应验证操作者的陈述,找到故障原因。

2) 看

看故障发生后电气元件外观是否有明显的灼伤痕迹,保护电器是否脱扣动作,接线是否脱落,触点是否熔焊等。

3）听

各种机床运行时均伴有声音和振动,机床运行正常时,其声音、振动有一定规律和节奏,且持续和稳定,当声音和振动异常时,就是与故障相关联的信号,也是听觉检查的关键。

4）闻

辨别有无异味,机床运动部件发生剧烈摩擦,电气绝缘烧损,会产生油、烟气、绝缘材料的焦煳味。

5）摸

机床电动机、变压器、接触器和继电器的线圈发生短路故障时,温度会显著上升,可切断电源后,用手去触摸检查。

2. 断电检查

机床维修切忌盲目通电,以免扩大故障或造成伤害。通电前,需要在机床断电的状态下检查以下内容。

(1) 检查电源线进口处,观察电线有无碰伤,排除电源接地、短路等故障。

(2) 观察电气箱内熔断器有无烧损痕迹。

(3) 观察配线、电气元件有无明显的变形损坏、过热烧焦或变色。

(4) 检查行程开关、继电保护装置、热继电器是否动作。

(5) 检查可调电阻的滑动触点、电刷支架是否离开原位。

(6) 检查断路器、接触器、继电器等电气元件的可动部分,其动作是否灵活。

(7) 用兆欧表检查电动机及控制线路的绝缘电阻,一般应不小于0.5MΩ。

(8) 机床运转和密封部位有无异常的飞溅物、脱落物、溢出物,如油、烟、介质、金属屑等。

3. 通电检查

做通电检查前,要尽量使电动机和所传动的机械部分分离,将电气控制装置上相应转换开关置于零位,行程开关恢复到正常位置。做通电检查时,一般按先主回路后控制回路,先简单后复杂,分区域进行,每次通电检查的范围不要太大,范围越小,故障越明显。

(1) 断开所有开关,取下所有的熔断器,再按顺序,逐一插入需检查部位的熔断器,然后合上开关,观察有无冒火、冒烟、熔体熔断等现象。

(2) 听机床运行发出的声音。各种机床运行时均伴有声音和振动,机床运行正常时,其声音、振动有一定规律和节奏,且持续和稳定,当声音和振动异常时,就是与故障相关联的信号。

(3) 闻机床运行发出的气味。辨别有无异味,机床运动部件发生剧烈摩擦,电气绝缘烧损会产生油、烟气、绝缘材料的焦煳味,正常工作的机床只有润滑油和冷却液的气味。

(4) 机床电动机、变压器、接触器和继电器的线圈发生短路故障时,温度会显著上升,远远超过正常的温升,可在切断电源后,用手去触摸检查。

(5) 用试验法进一步缩小故障范围。经外观检查未发现故障点时,可根据故障现象,结合电路图分析故障原因,在不扩大故障范围、不损伤电气和机械设备的前提下,进行通电或除去负载通电,以判断故障可能是在电气部分还是在机械等其他部分,是在电动机上还是在控制设备上,是在主电路上还是在控制电路上。

(6) 用测量法确定故障点。测量法是维修电工工作中用来准确确定故障点的一种行之有效的检查方法。常用的测试工具和仪表有校验灯、验电器、万用表、钳形电流表和兆欧表等,主要通过对电路进行带电或断电时的有关参数,如电压、电阻、电流等的测量,来判断电气元件的好坏、设备的绝缘情况以及线路的通断情况。可以采用前面提到的电压分阶测量法和电阻分阶测量法确定故障点。

4. 电路分析

(1) 根据调查的结果,分析是机械系统故障、液压系统故障、电气系统故障或者是综合故障。

(2) 参考机床的电气原理图及有关技术说明书进行电路分析,估计有可能产生故障的部位,是主电路还是控制电路,是交流电路还是直流电路等。

(3) 对复杂的机床电气线路,要掌握机床的性能、工艺要求,可将复杂电路划分成若干单元,再分析判断。

5. 机床维修及修复后的注意事项

当找出电气设备的故障点后,就要着手进行修复、试车、记录等,然后交付使用,但故障修复后还必须注意以下事项。

(1) 在找出故障点和修复故障时,应注意不能把找出的故障点作为寻找故障的终点,还必须进一步分析,查明产生故障的根本原因。

(2) 找出故障点后,一定要针对不同故障情况和部位采取正确的修复方法,不要轻易采用更换电气元件和导线等方法,更不允许轻易改动线路或更换规格不同的电气元件,以防止产生人为故障。

(3) 在故障修理工作中,一般情况下应尽量做到复原。有时为了尽快恢复机床的正常运行,根据实际情况也允许采取一些适当的应急措施,但绝不可凑合行事,而且一旦机床空闲必须复原。

(4) 电气故障修复完毕,需要通电试运行时,应和操作者配合,避免出现新的故障。

(5) 每次排除故障后,应及时总结经验,并做好维修记录。记录的内容可包括机床的型号、名称、编号;故障发生的日期、故障现象、部位、故障原因;损坏的电器、修复措施及修复后的运行情况等。记录作为档案以备日后维修时参考,并通过对历次故障的分析,采取相应的有效措施,防止类似事故的再次发生或对电气设备本身的设计提出改进意见等。

(6) 修理后的电气装置必须满足其质量标准要求,电气装置的检修质量标准包括如下内容。

① 外观整洁,无破损和碳化现象。

② 所有的触点均应完整、光洁、接触良好。

③ 压力弹簧和反作用力弹簧应具有足够的弹力。

④ 操纵、复位机构都必须灵活可靠。

⑤ 各种衔铁运动灵活,无卡阻现象。

⑥ 接触器的灭弧罩完整、清洁,安装牢固。

⑦ 继电器的整定数值符合电路使用要求。

⑧ 指示装置能正常发出信号。

13.2.2 认识 CA6140 型卧式车床

CA6140 型卧式车床广泛应用于机械加工业，是我国自行设计制造的车床，它主要由主轴箱、进给箱、溜板箱、刀架、丝杠、光杠、尾座、挂轮架、纵溜板和横溜板等部分组成。其外观如图 13-1 所示。

认识 CA6140 型卧式车床

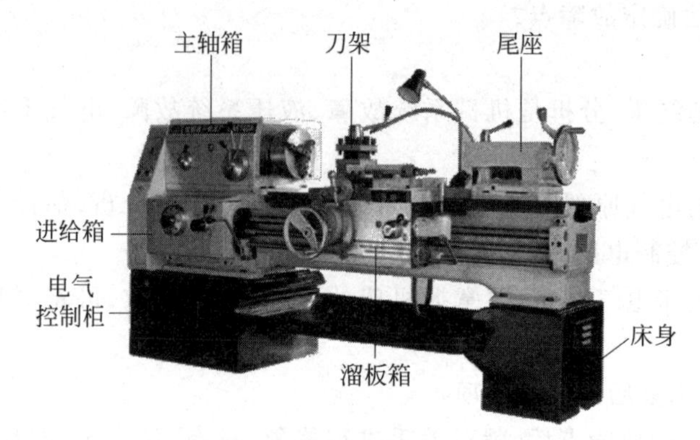

图 13-1 CA6140 型卧式车床

1. CA6140 型卧式车床的运动形式

(1) 主运动。主运动是指工件的旋转运动(主轴通过卡盘或顶尖带动工件进行旋转)。主轴的旋转是由主轴电动机经传动机构拖动的。车削加工时，根据加工工件的材料性质、车刀材料及几何形状、工件直径、加工方式及冷却条件的不同，要求主轴在一定的范围内变速。另外，为了加工螺纹等工件，还要求主轴能够正、反转。

(2) 进给运动。进给运动是指刀架带动刀具的横向或纵向的直线运动。刀架的进给运动也是由主轴电动机拖动的，其运动方式有手动和自动两种。在进行螺纹加工时，工件的旋转速度与刀架的进给速度之间应有严格的比例关系，因此，车床刀架的横向或纵向的两个方向进给运动是由主轴箱输出轴经交换齿轮箱、进给箱、光杠传入溜板箱而获得的。

(3) 辅助运动。辅助运动是指车床上除切削运动以外的其他一切必需的运动，如刀架的快速移动、尾座的纵向移动、工件的夹紧与放松等。

2. CA6140 型卧式车床的电气控制要求

(1) 主轴旋转要能调速。主轴电动机一般选用三相笼型异步电动机，为满足调速要求，采用机械变速。

(2) 为车削螺纹，主轴要求正、反转。CA6140 型卧式车床主轴的正、反转靠摩擦离合器来实现，主轴电动机单向旋转。

(3) CA6140 型卧式车床的主轴电动机采用直接起动，停车时为自由停车。

(4) 车削加工时，刀具与工件温度较高，需进行冷却。为此，设有一台冷却泵电动机，输出冷却液，冷却泵与主轴电动机有着顺序运行关系，即冷却泵电动机应在主轴电动机起动后方可选择起动；当主轴电动机停止时，冷却泵电动机便立即停止。

(5) 为实现刀架溜板箱的快速移动，由单独的刀架快速移动电动机拖动，采用点动控制。

(6) 控制电路应具有安全可靠的保护环节和必要的照明及信号指示。

13.2.3　CA6140型卧式车床电路的识读

CA6140型卧式车床电路的识读

CA6140型卧式车床电路由主电路和控制电路两部分组成。CA6140型卧式车床主电路共有3台电动机，M_1 是主轴电动机、M_2 是冷却泵电动机、M_3 是刀架快速移动电动机。控制电路通过变压器TC把380V电压降为110V，以提供控制电源。控制电路由主轴控制部分、冷却泵控制部分、刀架快速移动控制部分、6V的电源信号指示部分以及24V机床局部照明部分组成。CA6140型卧式车床电气控制线路如图13-2所示。

CA6140型卧式车床的主轴电动机和冷却泵电动机采用直接起动、顺序控制方式，快速进给电动机采用点动控制方式。

1. 主电路分析

CA6140型卧式车床的主电路共有3台电动机，主轴电动机 M_1 带动主轴旋转及驱动刀架进给运动，有熔断器FU作为短路保护，热继电器 FR_1 作为过载保护，接触器KM作为失压、欠压保护；冷却泵电动机 M_2 提供切削液，由中间继电器 KA_1 控制，热继电器 FR_2 作为过载保护；刀架快速移动电动机 M_3，由中间继电器 KA_2 控制，由于是点动控制短时工作，所以未设过载保护；FU_1 作为冷却泵电动机 M_2、刀架快速移动电动机 M_3 和控制变压器TC的短路保护。

2. 控制电路分析

CA6140型卧式车床的控制电路由控制变压器TC将380V降为110V，为控制电路供电。在正常工作时，位置开关 SQ_1 动合触点闭合；当打开皮带罩后，位置开关 SQ_1 动合触点断开，切断控制电路电源，以确保人身安全。钥匙开关SB和位置开关 SQ_2 在机床正常工作时是断开的，断路器QF线圈不通电，能够合闸。当打开电气箱壁龛门时，位置开关 SQ_2 闭合，断路器QF线圈得电，断路器自动断开，以确保人身和设备安全。

1）主轴电动机 M_1 的控制

（1）起动：按下 SB_2（7区）→KM线圈得电吸合并自锁→KM主触点吸合→主轴电动机 M_1 得电运转。

（2）停止：按下 SB_1（7区）→KM线圈失电（7区）→KM主触点断开（2区）→主轴电动机 M_1 失电停转。

2）冷却泵电动机 M_2 的控制

由于主轴电动机 M_1 和冷却泵电动机 M_2 在控制电路中采用了顺序控制，所以只有在主轴电动机起动后，即KM动合触点（10区）闭合，按下 SB_4（10区），冷却泵电动机才能得电运转；主轴电动机停止运行（10区KM辅助动合触点复位）后，冷却泵电动机失电停转。

3）刀架快速移动电动机 M_3 的控制

刀架快速移动电动机控制电路是由装在快速移动操作手柄顶端的按钮 SB_3（9区）与 KA_2 线圈（9区）组成的点动控制电路构成。按下 SB_3（9区），刀架快速移动，松开 SB_3（9区），刀架停止移动。刀架的移动方向由进给操作手柄配合机械装置实现。

CA6140型卧式车床电气系统的检修

13.2.4　CA6140型卧式车床电气系统的检修

仔细观察故障现象，结合CA6140型卧式车床的电气原理图和电气接线图，参考表13-1所示进行检修。

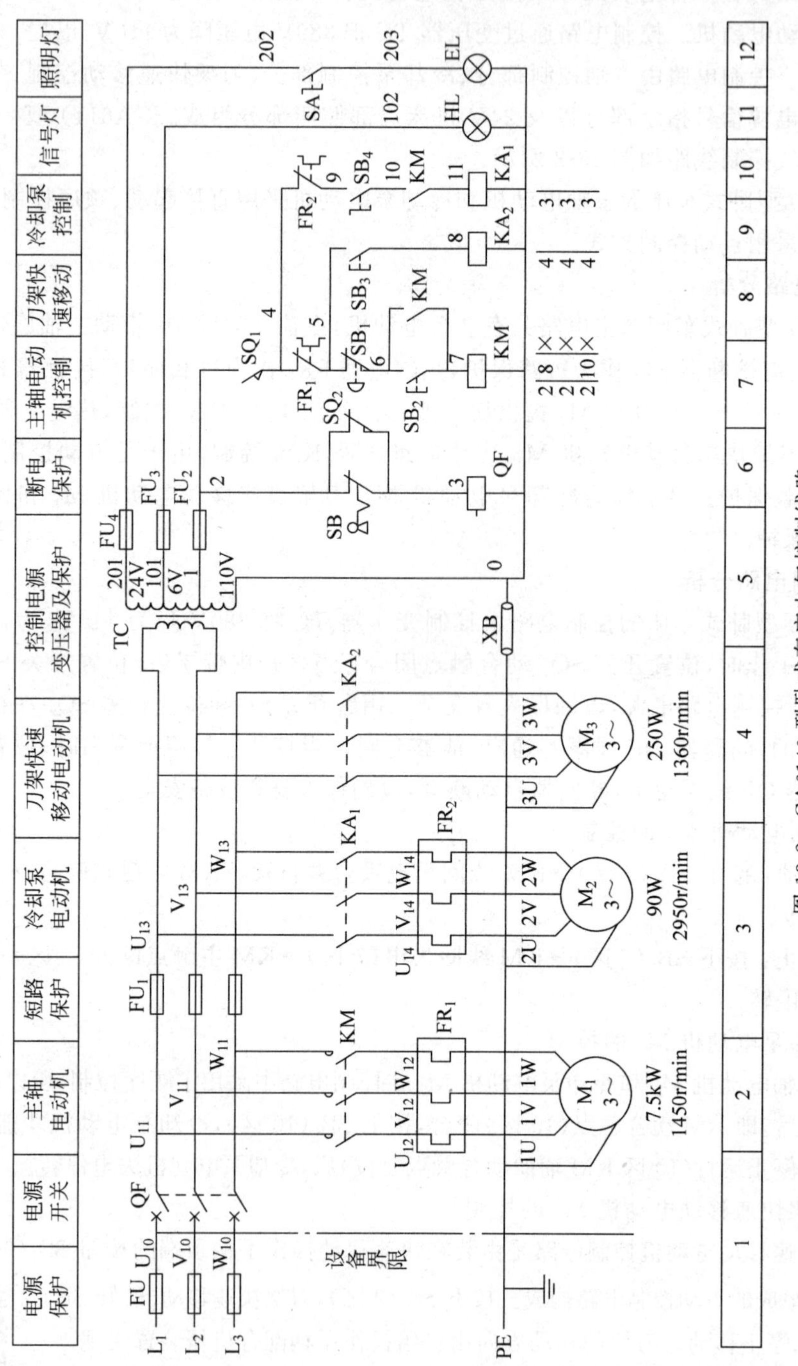

图 13-2 CA6140 型卧式车床电气控制线路

表 13-1　CA6140 型卧式车床电气系统故障的检修

故障现象	故障分析	检查方法	故障处理
电源指示灯不亮	组合开关 QS 损坏	合上 QS，按下 SB_8，如果机床照明灯也不亮，用万用表交流电压挡测量 QS 触点之间电压	如果输入为 380V，输出不是，可确定 QS 损坏，修复或更换
	熔断器 FU_2 熔断	合上 QS，按下 SB_8，如果机床照明灯亮，用万用表交流电压挡测量 FU_2 的电压，正常为 6.3V	更换熔体或熔断器
	指示灯灯泡损坏	断开 QS，旋下指示灯灯泡，用万用表欧姆挡测量灯泡电阻	更换灯泡
照明灯不亮	组合开关 QS 损坏	合上 QS，如果电源指示灯也不亮，用万用表交流电压挡测量 QS 触点之间电压	如果输入为 380V，输出不是，可确定 QS 损坏，修复或更换
	熔断器 FU_3 熔断	合上 QS，如果电源指示灯亮，用万用表交流电压挡分别测量 FU_3 的电压，正常为 24V	更换熔体或熔断器
	按钮 SB_8 损坏	断开 QS，用万用表欧姆挡测量 SB_8 两端电阻	更换按钮
	灯泡损坏	断开 QS，旋下照明灯灯泡，用万用表欧姆挡测量灯泡电阻	更换灯泡
主轴电动机 M_1 和冷却泵电动机 M_2 不能起动，刀架快速移动电动机 M_3 正常起动	交流接触器 KM 触点接触不良	合上 QS，按住 SB_2，如果 KM 能吸合，用万用表交流电压挡测量 KM 主触点之间的电压，正常为 380V	如果电压不正常，更换或修复主触点
	热继电器 FR_2 发热元件损坏	如果 KM 主触点电压正常，用万用表交流电压挡测量热继电器 FR_1 发热元件之间的电压，正常为 380V	修理或更换热继电器 FR_1
	电动机 M_1 损坏	如果热继电器 FR_1 发热元件之间的电压正常，用万用表交流电压挡测量电动机 M_1 绕组之间的电压，正常为 380V	修理或更换电动机 M_1
	KM 线圈故障	合上 QS，按住 SB_2，KM 不能吸合，用万用表交流电压挡测量 KM 线圈电压，正常为 110V	如果电压正常，可更换接触器 KM 的线圈
	热继电器 FR_1 执行元件损坏	如果 KM 线圈电压不正常，可在机床断电情况下，用万用表欧姆挡检查热继电器 FR_1 执行元件是否接通	如果热继电器 FR_1 执行元件接通，再用万用表欧姆挡检查 SB_1、SQ_1 和 SB_4，修复和更换

续表

故障现象	故障分析	检查方法	故障处理
主轴电动机 M_1 在运行中突然停转	由于过载,热继电器 FR_1 动作	观察热继电器	按动复位按钮
	FU_4 熔丝熔断	合上 QS,用万用表交流电压挡测量 FU_4 的电压,正常为 110V	更换熔体或熔断器
主轴电动机 M_1 在运行中突然停转	电气控制箱箱门打开,使 SQ_1 动作	检查电气控制箱箱门和 SQ_1	关好电气控制箱箱门或更换 SQ_1
刀架快速移动电动机 M_3 不能起动,主轴电动机 M_1 和冷却泵电动机 M_2 正常起动	中间继电器 KA_2 触点接触不良	按住 SB_7,如果 KA_2 能吸合,用万用表交流电压挡测量 KA_2 触点之间的电压,正常为 380V	如果电压不正常,更换或修复主触点
	电动机 M_3 损坏	如果 KA_2 触点电压正常,用万用表交流电压挡测量电动机 M_3 绕组之间的电压,正常为 380V	修理或更换
	KA_2 线圈故障	按住 SB_7,KA_2 不能吸合,用万用表交流电压挡测量 KA_2 线圈电压,正常为 110V	如果电压正常,可更换接触器 KA_2 的线圈;如果电压不正常,可在机床断电情况下,用万用表欧姆挡检查 SB_7,修复和更换
主轴电动机 M_1 能够起动,冷却泵电动机 M_2 不能起动	中间继电器 KA_1 触点接触不良	起动主轴电动机 M_1 后,按住 SB_5,如果 KA_1 能吸合,用万用表交流电压挡测量 KA_1 触点之间的电压,正常为 380V	如果电压不正常,更换或修复主触点
	热继电器 FR_2 发热元件损坏	如果 KA_1 触点电压正常,用万用表交流电压挡测量热继电器 FR_2 发热元件之间的电压,正常为 380V	修理或更换
	电动机 M_3 损坏	如果热继电器 FR_2 发热元件之间的电压正常,用万用表交流电压挡测量电动机 M_3 绕组之间的电压,正常为 380V	修理或更换
	KA_1 线圈故障	起动主轴电动机 M_1 后,按住 SB_5,KA_1 不能吸合,用万用表交流电压挡测量 KA_1 线圈电压,正常为 110V	如果电压正常,可更换接触器 KA_1 的线圈
	热继电器 FR_2 执行元件损坏	如果 KA_1 线圈电压不正常,可在机床断电情况下,用万用表欧姆挡检查热继电器 FR_2 执行元件是否接通	如果热继电器 FR_2 执行元件接通,再用万用表欧姆挡检查 SB_5 和 SB_6,修复和更换

13.3　任务实施：CA6140型卧式车床电气系统的检修

1. 工作任务单

工作任务单如表13-2所示。

表 13-2　工作任务单

序号	任务内容	任务要求
1	CA6140型卧式车床电路图的识读	能够正确识读电路,并会分析其工作过程
2	CA6140型卧式车床电气系统常见故障的判断	能够判断出CA6140型卧式车床电气系统的常见故障
3	CA6140型卧式车床电气系统常见故障的排除	会运用仪表检修CA6140型卧式车床电气系统的故障,并排除故障

2. 材料工具单

材料工具单如表13-3所示。

表 13-3　材料工具单

项　目	名　　称	数　量	型　　号	备　　注
所用工具	电工工具	每组一套		
所用仪表	数字万用表	每组一块	优德利 UT39A	
所用元件及材料	交流接触器 KM	1	CJ0-20B,线圈电压 110V	控制电动机 M_1
	中间继电器 KA_1	1	JZ7-44,线圈电压 110V	控制电动机 M_2
	中间继电器 KA_2	1	JZ7-44,线圈电压 110V	控制电动机 M_3
	主轴电动机 M_1	1	Y132M-4-B3 7.5kW,1450r/min	主传动用
	冷却泵电动机 M_2	1	AOB-25,90W,3000r/min	输送冷却液用
	快速移动电动机 M_3	1	AOS5634,250W	溜板快速移动用
	热继电器 FR_1	1	JR16-20/3D,15.4A	M_1 的过载保护
	热继电器 FR_2	1	JR16-20/3D,0.32A	M_2 的过载保护
	按钮 SB_1	1	LAY3-01ZS/1	停止电动机 M_1
	按钮 SB_2	1	LAY3-10/3.11	起动电动机 M_1
	按钮 SB_3	1	LA_9	起动电动机 M_3
	旋钮开关 SB_4	1	LAY3-10X/2	控制电动机 M_2
	位置开关 SQ_1、SQ_2	2	JWM6-11	断电保护
	信号灯 HL	1	ZSD-0,6V	刻度照明
	断路器 QF	1	AM2-40,20A	电源引入
	控制变压器 TC	1	JBK2-100,380/110/24/6V	控制电源电压
	机床照明灯 EL	1	JC11	工作照明
	旋钮开关 SB	1	LAY3-01Y/2	电源开关锁
	熔断器 FU_1	3	BZ001,熔体 6A	M_2、M_3、TC 短路保护

续表

项　目	名　　称	数　量	型　　号	备　　注
所用元件及材料	熔断器 FU_2	1	BZ001,熔体 1A	110V 控制电路短路保护
	熔断器 FU_3	1	BZ001,熔体 1A	信号灯电路短路保护
	熔断器 FU_4	1	BZ001,熔体 2A	照明电路短路保护
	开关 SA	1		照明灯开关
	接线端子排	若干	JX2-Y010	
	导线	若干	BVR-1.5mm 塑铜线	

3. 实施步骤

(1) 学生按人数分组,确定每组的组长。

(2) 以小组为单位,在 CA6140 型卧式车床电气系统检测与维修实训台上,根据 CA6140 型卧式车床电气控制线路的原理图,对电路的工作过程进行分析,然后小组成员共同制订计划和实施方案,主要计划和实施的内容是设置机床电气故障和排除其他组设置的故障。要求:按照 CA6140 型卧式车床电气系统故障现象设置故障,按照机床电气系统检修的步骤进行故障检修,并能正确排除其他组设置的故障,检修好的电气线路机械和电气操作试验合格。

4. 实施要求

小组每位成员都要积极参与,由小组给出电气故障检修的结果,并提交实训报告。小组成员之间要齐心协力,共同制订计划并实施。计划一定要制订得合理,具有可行性。实施过程中注意安全规范,熟练地运用仪器和仪表进行检修,并注意小组成员之间的团队协作,对排除故障最迅速和团结合作好的小组给予一定的加分。

13.4 任务评价

CA6140 型卧式车床电气系统的检修任务评分见表 13-4。

表 13-4 CA6140 型卧式车床电气系统的检修任务评分

评价类别	考 核 项 目	考 核 标 准	配分/分	得分/分
专业能力	电气控制电路分析	正确分析电路的工作过程	10	
	故障设置	故障设置合理,不破坏原有电路结构	10	
	故障分析	正确判断出故障范围和故障点	20	
	故障排除	排除方法正确,不损坏元器件,不产生新的故障点	20	
	会用仪表检查电路	会用万用表检查机床控制电路的故障	5	
	通电试车	检修后各电动机正常工作,电路机械和电气操作试验合格	5	
	工具的使用和原材料的用量	工具使用合理、准确,摆放整齐,用后归放原位;节约使用原材料,不浪费	5	
	安全用电	注意安全用电,不带电作业	5	

续表

评价类别	考核项目	考核标准	配分/分	得分/分
社会能力	团结协作	小组成员之间合作良好	5	
	职业意识	工具使用合理、准确，摆放整齐，用后归放原位；节约使用原材料，不浪费	5	
	敬业精神	遵守纪律，具有爱岗敬业、吃苦耐劳精神	5	
方法能力	计划和决策能力	计划和决策能力较好	5	

13.5　资料导读

13.5.1　CA6140型卧式车床的补充知识

1. 主轴的正、反转运行

CA6140型卧式车床在加工过程中，根据加工零配件需要能实现正、反转运行，主轴的正、反转是通过机械装置的摩擦离合器和操纵机构来实现的。当主轴操作手柄处于中间位置时，主轴停止；处于向上位置时，主轴正转；处于向下位置时，主轴反转。

2. 刀架的运行方向

刀架的运行方向是通过溜板箱的操纵机构来实现的。当进给十字操作手柄处于中间位置时，刀架停止；处于向上、向下位置时，刀架做横向进给(前、后)；处于向左、向右位置时，刀架做纵向进给(左、右)。

13.5.2　车床的发展

古代的车床是靠手拉或脚踏，通过绳索使工件旋转，并手持刀具而进行切削的。1797年，英国机械发明家莫兹利创制了用丝杠传动刀架的现代车床，并于1800年采用交换齿轮，可改变进给速度和被加工螺纹的螺距。1817年，另一位英国人罗伯茨采用了四级带轮和背轮机构来改变主轴转速。为了提高机械化自动化程度，1845年，美国的菲奇发明转塔车床。1848年，美国又出现回轮车床。1873年，美国的斯潘塞制成一台单轴自动车床，不久他又制成三轴自动车床。20世纪初出现了由单独电动机驱动的带有齿轮变速箱的车床。

第一次世界大战后，由于军火、汽车和其他机械工业的需要，各种高效自动车床和专门化车床迅速发展。为了提高小批量工件的生产率，20世纪40年代末，带液压仿形装置的车床得到推广，与此同时，多刀车床也得到发展。20世纪50年代中期，出现了带穿孔卡、插销板和拨码盘等的程序控制车床。数控技术于20世纪60年代开始用于车床，20世纪70年代后得到迅速发展。

普通车床主要组成部件有主轴箱、交换齿轮箱、进给箱、溜板箱、刀架、尾架、丝杠与光杠、床身和冷却装置。

(1) 主轴箱：又称床头箱，它的主要任务是将主电动机传来的旋转运动经过一系列的变速机构使主轴得到所需的正、反两种转向的不同转速，同时主轴箱分出部分动力将运动传给进给箱。主轴箱中主轴是车床的关键零件。主轴在轴承上运转的平稳性直接影响工件的加工质量,一旦主轴的旋转精度降低,机床的使用价值就会降低。

(2) 交换齿轮箱:用于改变机床切削速度和进给量的可更换齿轮组。

(3) 进给箱:又称走刀箱,进给箱中装有进给运动的变速机构,调整其变速机构,可得到所需的进给量或螺距,通过光杠或丝杠将运动传至刀架以进行切削。

(4) 溜板箱:是车床进给运动的操纵箱,内装有将光杠和丝杠的旋转运动变成刀架直线运动的机构,通过光杠传动实现刀架的纵向进给运动、横向进给运动和快速移动,通过丝杠带动刀架作纵向直线运动,以便车削螺纹。

(5) 刀架:由两层滑板(中、小滑板)、床鞍与刀架体共同组成,用于安装车刀并带动车刀作纵向、横向或斜向运动。

(6) 尾架:安装在床身导轨上,并沿此导轨纵向移动,以调整其工作位置。主要用来安装后顶尖,以支撑较长工件,也可安装钻头、铰刀等进行孔加工。

(7) 丝杠与光杠:用以连接进给箱与溜板箱,并把进给箱的运动和动力传给溜板箱,使溜板箱获得纵向直线运动。丝杠是专门用来车削各种螺纹而设置的,在进行工件的其他表面车削时,只用光杠,不用丝杠。读者要结合溜板箱的内容区分丝杠与光杠。

(8) 床身:是车床带有精度要求很高的导轨(山形导轨和平导轨)的一个大型基础部件。用于支撑和连接车床的各个部件,并保证各部件在工作时有准确的相对位置。

(9) 冷却装置:冷却装置主要通过冷却水泵将水箱中的切削液加压后喷射到切削区域,从而降低切削温度,冲走切屑,润滑加工表面,以提高刀具使用寿命和工件的表面加工质量。

13.5.3 车床的种类

按用途和结构的不同,车床主要分为卧式车床、落地车床、立式车床、转塔车床、单轴自动车床、多轴自动和半自动车床、仿形车床及多刀车床与各种专门化车床(如凸轮轴车床、曲轴车床、车轮车床、铲齿车床)。在所有车床中,以卧式车床应用最为广泛。卧式车床加工尺寸公差等级可达 IT7~IT8,表面粗糙度 Ra 值可达 1.6μm。近年来,计算机技术被广泛应用到机床制造业,随之出现了数控车床、车削加工中心等机电一体化的产品。

1. 普通车床

普通车床加工对象广,主轴转速和进给量的调整范围大,能加工工件的内外表面、端面和内外螺纹。这种车床主要由工人手工操作,生产效率低,适用于单件、小批量生产和修配车间。

2. 转塔车床和回转车床

转塔车床和回转车床具有能装多把刀具的转塔刀架或回轮刀架,能在工件的一次装夹中由工人依次使用不同刀具完成多种工序,适用于成批生产。

3. 自动车床

自动车床按一定程序自动完成中小型工件的多工序加工,能自动上下料,重复加工一批同样的工件,适用于大批量生产。

4. 多刀半自动车床

多刀半自动车床有单轴、多轴、卧式和立式之分。单轴卧式的布局形式与普通车床相似,但两组刀架分别装在主轴的前后或上下,用于加工盘、环和轴类工件,其生产率比普通车床提高 3~5 倍。

5. 仿形车床

仿形车床能仿照样板或样件的形状尺寸，自动完成工件的加工循环，适用于形状较复杂工件的小批量和成批量生产，生产率比普通车床高10～15倍。有多刀架、多轴、卡盘式、立式等类型。

6. 立式车床

立式车床主轴垂直于水平面，工件装夹在水平的回转工作台上，刀架在横梁或立柱上移动。适用于加工较大、较重，难以在普通车床上安装的工件，分单柱和双柱两大类。

7. 铲齿车床

铲齿车床在车削的同时，刀架周期地作径向往复运动，用于铲车铣刀、滚刀等的成型齿面。铲齿车床通常带有铲磨附件，由单独电动机驱动的小砂轮铲磨齿面。

8. 专门化车床

专门化车床加工某类工件特定表面的车床，如曲轴车床、凸轮轴车床、车轮车床、车轴车床、轧辊车床和钢锭车床等。

9. 联合车床

联合车床主要用于车削加工，但附加一些特殊部件和附件后还可进行镗、铣、钻、插、磨等加工，具有"一机多能"的特点，适用于工程车、船舶或移动修理站上的修配工作。

10. 数控车床

数控机床是一种通过数字信息，控制机床按给定的运动轨迹，进行自动加工的机电一体化加工装备。经过50多年的发展，数控机床已是现代制造业的重要标志之一，在中国制造业中，数控机床的应用也越来越广泛，是一个企业综合实力的体现。数控车床是数字程序控制车床的简称，它集通用性好的万能型车床、加工精度高的精密型车床和加工效率高的专用型车床的特点于一身，是国内使用量最大、覆盖面最广的一种数控机床。

11. 马鞍车床

马鞍车床在车头箱处的左端床身为下沉状，能够容纳直径大的零件。车床的外形为两头高、中间低，形似马鞍，所以称为马鞍车床。马鞍车床适合加工径向尺寸大、轴向尺寸小的零件，适于车削工件外圆、内孔、端面、切槽和公制、英制、模数、经节螺纹，还可进行钻孔、镗孔、铰孔等工艺，特别适于单件、成批量生产企业使用。马鞍车床在马鞍槽内可加工较大直径工件。机床导轨经淬硬并精磨，操作方便可靠。该车床具有功率大、转速高、刚性强、精度高、噪声低等特点。

12. 仪表车床

仪表车床属于简单的卧式车床，一般来说最大工件加工直径在250mm以下的机床，多属于仪表车床。仪表车床分为普通型、六角型和精整型。这种车床主要由工人手动操作，适用于单件、简单零部件的大批生产。

13.6　知识拓展：CM6132型卧式车床电气控制线路的分析

根据CA6140型卧式车床电气控制线路原理的分析，试分析CM6132型卧式车床电气控制线路的原理及工作过程，可以通过上网和相关教材查找相关资料。CM6132型卧式车床的电气控制线路如图13-3所示。

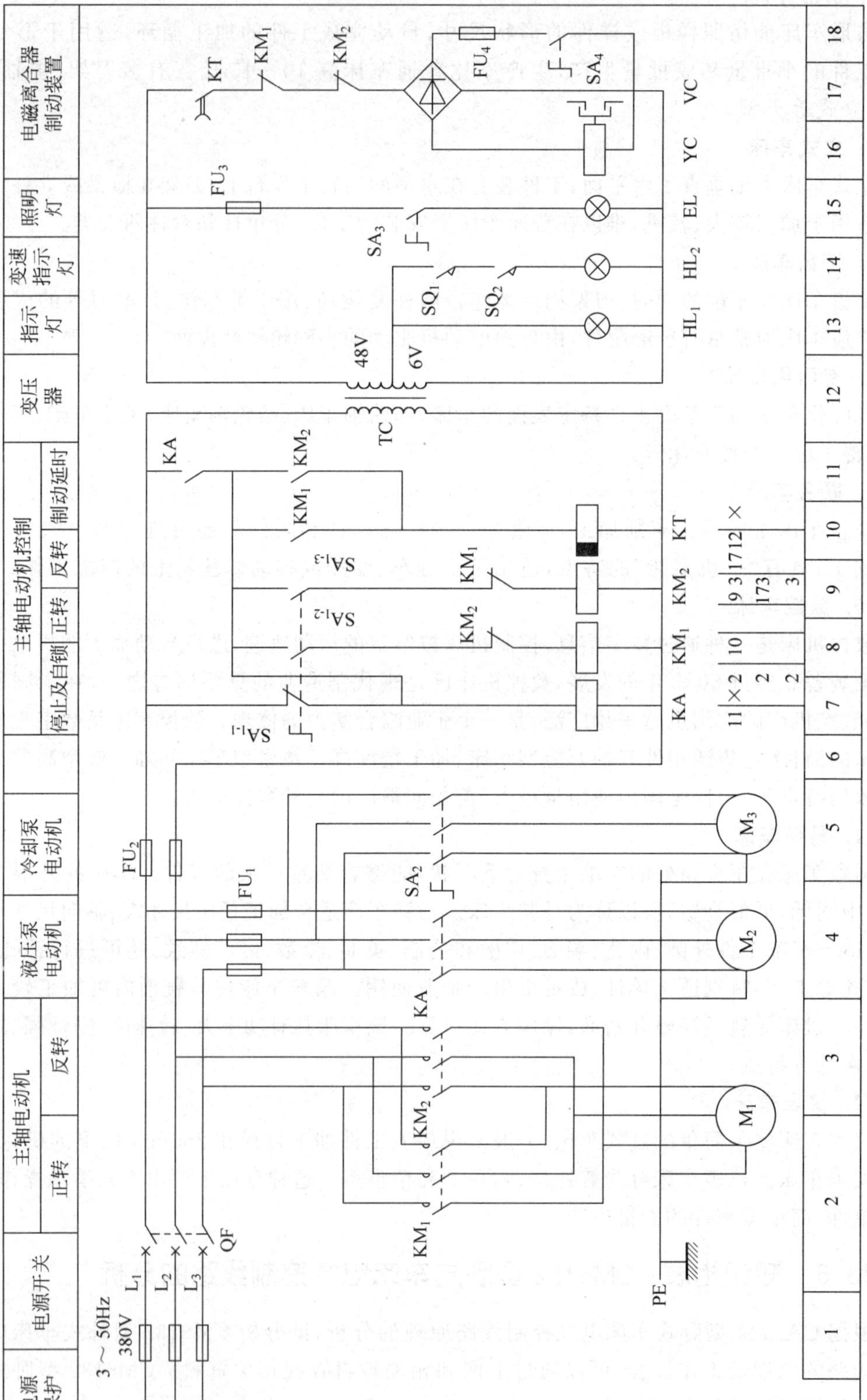
电源保护
电源开关
主轴电动机
正转
反转
液压泵电动机
冷却泵电动机
主轴电动机控制
停止及自锁
正转
反转
制动延时
变压器
指示灯
变速指示灯
照明灯
电磁离合器制动装置
3～50Hz
380V
L1
L2
L3
QF
KM1
KM2
KA
FU1
FU2
FU3
FU4
SA2
SA1-1
SA1-2
SA1-3
M1
M2
M3
PE
TC
48V
6V
SQ1
SQ2
SA3
SA4
HL1
HL2
EL
YC
VC
KT
1
2
3
4
5
6
7
8
9
10
11
12
13
14
15
16
17
18

图 13-3 CM6132 型卧式车床的电气控制线路

13.7 工匠故事：港珠澳大桥钳工管延安

管延安，中交港珠澳大桥岛隧工程Ⅴ工区航修队钳工，负责沉管二次舾装、管内电气管线、压载水系统等设备的拆装维护以及船机设备的维修保养等工作。他先后荣获港珠澳大桥岛隧工程"劳务之星"和"明星员工"称号，因精湛的操作技艺被誉为中国"深海钳工第一人"。2015年五一前夕，中央电视台系列纪录片《大国工匠》之"深海钳工"专题播出他的先进事迹。

港珠澳大桥是在一国两制框架下粤港澳三地首次合作共建的超大型跨海交通工程。岛隧工程是大桥的控制性工程，是我国首条外海沉管隧道，也是世界上在建的最长公路沉管隧道。工程严格采用世界最高标准，设计、施工难度和挑战均为世界之最，被誉为"超级工程"。岛隧工程建设标志着中国从桥梁建设大国走向桥梁建设强国。管延安负责沉管舾装和管内压载水系统安装等相关作业。经他安装的沉管设备，已成功完成18次海底隧道对接任务，无一次出现问题。

18岁管延安就开始跟着师傅学习钳工，"干一行，爱一行，钻一行"是他对自己的要求。管延安最大的业余爱好就是看书学习。20多年的勤学苦练和对工作的专注，心灵手巧的他不但精通錾、削、钻、铰、攻、套、铆、磨、矫正、弯形等各门钳工工艺，而且对电器安装调试、设备维修也是得心应手。

2013年年初，管延安来到珠海牛头岛，成为岛隧工程建设大军中的一员。他所负责的沉管舾装作业，导向杆和导向托架安装精度要求极高，接缝处间隙误差不得超过±1mm，管延安做到了零缝隙。每次安装，他带领舾装班组同测量人员密切配合，利用千斤顶边安装边调整，从最初需要调整五六次到只需调整两次，就可以达到"零误差"标准。

以追求极致的态度，不厌其烦地重复检查、重复练习，管延安快速准确地完成了看似微不足道但又举足轻重的工作。

E15沉管第三次浮运安装期间，管内压载水系统突发故障，水箱不能进水，沉管安装只能暂停，必须安排人员进入半浮在海中的沉管内维修。浮在水上的沉管犹如一个巨大的混凝土箱子，除了一个直径一米多的人孔，没有其他换气通道，空气湿度在95%以上，里面又闷又湿。只要进入里面，不要说作业，就是站立一会儿，身上的汗水就会渗出来粘在皮肤上，好像在身上裹了一层看不见的膜，非常难受。危急时刻，管延安带领班组人员快速开启人孔盖板进行检修，不一会儿，汗珠就沿着管延安的脸往下流，身上的工作服很快就湿透了，他顾不得擦一下汗水，还是专注地进行检修。昏暗的沉管里，绑在安全帽上的头灯发出白色的光柱，稳稳地投射在绿色的阀碟上。从打开到密封的人孔盖板进入管内检修、排除故障，到完成人孔盖板密封全程不超过3小时，效率之高令人惊讶。"这都得益于之前无数次的演练，我们在每节沉管沉放前都要做至少3次演练。这是第15节沉管，至今完成了45次演练，我记得远远不止。"管延安谦虚地说。

管延安跟年轻同事经常说的话就是"再检查一遍"，强调最多的就是"反复检查"。同班组小张说："管师傅上个螺钉都要检查三遍。"1996年年初，管延安跟师父学习电机维修。一次发电机常见故障维修后，他"胸有成竹"，没有进行检查，结果发电机刚装上就烧坏了。师父并未责罚他，可他自己却羞愧难当。他知道如果认真检查一遍就可以避免这次事故。自此，维修后的机器在送走前，他都会检查至少三遍——这已经成为印在头脑里的习惯。

管延安习惯给每台修过的机器、每个修过的零件做笔记，将每个细节详细记录在个人的“修理日志”上，遇到什么情况、怎么样处理都“记录在案”。从入行到现在，他已记了厚厚四大本，闲暇时他会拿出来温故知新。在这些修理日志里，除了文字还有他自创的“图解”。如今他也将这个习惯传承给了徒弟。

思考与练习

1. 车床工件的旋转运动(主轴通过卡盘或顶尖带动工件进行旋转)是(　　)。

A. 进给运动　　B. 主运动　　C. 辅助运动

2. 车床刀架带动刀具横向或纵向的直线运动是(　　)。

A. 进给运动　　B. 主运动　　C. 辅助运动

3. 车床刀架的快速移动、尾座的纵向移动、工件的夹紧与放松是(　　)。

A. 进给运动　　B. 主运动　　C. 辅助运动

4. 车床的主轴旋转要能调速，它是(　　)。

A. 机械调速　　B. 变极调速　　C. 变频调速

5. 车床为了车削螺纹，其主轴要求能正/反转。CA6140 型卧式车床主轴的正/反转靠(　　)来实现。

A. 摩擦离合器　　B. 电磁离合器　　C. 双重互锁正/反转

6. 车床为实现刀架溜板箱的快速移动，由单独的刀架快速移动电动机拖动，应采用(　　)控制。

A. 连续　　B. 点动　　C. 制动　　D. 顺序

7. 车削加工时，刀具与工件温度较高，需进行冷却。为此，设有一台冷却泵电动机，输出冷却液，冷却泵与主轴电动机应该是(　　)运行关系。

A. 连续　　B. 点动　　C. 制动　　D. 顺序

8. CA6140 型卧式车床在车削过程中，若有一个控制主轴电动机的接触器主触点接触不良，会出现什么现象？如何解决？

9. 在 CA6140 型卧式车床电气控制电路中，为什么未对 M_3 进行过载保护？

10. CA6140 型卧式车床的主轴电动机电气线路(主电路、控制电路、电动机)完全正常，但当按下起动按钮 SB_2 时熔断器 FU 熔体熔断，这是什么原因？

任务 14 —— Task 14

M7130型平面磨床电气系统的检修

14.1 任务目标

(1) 了解整流元件的相关知识。

(2) 能够正确使用和选择仪表。

(3) 掌握识读机床电气原理图的方法。

(4) 掌握机床电气设备维修的一般方法。

(5) 能够识读 M7130 型平面磨床电气控制原理图。

(6) 能够正确分析、判断并快速排除 M7130 型平面磨床的电气故障。

14.2 知识探究

电气元件和仪表

14.2.1 电气元件与仪表

1. 电磁式继电器

1) 电压继电器

根据线圈两端电压的大小通断电路的继电器称为电压继电器。电压继电器的线圈并联在电路上，对所接电路上的电压高低做出反应，用于系统的电压保护和控制。电压继电器分为过电压继电器、欠电压继电器和零电压继电器。机床上常用的是 JT4 系列电压继电器，用于交流 50Hz 或 60Hz 的自动控制电路中，其实物如图 14-1 所示，电压继电器的符号如图 14-2 所示。

过电压继电器用于电路的过电压保护，其吸合整定值为被保护电路额定电压的 1.05～1.2 倍。在额定电压工作时，衔铁不动作；当被保护电路的电压高于额定值，达到过电压继电器的额定值时，衔铁吸合，触点机构动作，控制电路失电，控制接触器及时分断被保护电路。由于直流电路中不会产生波动较大的过电压现象，所以没有直流过电压继电器。

欠电压继电器用于电路的欠电压保护，其释放整定值为电路额定电压的 0.1～0.6 倍。在额定电压工作时，衔铁可靠吸合；当被保护电路电压降至欠电压继电器的释放整定值时，衔铁释放，触点机构复位，控制接触器及时分断被保护电路。

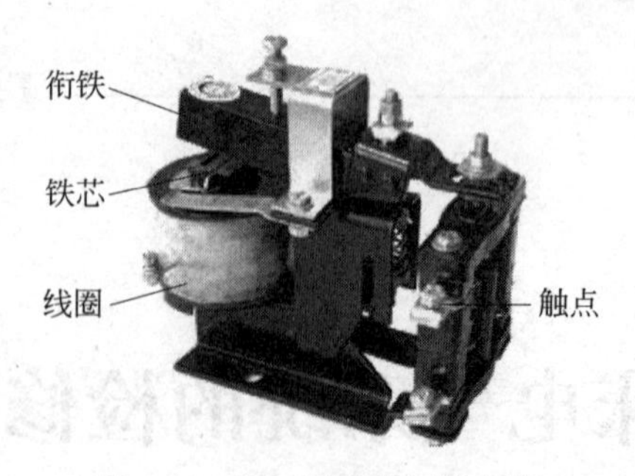

图 14-1　JT4 系列电压继电器

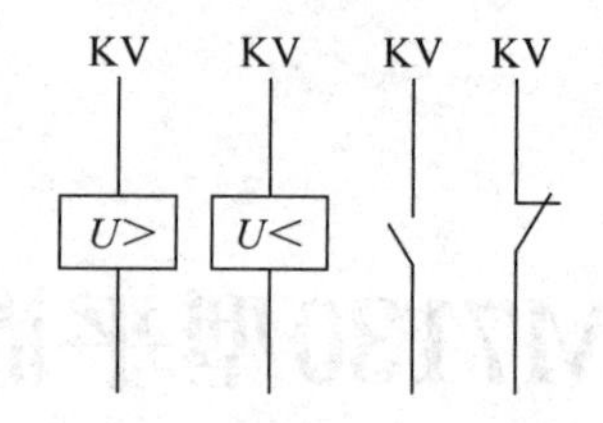

图 14-2　电压继电器的符号

零电压继电器在额定电压下也吸合，当线圈电压达到额定电压的 5%～25%时释放。零电压继电器对电路实现零电压保护，常用于电路的失压保护。

2）电流继电器

根据线圈中电流的大小通断电路的继电器称为电流继电器。电流继电器用于电路的电流保护和控制。其线圈串联接入主电路，用来感测主电路的电流；触点接入控制电路，为执行元件。常用的电流继电器有过电流继电器和欠电流继电器两种。电流继电器如图 14-3 所示，电流继电器的符号如图 14-4 所示。

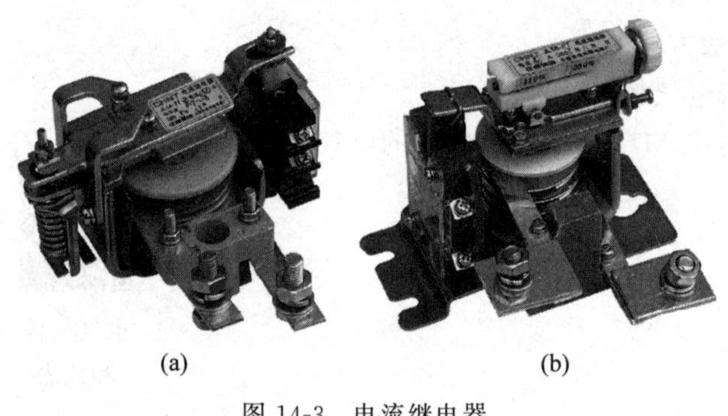

图 14-3　电流继电器

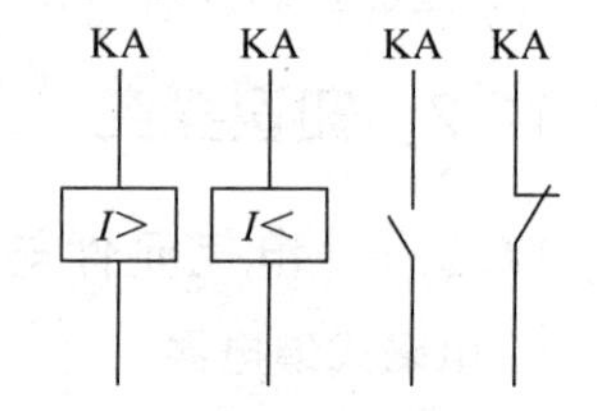

图 14-4　电流继电器的符号

过电流继电器用于电路的过电流保护。过电流继电器在电路正常工作时不动作，整定范围通常为额定电流的 1.1～4.0 倍。当被保护电路的电流高于额定值，达到过电流继电器的整定值时，衔铁吸合，触点机构动作，控制电路失电，从而控制接触器及时分断电路，对电路起过电流保护作用。

欠电流继电器用于电路的欠电流保护。吸引电流为线圈额定电流的 30%～65%，释放电流为额定电流的 10%～20%，因此，在电路正常工作时，衔铁是吸合的，只有当电流降低到某一整定值时，继电器释放，控制电路失电，从而控制接触器及时分断电路。

2. 电磁吸盘

电磁吸盘是一种固定加工工件的夹具。电磁吸盘与机械夹紧装置相比，优点是操作快捷，不损伤工件并能同时吸牢多个小工件，而且在加工过程中发热的工件可以任其自由伸缩；缺点是必须由直流电源供电和不能吸牢非磁性材料小工件。电磁吸盘的外观如图 14-5 所示。

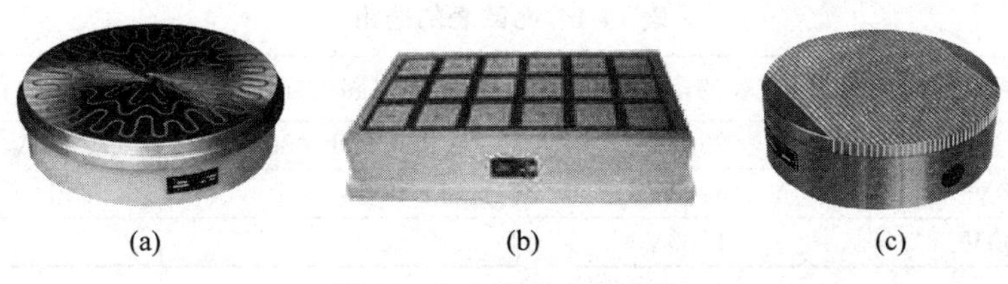

(a)　(b)　(c)

图 14-5　电磁吸盘的实物

电磁吸盘的外壳和盖板是钢制箱体,箱内安装多个套上电磁线圈的芯体,钢盖板用非磁性材料隔成多个小块。当线圈通入直流电后,凸出的芯体和隔离的钢条被磁化而形成磁极,当工件放在磁极中间,磁通以芯体和工件作为回路,磁路就构成闭合回路,将工件牢牢吸住。由于交流电会使工件产生振动和涡流,造成吸不牢工件,还会使铁芯、线圈发热,甚至烧毁线圈,所以电磁吸盘线圈不能通交流电。电磁吸盘是一个较大的电感,在线圈断电的瞬间,将会在线圈中产生较大的自感电动势,为防止自感电动势太高破坏线圈的绝缘,在线圈两端并联 RC(电阻电容)组成的放电回路,用来吸收线圈断电瞬间释放的磁场能量。

当电源电压不足或整流变压器发生故障时,会导致电磁吸盘的吸力不足,高速旋转的加工工件可能飞离而造成事故。为防止出现这种情况,在电磁吸盘的控制电路中设置欠电压继电器,当电源电压不足时,切断砂轮电动机和液压泵电动机的主回路,确保安全生产。

3. 兆欧表

兆欧表也称摇表(见图 14-6),是由交流发电机倍压整流电路、表头、摇柄等部件组成,主要用于测量电气设备的绝缘电阻。兆欧表摇动时,产生直流电压。当绝缘材料加上一定电压后,绝缘材料中就会流过极其微弱的电流,这个电流由 3 部分组成,即电容电流、吸收电流和泄漏电流。兆欧表产生的直流电压与泄漏电流之比为绝缘电阻,用兆欧表检查绝缘材料是否合格的试验叫绝缘电阻试验,通过试验能够发现绝缘材料是否受潮、损伤、老化,从而发现设备缺陷。

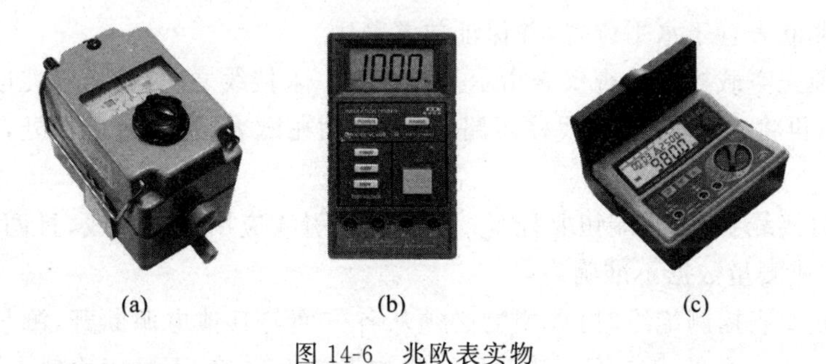

(a)　(b)　(c)

图 14-6　兆欧表实物

1) 兆欧表的选用

选用兆欧表时,其额定电压一定要与被测电气设备或线路的工作电压相适应,测量范围也应与被测绝缘电阻的范围相吻合。兆欧表的额定电压有 250V、500V、1000V、2500V 等几种(见表 14-1),测量范围有 500MΩ、1000MΩ、2000MΩ 等几种。变电所一般用 500V、1000V 或 2500V 的兆欧表。

表 14-1　兆欧表的选用

设备或线路的额定电压	兆欧表的电压等级	设备或线路的额定电压	兆欧表的电压等级
100V 以下	250V	3000～10000V	2500V
100～500V	500V	10000V 以上	2500V 或 5000V
500～3000V	1000V		

2）兆欧表的接线

兆欧表有 3 个接线柱，上面分别标有线路(L)、接地(E)和屏蔽或保护环(G)。用兆欧表测量绝缘电阻时，一般为线路(L)端子接被测体的芯线，接地(E)端子接大地，屏蔽或保护环(G)端子接被测物的屏蔽层或不需要测量的部分。

3）兆欧表的使用

(1) 断电与放电：将被测电缆停电后断开其与设备的连接，并将芯线短接对钢铠进行放电。

(2) 选表：根据被测线路和设备的额定电压选择兆欧表的等级。

(3) 检查兆欧表：检查兆欧表是否正常。兆欧表放平时，指针应指在“∞”处，慢速转动兆欧表，瞬时短接 L、E 接线柱，指针应指在“0”处。

(4) 接线：将 E(接地)柱接铠装，L(线路)柱接被测芯线，G(屏蔽)柱绕接在电缆的绝缘表层上(测量电缆的绝缘电阻时，为消除绝缘表面泄漏电流的影响)；端钮要拧紧；兆欧表引线应用多股软线且绝缘良好；兆欧表引线与带电体间应注意保持安全距离，防止触电。

(5) 摇测、读数及断线：将兆欧表置于水平位置；手摇速度开始要慢，逐渐均匀加快至 120r/min，以转动 1min 后的读数为准；因较长的高压电缆被测时有寄存电容，结束时应先断开兆欧表线，然后停止摇动。

(6) 放电：对被测电缆进行放电。

(7) 恢复送电：将被测电缆恢复接线，按规定程序送电。

4）使用注意事项

(1) 要将兆欧表置于水平位置，并保证放置稳固。

(2) 使用前先空载摇测检查仪表指示是否正确。未接线之前，先摇动兆欧表，观察指针是否在“∞”处，再将 L 和 E 两接线柱短路，慢慢摇动兆欧表，指针应在零处，方证实兆欧表良好。

(3) 使用时接线要正确，端钮要拧紧；兆欧表的引线应用多股软线，且两根引线切忌绞在一起，以免造成测量数据不准确。

(4) 使用兆欧表摇测绝缘时，被测物必须从各方面与其他电源断开，测量完毕后，应将被测物充分放电。在兆欧表未停止转动和被测物未放电之前，不可用手触及被测物的测量部位或进行拆线，以防止人身触电。

(5) 兆欧表摇把在转动时，其端钮间不允许短路，而摇测电容时应在摇把转动的情况下将接线断开，以免造成反充电损坏仪表。

(6) 手摇速度开始要慢，逐渐均匀加快至 120r/min，以转动 1min 后读数为准。

(7) 被测物表面应擦拭干净，不得有污物(如漆等)，以免造成测量数据不准确。

(8) 所测绝缘电阻的准确性与测量方法和测量时的天气情况有非常密切的关系，测量时应注意选择湿度在70%以下的天气进行测量。

(9) 禁止在有雷电时或邻近高压设备时使用兆欧表,以免发生危险。

14.2.2　认识M7130型平面磨床

磨床是用砂轮的端面或周边对工件进行表面加工的精密机床。磨床的种类很多,根据其工作性质可分为平面磨床、内圆磨床、外圆磨床、工具磨床以及一些专用磨床,如齿轮磨床、螺纹磨床、球面磨床、花键磨床等,其中尤以平面磨床应用最为普遍。该磨床操作方便,磨削光洁度和精度都比较高,在磨具加工行业中得到广泛的应用。

M7130型平面磨床的主要结构包括床身、立柱、滑座、砂轮箱、工作台和电磁吸盘,工作台表面有T形槽,可以用螺钉和压板将工件直接固定在工作台上,也可以在工作台上装上电磁吸盘,用来吸持铁磁性的工件。砂轮与砂轮电动机均装在砂轮箱内,砂轮直接由砂轮电动机带动旋转。砂轮箱装在滑座上,而滑座装在立柱上。其外形如图14-7所示。

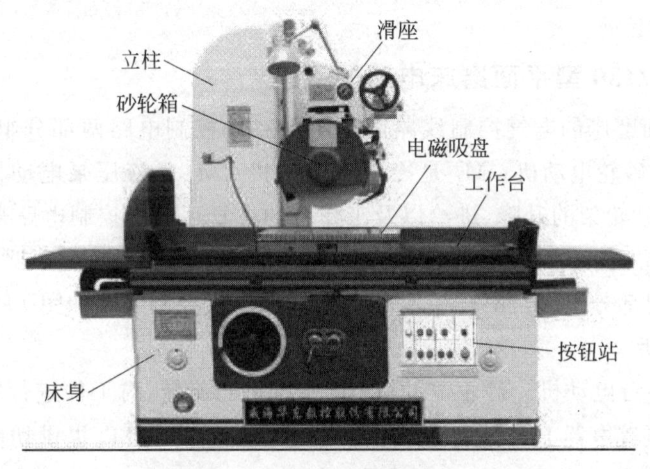

图14-7　M7130型平面磨床

M7130型平面磨床电气控制线路的检修

1. M7130型平面磨床的运动形式

(1) 主运动。磨床的主运动是砂轮的旋转运动。

(2) 进给运动。工作台(带有电磁吸盘和工件)作纵向往复运动,砂轮箱沿滑座上的燕尾槽作横向进给运动,砂轮箱和滑座一起沿立柱上的导轨作垂直进给运动。

(3) 辅助运动。砂轮箱在滑座水平导轨上的快速横向移动,滑座沿立柱上的垂直导轨的快速移动等。

2. M7130型平面磨床的电气控制要求

(1) 砂轮的旋转运动。砂轮电动机M_1拖动砂轮旋转。为了使磨床结构简单,提高其加工精度,采用了装入式电动机,砂轮可以直接装在电动机轴上使用。由于砂轮的运动不需要调速,使用三相异步电动机拖动即可。

(2) 砂轮架的横向进给。砂轮架上部的燕尾形导轨可沿着滑座上的水平导轨作横向移动。在加工过程中,当工作台换向时,砂轮架就横向进给一次。在调整砂轮的前后位置或修正砂轮时,可连续横向进给移动。砂轮架的横向进给运动可由液压传动,也可手动操作。

(3) 砂轮架的升降运动。滑座可沿着立柱导轨作垂直上下移动,以调整砂轮架的高度,这一垂直进给运动是通过操作手轮控制机械传动装置实现的。

(4) 工作台的往复运动。因液压传动换向平稳,易于实现无级调速,因此,工作台在纵向作往复运动时,是由液压传动系统完成的。液压泵电动机 M_3 拖动液压泵,工作台在液压泵的作用下作纵向往复运动。当换向挡铁碰撞床身上的液压换向开关时,工作台就能自动改变运动的方向。

(5) 冷却液的供给。冷却泵电动机 M_2 工作,供给砂轮和工件冷却液,同时冷却液还带走磨下的铁屑。要求砂轮电动机 M_1 与冷却泵电动机 M_2 之间实现顺序控制。

(6) 电磁吸盘的控制。在加工工件时,一般将工件吸附在电磁吸盘上进行加工。对于较大工件,也可将电磁吸盘取下,将工件用螺钉和压板直接固定在工作台上进行加工。电磁吸盘要有充磁和退磁控制环节。为了保证安全,电磁吸盘与电动机 M_1、M_2、M_3 之间有电气连锁装置,即电磁吸盘充磁后,电动机才能起动;电磁吸盘不工作或发生故障时,3 台电动机均不能起动。

14.2.3 M7130 型平面磨床电路的识读

M7130 型平面磨床的电气控制线路图由主电路和控制电路两部分组成。主电路共有 3 台电动机,M_1 是砂轮电动机;M_2 是冷却泵电动机;M_3 是液压泵电动机,用于拖动液压泵提供油压,驱动砂轮架的升降、进给以及工作台的往复运动。控制电路采用交流 380V 电压控制电源,它由砂轮电动机控制部分、液压泵电动机控制部分、电磁吸盘控制部分以及 24V 机床局部照明部分组成。M7130 型平面磨床的电气控制线路如图 14-8 所示。

1. 主电路分析

主电路共有 3 台电动机。砂轮电动机 M_1 带动砂轮旋转,对工件进行磨削加工,由接触器 KM_1 控制,用热继电器 FR_1 进行过载保护;冷却泵电动机 M_2 提供切削液,由于床身和冷却液箱是分装的,所以冷却泵电动机通过接插器 X_1 和砂轮电动机 M_1 的电源线相连,并在主电路实现顺序控制;M_3 为液压泵电动机,由接触器 KM_2 控制,热继电器 FR_2 进行过载保护。3 台电动机的短路保护均由熔断器 FU_1 实现。

2. 控制电路分析

1) 电动机控制电路

电动机控制电路采用交流 380V 电压供电,由熔断器 FU_2 作短路保护,转换开关 QS_1 与欠电流继电器 KA 的动合触点并联,只有 QS_1 或 KA 的动合触点闭合,3 台电动机才有条件起动,KA 的线圈串联在电磁吸盘 YH 工作回路中,只有当电磁吸盘得电工作时,KA 线圈才获电吸合,KA 动合触点闭合。此时按下起动按钮 SB_2(或 SB_4)使接触器 KM_1(或 KM_2)线圈通电吸合,砂轮电动机 M_1 或液压泵电动机 M_3 才能运转。这样实现了工件只有在被电磁吸盘 YH 吸住的情况下,砂轮和工作台才能进行磨削加工,保证了安全。砂轮电动机 M_1 和液压泵电动机 M_3 均采用了接触器自锁正转控制线路。它们的起动按钮分别是 SB_2、SB_4,停止按钮分别是 SB_1、SB_3。

2) 电磁吸盘控制电路

电磁吸盘回路包括整流电路、控制电路和保护电路 3 部分。整流电路由整流变压器 T_1 和桥式整流器 VC 组成,整流变压器 T_1 将 220V 的交流电压降为 145V,然后经桥式整流器

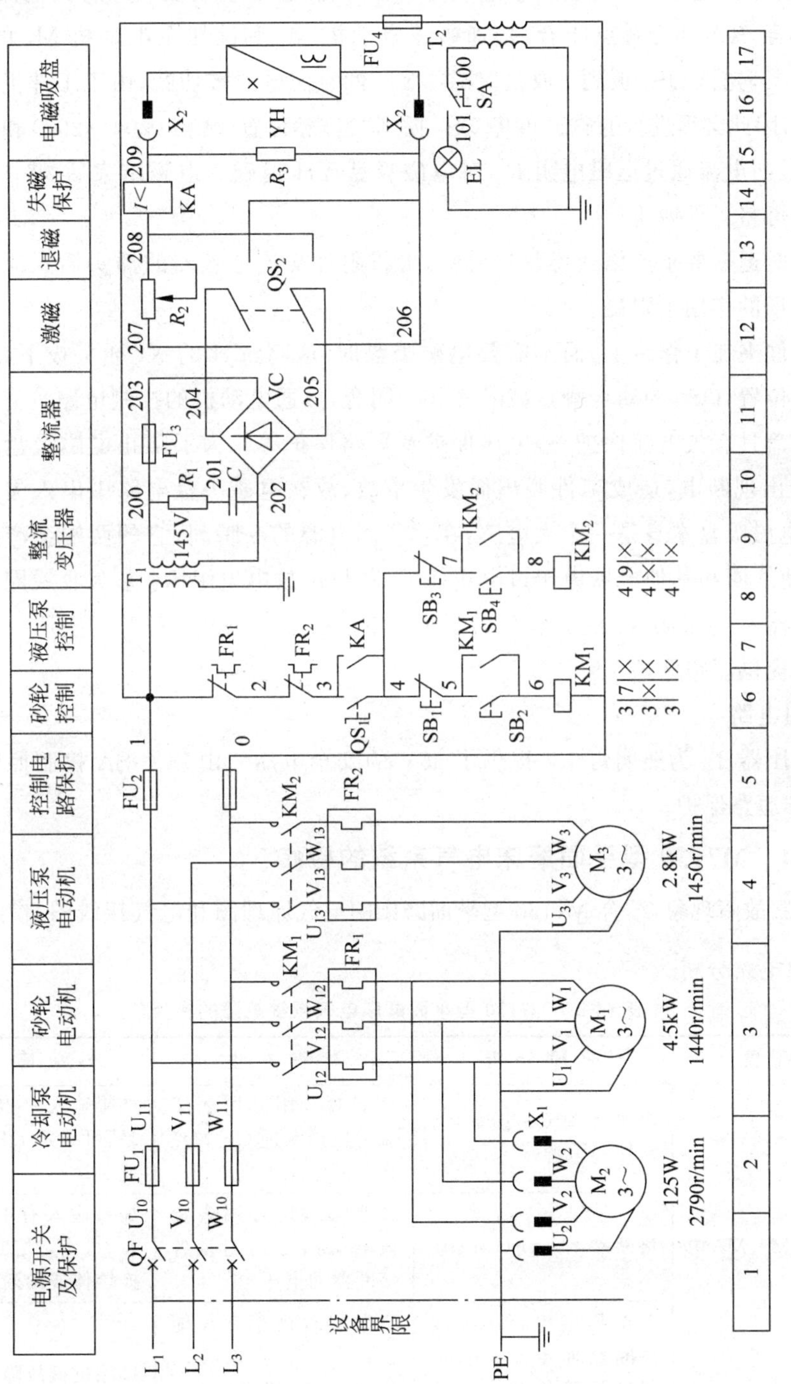

图14-8　M7130型平面磨床的电气控制线路

VC整流后输出110V直流电压。QS_2是电磁吸盘的转换开关(又叫退磁开关),有激磁(吸合)、放松和退磁3个位置,当QS_2扳到"吸合"位置时,触点(205—208)和(204—206)闭合,VC整流后的直流电压110V输入电磁吸盘YH,工件被牢牢吸住。同时欠电流继电器KA线圈通电吸合,KA动合触点闭合,接通砂轮电动机M_1和液压泵电动机M_3的控制电路。磨削加工完毕,先将QS_2扳到"放松"位置,YH的直流电源被切断,由于工件仍具有剩磁而不能被取下,因此必须进行退磁。再将QS_2扳到"退磁"位置,触点(204—207)和(205—206)闭合,此时反向电流通过退磁电阻R_2对电磁吸盘YH退磁。退磁结束后,将QS_2扳到"放松"位置,即可将工件取下。

若工件对退磁要求严格或不易退磁时,可将附件交流退磁器的插头插入插座XS,使工件在交变磁场的作用下退磁。

若将工件夹在工作台上,而不需要电磁吸盘时,应将YH的X_2插头拔下,同时将QS_2扳到"退磁"位置,QS_2的动合触点(203—204)闭合,接通电动机的控制电路。

电磁吸盘具有欠电流保护、过电压保护及短路保护等。为了防止电磁吸盘电压不足或加工过程中出现断电,造成工件脱出而发生事故,故在电磁吸盘电路中串入欠电流继电器KA。由于电磁吸盘本身是一个大电感,在它脱离电源的一瞬间,它的两端会产生较大的自感电动势,使线圈和其他电器由于过电压而损坏,故用放电电阻R_3来吸收线圈释放的磁场能量。电容器C与电阻R_1的串联是为了防止电磁吸盘回路交流侧的过电压。熔断器FU_3为电磁吸盘提供短路保护。

3) 照明电路

照明变压器T_2为照明灯EL提供了36V的安全电压。由开关SA控制照明灯EL,熔断器FU_4作短路保护。

14.2.4 M7130型平面磨床电气系统的检修

仔细观察故障现象,结合M7130型平面磨床的电气原理图和电气接线图,参考表14-2所示进行检修。

表14-2 M7130型平面磨床电气系统故障的检修

故障现象	故障分析	检查方法	故障处理
电动机M_1、M_2、M_3均不能起动	电源开关QF损坏,无法接通电源	合上QF,用万用表交流电压挡测量QF触点之间的电压	如果输入为380V,输出不是,可确定QF损坏,修复或更换
	熔断器FU_1、FU_2故障	合上QF,用万用表交流电压挡分别测量各熔断器的电压	如果输入有电压,输出没有,可确定熔断器故障,更换熔体或熔断器
	欠电压继电器KA线圈断路而不能吸合或机械故障使触点不能接通	合上QF,观察KA能否动作,如果能够动作,则是触点故障;不能动作,则是线圈断路	排除机械故障或更换线圈

续表

故障现象	故障分析	检查方法	故障处理
冷却泵电动机 M_2 不能起动，但砂轮电动机 M_1 能起动	连接器 X_1 故障	接通机床电源，按下 SB_2，KM_1 动作，用万用表交流电压挡测量 M_3 绕组接线端之间的电压，正常为380V	如果电压不正常，可修复或更换连接器 X_1
	冷却泵电动机损坏，可能是切削液进入电动机内部，造成匝间或绕组间短路	M_3 绕组接线端之间的电压正常，可在机床断电情况下，用兆欧表测量 M_3 绕组之间和绕组对地的绝缘电阻	修复或更换
砂轮电动机 M_1 的热继电器 FR_1 经常动作	砂轮电动机 M_1 轴承的铜瓦磨损，磨损后易发生堵转现象，使电流增大，导致热继电器动作	拆开 M_1 观察轴承的磨损情况	修理或更换轴瓦
	砂轮进刀量太大，电动机超负荷运行，造成电动机堵转，使电流急剧上升，热继电器脱扣	检查进刀量	选择合适的进刀量
	更换后的热继电器规格选得太小或整定电流没有重新调整	检查热继电器	重新调整
电磁吸盘YH没有吸力或吸力不足	控制变压器TC或整流桥损坏	检查整流器的输出直流电压是否正常	修理或更换
	熔断器 FU_3 的熔体烧断	用万用表交流电压挡测量熔断器的电压	更换熔体
	电磁吸盘YH线圈可能断路，应检查YH线圈，若断路应更换	在机床断电的情况下，用万用表测量电磁吸盘的电阻	更换电磁吸盘
电磁吸盘YH没有吸力或吸力不足	插接器 X_2 接触不良或线头松脱	插接器 X_2 插座两端的电压正常，测量电磁吸盘线圈的电压，正常为110V	修复或更换插头，紧固接线
	整流器输出端的直流电压过低，整流桥损坏	用万用表直流电压挡测量整流桥输出电压，正常为110V	修理或更换

14.3　任务实施：M7130型平面磨床电气系统的检修

1. 工作任务单

工作任务单如表14-3所示。

表 14-3 工作任务单

序号	任务内容	任务要求
1	M7130 型平面磨床电路图的识读	能够正确识读电路图,并会分析其工作过程
2	M7130 型平面磨床电气系统常见故障的判断	能够判断出 M7130 型平面磨床电气系统的常见故障
3	M7130 型平面磨床电气系统常见故障的排除	会使用仪表检修 M7130 型平面磨床电气系统的故障,并排除故障

2. 材料工具单

材料工具单如表 14-4 所示。

表 14-4 材料工具单

项目	名称	数量	型号	备注
所用工具	电工工具	每组一套		
所用仪表	数字万用表	每组一块	优德利 UT39A	
所用材料及元件	电源开关 QS_1	1	HZ1-25/3	引入电源
	转换开关 QS_2	1	HZ1-10P/3	控制电磁吸盘
	照明灯开关 SA	1		控制照明灯
	砂轮电动机 M_1	1	4.5kW,220/380V,1440r/min	驱动砂轮
	冷却泵电动机 M_2	1	125W,220/380V,2790r/min	驱动冷却泵
	液压泵电动机 M_3	1	2.8kW,220/380V,1450r/min	驱动液压泵
	熔断器 FU_1	3	RL1-60/3,60A,熔体 30A	电源保护
	熔断器 FU_2	2	RL1-15,15A,熔体 5A	控制电路短路保护
	熔断器 FU_3	1	BLX-1,1A	照明电路短路保护
	熔断器 FU_4	1	RL1-15,15A,熔体 2A	保护电磁吸盘
	接触器 KM_1	1	CJ0-10,线圈电压 380V	控制电动机 M_1
	接触器 KM_2	1	CJ0-10,线圈电压 380V	控制电动机 M_3
	热继电器 FR_1	1	JR10-10,整定电流 9.5A	M_1 的过载保护
	热继电器 FR_2	1	JR10-10,整定电流 6.1A	M_3 的过载保护
	整流变压器 T_1	1	BK-400,400V·A,220/145V	降压
	照明变压器 T_2	1	BK-50,50V·A,380/36V	降压
	硅整流器 VC	1	GZH,1A,200V	输出直流电压
	电磁吸盘 YH	1	1.2A,110V	工件夹具
	欠电流继电器 KA	1	JT3-11L,1.5A	欠电流保护
	按钮 SB_1	1	LA_2 绿色	起动电动机 M_1
	按钮 SB_2	1	LA_2 红色	停止电动机 M_1
	按钮 SB_3	1	LA_2 绿色	起动电动机 M_3
	按钮 SB_4	1	LA_2 红色	停止电动机 M_3
	电阻器 R_1	1	GF,6W,125Ω	放电保护电阻
	电阻器 R_2	1	GF,50W,1000Ω	去磁电阻
	电阻器 R_3	1	GF,50W,500Ω	放电保护电阻
	电容器 C	1	600V,5μF	保护用电容

续表

项　目	名　称	数　量	型　号	备　注
所用材料及元件	照明灯 EL	1	JD3,24V,40W	工作照明
	接插器 X_1	1	CY0-36	电动机 M_2 用
	接插器 X_2	1	CY0-36	电磁吸盘用
	接线端子排	若干	JX2-Y010	
	导线	若干	BVR-1.5mm 塑铜线	

3. 实施步骤

(1) 学生按人数分组,确定每组的组长。

(2) 以小组为单位,在 M7130 型平面磨床电气系统检测与维修实训台上,根据 M7130 型平面磨床电气控制线路的原理图,对机床电路的工作过程进行分析,然后小组成员共同制订计划和实施方案,主要计划和实施的内容是设置电气故障和排除其他组设置的故障。要求:按照 M7130 型平面磨床电气系统故障现象设置故障,按照机床电气系统检修的步骤进行故障检修,并能正确排除其他组设置的故障,检修好的电气线路机械和电气操作试验合格。

4. 实施要求

小组每位成员都要积极参与,由小组给出电气故障检修的结果,并提交实训报告。小组成员之间要齐心协力,共同制订计划并实施。制订计划一定要合理,具有可行性。实施过程中注意安全规范,熟练运用仪器和仪表进行检修,并注意小组成员之间的团队协作,对排除故障最迅速和团结合作好的小组给予一定的加分。

14.4　任务评价

M7130 型平面磨床电气系统的检修任务评分见表 14-5。

表 14-5　M7130 型平面磨床电气系统的检修任务评分

评价类别	考核项目	考核标准	配分/分	得分/分
专业能力	电气控制电路分析	正确分析电路的工作过程	10	
	故障设置	故障设置合理,不破坏原有电路结构	10	
	故障分析	正确判断出故障范围和故障点	20	
	故障排除	排除方法正确,不损坏元器件,不产生新的故障点	20	
	会用仪表检查电路	会用万用表检查机床控制电路的故障	5	
	通电试车	检修后各电动机正常工作,电路机械和电气操作试验合格	5	
	工具的使用和原材料的用量	工具使用合理、正确,摆放整齐,用后归放原位;节约使用原材料,不浪费	5	
	安全用电	注意安全用电,不带电作业	5	
社会能力	团结协作	小组成员之间合作良好	5	
	职业意识	工具使用合理、正确,摆放整齐,用后归放原位;节约使用原材料,不浪费	5	
	敬业精神	遵守纪律,具有爱岗敬业、吃苦耐劳精神	5	
方法能力	计划和决策能力	计划和决策能力较好	5	

14.5 资料导读

14.5.1 磨床的发展

19世纪30年代，为了适应钟表、自行车、缝纫机和枪械等零件淬硬后的加工，英国、德国和美国分别研制出使用天然磨料砂轮的磨床。这些磨床是在当时现成的机床如车床、刨床等上面加装磨头改制而成的，它们结构简单，刚度低，磨削时易产生振动，要求操作工人要有很高的技艺才能磨出精密的工件。

1876年在巴黎博览会展出的美国布朗·夏普公司制造的万能外圆磨床，是首次具有现代磨床基本特征的机械。它的工件头架和尾座安装在往复移动的工作台上，箱形床身提高了机床刚度，并带有内圆磨削附件。1883年，这家公司制成磨头装在立柱上、工作台作往复移动的平面磨床。

1900年前后，人造磨料的发展和液压传动的应用，对磨床的发展有很大的推动作用。随着近代工业特别是汽车工业的发展，各种不同类型的磨床相继问世。例如20世纪初，先后研制出加工气缸体的行星内圆磨床、曲轴磨床、凸轮轴磨床和带电磁吸盘的活塞环磨床等。

自动测量装置于1908年开始应用到磨床上。到了1920年前后，无心磨床、双端面磨床、轧辊磨床、导轨磨床、珩磨机和超精加工机床等相继制成使用；20世纪50年代出现了可作镜面磨削的高精度外圆磨床；20世纪60年代末又出现了砂轮线速度达60～80m/s的高速磨床和大切深、缓进给磨削平面磨床；20世纪70年代，采用微处理机的数字控制和适应控制等技术在磨床上得到了广泛的应用。

14.5.2 磨床的种类

随着高精度、高硬度机械零件数量的增加，以及精密铸造和精密锻造工艺的发展，磨床的性能、品种和产量都在不断提高和增长。

(1) 外圆磨床：普通型的基型系列，主要用于磨削圆柱形和圆锥形外表面的磨床。

(2) 内圆磨床：普通型的基型系列，主要用于磨削圆柱形和圆锥形内表面的磨床。

(3) 坐标磨床：具有精密坐标定位装置的内圆磨床。

(4) 无心磨床：工件采用无心夹持，一般支承在导轮和托架之间，由导轮驱动工件旋转，主要用于磨削圆柱形表面的磨床。

(5) 平面磨床：主要用于磨削工件平面的磨床。

(6) 砂带磨床：用快速运动的砂带进行磨削的磨床。

(7) 珩磨机：用于珩磨工件各种表面的磨床。

(8) 研磨机：用于研磨工件平面或圆柱形内、外表面的磨床。

(9) 导轨磨床：主要用于磨削机床导轨面的磨床。

(10) 工具磨床：用于磨削工具的磨床。

(11) 多用磨床：用于磨削圆柱、圆锥形内、外表面或平面，并能用随动装置及附件磨削多种工件的磨床。

(12) 专用磨床：从事对某类零件进行磨削的专用机床。按其加工对象又可分为花键轴磨床、曲轴磨床、凸轮磨床、齿轮磨床、螺纹磨床、曲线磨床等。

14.6 知识拓展：M7120型平面磨床电气控制线路的分析

根据M7130型平面磨床电气控制线路原理的分析，试分析M7120型平面磨床电气控制线路的原理及工作过程，可以通过上网和相关教材查找相关资料。M7120型平面磨床的电气控制线路如图14-9所示。

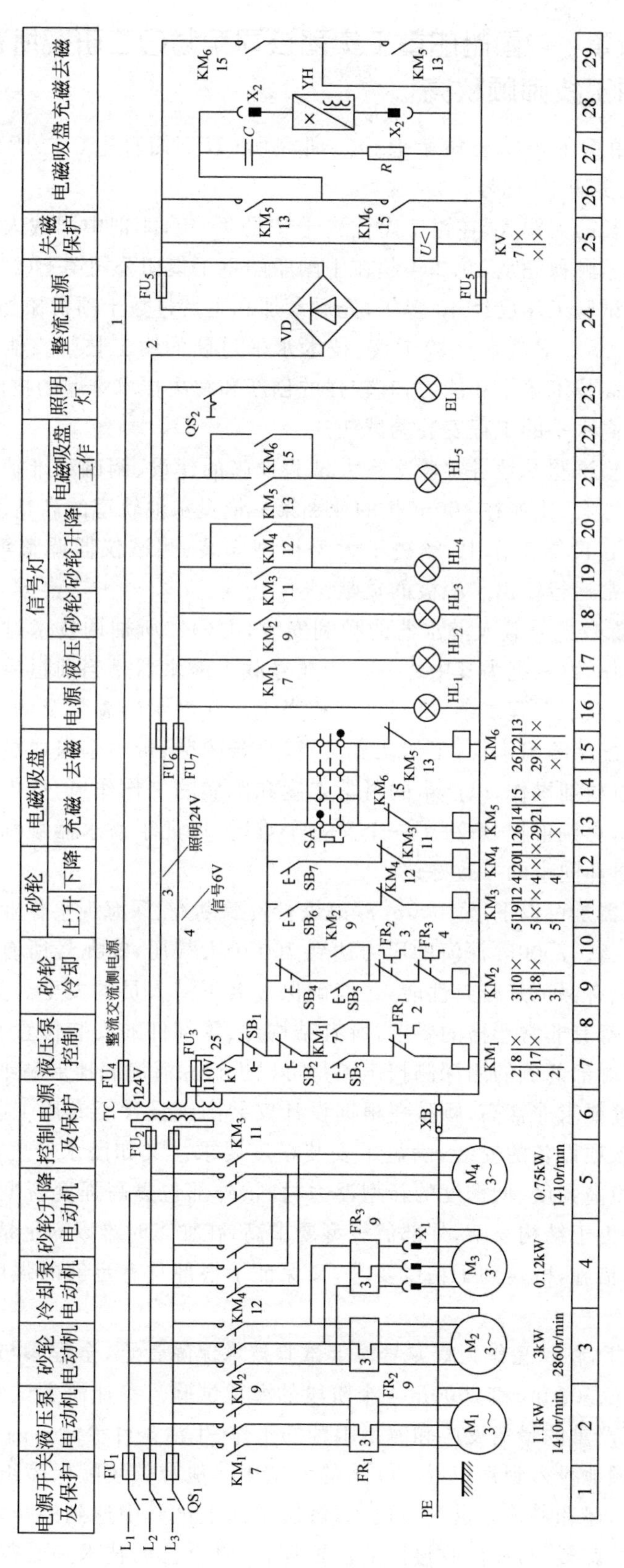

图 14-9　M7120 型平面磨床的电气控制线路

14.7 工匠故事：中国船舶重工集团公司第七〇二研究所首席装配钳工技师顾秋亮

顾秋亮，中国船舶重工集团公司第七〇二研究所（以下简称七〇二所）“两丝”钳工，2019年4月，荣获“最美职工”称号。

顾秋亮是土生土长的无锡人，在钳工岗位一干就是43年，能把中国载人潜水器的组装做到精密度达“丝”级。顾秋亮从1972年起在中国船舶重工集团公司第七〇二研究所工作，从事钳工安装及科研试验工作已经40多年，先后参加和主持过数十项机械加工和大型工程项目的安装调试工作，是一名安装经验丰富、技术水平过硬的钳工技师。他对工作兢兢业业，刻苦钻研，不断提高技术水平和能力，有较强的创新和解决技术难题的技能，出色完成了各项高科技、高难度、高水平的工程安装调试任务。

顾秋亮为我国大型试验基地各实验室重大试验设施的建设、调试和维护正常运行等提出了行之有效的解决方案，比如在400m长的亚洲第一拖曳水池轨道的高精度安装调试、大型低噪声循环水槽的建设等工作中，解决了大型模型安装、测试仪器调整等关键问题，为七〇二所实验室的正常运行作出了积极的贡献。

2004年，为了确保蛟龙号载人潜水器的顺利安装，七〇二所抽调技术过硬的技术骨干参加该项目的总装工作，顾秋亮为其中之一。蛟龙号载人潜水器是当前世界潜深最深的载人潜水器，其十二大分系统工程复杂，研制难度相当大。在潜水器总装及调试过程中，顾秋亮同志作为潜水器装配保障组组长，工作认真负责，吃苦耐劳，带领全组成员积极配合设计人员，对每个细节进行精细操作，以严肃的科学态度和踏实的工作作风，凭借扎实的技术技能和丰富的实践经验，勇挑重担，解决了一个又一个难题，保证了潜水器顺利地按时完成总装联调，获得设计人员和同事的一致好评。

蛟龙号载人潜水器是可以下潜7000m深海进行资源勘查、深海观察作业和深海生物基因研究等的高科技装备。7000m深海的压力达到700个大气压，蛟龙号所有的设备都要承受巨大的深海压力，只有保证好密封性能，才能确保3名下潜人员的安全。为此，潜水器的结构件及设备的安装都有非常严格的要求，所有结构件、零部件的安装位置必须到位，强度必须保证。如潜水器舯部两侧的测深侧扫声纳是可以进行深海海底地形精细观察的高精尖装备，对于安装的精度要求非常高，顾秋亮根据设计安装图纸设计了专用工装，并绘制安装工艺图，成功完成了该项设备的安装，满足了安装精度要求。又如潜水器艉部X型布置的稳定翼，是由内部充填高强度、低密度的新型浮力材料，外部包裹高强度新型耐海水复合材料的复合夹芯结构。由于结构复杂，外部流线型要求高，在加工时难以满足精度要求。顾秋亮采取了行之有效的措施，既达到了精度要求，又保证了根部具有足够的强度，圆满完成了稳定翼的安装。

2009年至2012年，顾秋亮作为蛟龙号海上试验技术保障骨干，全程参与了蛟龙号载人潜水器1000m、3000m、5000m和7000m 4个阶段的海上试验。参加海上试验时，顾秋亮已是50多岁，他克服了严重的晕船反应和海上艰苦的工作、生活条件等诸多困难，安排好家中生病的妻子，义无反顾地投入到每年近100天的海试中。他带领装配保障组不仅完成了蛟龙号的日常维护保养，还和科技人员一道攻关，解决了海上试验中遇到的技术难题，如压载铁的安装、水下灯光的调整、布放回收接口的设置等，并将自己的技术和心得体会毫无保留地传授给国家深海基地的技术人员，为海试的顺利进行和蛟龙号正式投入运行立下了汗马功劳。

顾秋亮说："在海上工作生活确实很苦很累，但我感到很兴奋、很自豪。不管是晚上加班到半夜还是早上五点半起床保养潜器，不管日晒还是雨淋，我感到很光荣，能为海试出一份力，我很骄傲，因为在祖国的深潜记录中有我的汗水，光荣！"

怀揣崇高的使命感和荣誉感，他又接受了新的挑战——组装 4500m 载人潜水器。已近花甲的顾秋亮仍坚守在科研生产第一线，为载人深潜事业不断书写我国深蓝乃至世界深蓝的奇迹默默奉献。

思考与练习

1. 磨床电磁吸盘的工作方式有________、________和________ 3 种。

2. 磨床砂轮的旋转运动是(　　)。

   A. 进给运动　　B. 主运动　　C. 辅助运动

3. 磨床的工作台(带有电磁吸盘和工件)作纵向往复运动、砂轮箱沿滑座上的燕尾槽作横向进给运动、砂轮箱和滑座一起沿立柱上的导轨作垂直进给运动，它们都是(　　)。

   A. 进给运动　　B. 主运动　　C. 辅助运动

4. 磨床的砂轮箱在滑座水平导轨上的快速横向移动、滑座沿立柱上的垂直导轨的快速移动是(　　)。

   A. 进给运动　　B. 主运动　　C. 辅助运动

5. M7130 型平面磨床在磨削加工时，流过电磁吸盘线圈的电流是(　　)。

   A. 交流电　　B. 单相脉动直流电

   C. 交直流并存　　D. 锯齿形电流

6. 分析 M7130 型平面磨床中电磁吸盘的激磁和退磁的工作过程。

7. M7130 型平面磨床中的 RC 电路起什么作用?

8. M7130 型平面磨床中电磁吸盘没有吸力或吸力不足的原因有哪些?

任务15 Task 15

Z3050型摇臂钻床电气系统的检修

15.1 任务目标

(1) 了解电磁阀及钳形电流表的相关知识。
(2) 能够正确使用和选择仪表。
(3) 掌握识读机床电气原理图的方法。
(4) 掌握机床电气设备维修的一般方法。
(5) 能够识读 Z3050 型摇臂钻床电气控制原理图。
(6) 能够正确分析、判断并快速排除 Z3050 型摇臂钻床的电气故障。

15.2 知识探究

钻床为孔加工机床,适合于在大、中型零件上进行钻孔、镗孔、铰孔、攻螺纹等多种形式的加工,是一种用途广泛的万能机床。从机床的结构类型来分,有摇臂钻床、台式钻床、立式钻床、卧式钻床、深孔钻床及多头钻床等。其中摇臂钻床是机械加工中常用的机床,它适用于单件或批量生产中带有多孔的零件加工。现以 Z3050 型摇臂钻床为例介绍。

15.2.1 电气元件与仪表

1. 电磁阀

电磁阀又称电磁换向阀,是利用电磁铁吸合时产生的推动力使阀芯移动,以实现液流的通、断或流向的改变。断电时依靠弹簧力的作用复位。电磁阀的电信号由液压设备上的按钮、行程开关或其他电气元件发出,用以控制电磁铁的得电或失电,从而实现执行元件的起动、停止或换向动作。其外观如图 15-1 所示。

1) 结构及工作原理

电磁阀的结构主体是密闭的腔,在不同的位置开有通孔,每个孔都通向不同方向的油管;腔中间是阀,阀可由电磁铁或者弹簧带动产生运动,如图 15-2 所示。

图 15-2(a)所示线圈中无电流时,弹簧抵住活塞和推杆,使铁芯处于线圈之外,高压油从孔 P 流入,经孔 B 进入油缸右侧,推动活塞向左运动,左腔的油则经孔 A 送往孔 T 排出;线圈

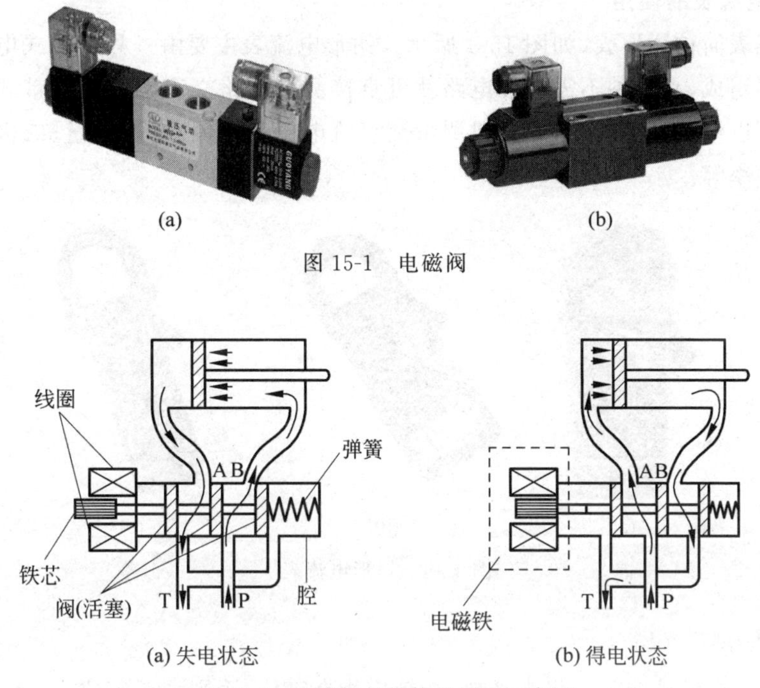

图 15-1　电磁阀

图 15-2　电磁阀的结构及原理示意图

得电后,铁芯和串在一起的 3 个小活塞被吸向右方,成为图 15-2(b)所示的状态,高压油自孔 P 送往孔 A,压力作用在活塞的左边,使活塞向右移动,油腔的油经孔 B 和孔 T 排出。

2) MFJ1-3 型电磁铁

电磁铁是电磁阀结构中的一个重要器件,在 Z3050 型摇臂钻床中,应用的是 MFJ1-3 型电磁铁,外观如图 15-3 所示。

MFJ1 系列交流阀用电磁铁为单相交流螺管式构造,所有零件都装在铝合金压铸的外壳内。电磁铁本身没有复位装置,靠电磁阀内的弹簧复位。该系列电磁铁适用于交流 50Hz、380V 的电路中,不通电时,铁芯被阀体推杆推到额定行程距离处;通电后,线圈产生磁力吸引铁芯带动阀杆移动,达到控制油路开闭或换向的目的。

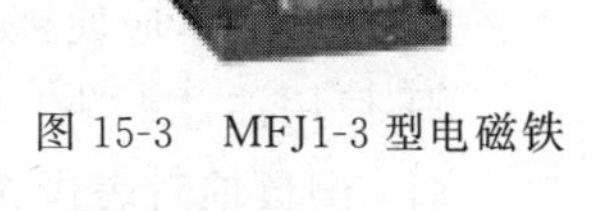

图 15-3　MFJ1-3 型电磁铁

MFJ1-3 型电磁铁的额定电压:交流 380V(50Hz);额定吸引:30N;额定行程:5mm;允许最高操作频率(通电率为 60%):1800 次/h;激磁功率:≤60/390V·A(吸持/起动)。

3) 电磁阀的使用

(1) 选用电磁阀及配套电磁铁时,一定要注意规定的型号,以免不能与设备的机械结构配套。安装时位置要准确,否则不能达到充分控制阀杆以及改变油路通孔的目的。

(2) 对电磁阀进行更换及安装时,要仔细阅读产品说明书,严格按照尺寸要求进行安装,以免不符合额定行程,影响被带动的活塞运动。

(3) 应定期对器件进行清理,保证其接触良好,工作有效。

2. 钳形电流表的使用

钳形电流表简称钳形表,如图 15-4 所示。钳形电流表主要由一只电磁式电流表和穿心式电流互感器组成,是一种不需断开电路就可直接测量电路交流电流的携带式仪表。钳形电流表不但可以测量交流电流,还可以测量交直流电压及电流、电容容量、二极管、三极管、电阻、温度、频率等。

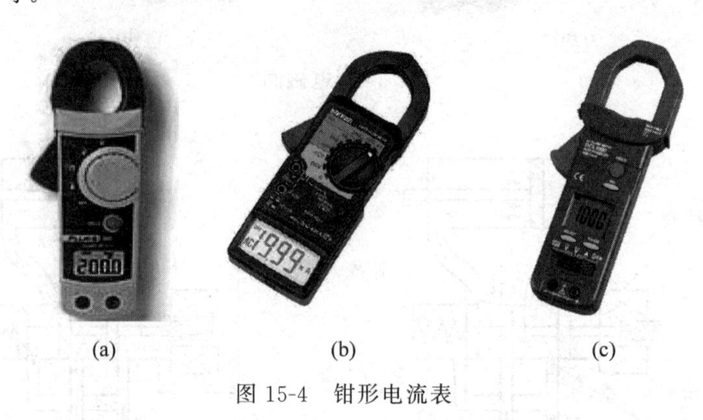

(a) (b) (c)

图 15-4 钳形电流表

1) 使用方法

(1) 测量前要机械调零。将表平放,指针应指在零位,否则调至零位。

(2) 选择合适的量程。选量程的原则是:已知被测电流范围时,选用大于被测值但又与之最接近的量程;不知被测电流范围时,可先置于电流最高挡试测(或根据导线截面,并估算其安全载流量,选择适当量程),根据试测情况决定是否需要降量程测量。总之,应使表针的偏转角度尽可能地大。

(3) 测量。测试人员应戴手套,将表平端,张开钳口,使被测导线进入钳口后再闭合钳口。

(4) 读数。根据所使用的量程,在相应的刻度线上读取读数(注意,量程值即是满偏值)。

(5) 当使用最小量程测量,其读数还不明显时,可将被测导线绕几匝,匝数要以钳口中央的匝数为准,则读数=指示值×量程/满偏×匝数。

(6) 测量完毕,要将转换开关放在最大量程处。

(7) 测量时,应使被测导线处在钳口的中央,并使钳口闭合紧密,以减少误差。

2) 使用注意事项

(1) 测量前对表作充分检查,并正确选择量程。

(2) 测试时应戴手套(绝缘手套或清洁干燥的线手套),必要时应设监护人。

(3) 需转换量程测量时,应先将导线自钳口内退出,换量程后再钳入导线测量。

(4) 不可测量裸导体上的电流。

(5) 测量时,注意与附近带电体保持安全距离,并应注意不要造成相间短路和相对地短路。

(6) 使用后,应将转换开关置于电流最高挡,有表套时将其放入表套,存放在干燥、无尘、无腐蚀性气体且不受振动的场所。

15.2.2 认识 Z3050 型摇臂钻床

Z3050 型摇臂钻床的最大钻孔直径为 50mm,适用于加工中小零件,可以进行钻孔、扩孔、铰孔、刮平面及攻螺纹等多种形式的加工。增加适当的工艺装备还可以进行镗孔。Z3050型摇臂钻床主要由底座、内立柱、外立柱、摇臂、主轴箱、工作台等组成，如图15-5所示。

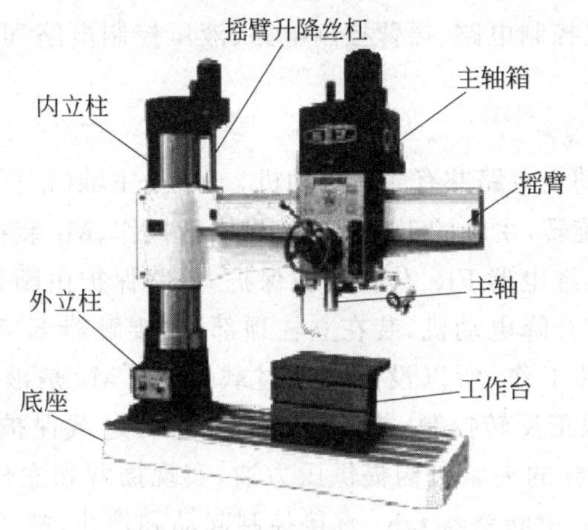

图15-5　Z3050型摇臂钻床

Z3050型摇臂钻床电气控制线路的检修

内立柱固定在底座上，在其外面套着空心的外立柱；外立柱可绕着固定的内立柱回转一周。摇臂一端的套筒部分与外立柱滑动配合，借助于丝杠摇臂可沿着外立柱上下移动，但两者不能作相对转动，因此摇臂将与外立柱一起相对内立柱回转。主轴箱具有主轴旋转运动部分和主轴进给运动部分的全部传动机构和操作机构，包括主电动机在内，主轴箱可沿着摇臂上的水平导轨作径向移动。当进行加工时，利用夹紧机构将主轴箱紧固在摇臂上，外立柱紧固在内立柱上，摇臂紧固在外立柱上，然后进行钻削加工。

1. Z3050型摇臂钻床的运动形式

(1) 主运动。指主轴带动钻头的旋转运动，由主轴电动机(M_1)驱动。

(2) 进给运动。指钻头的上下运动，摇臂升降由摇臂升降电动机(M_2)驱动。

(3) 辅助运动。指主轴箱沿摇臂的水平移动、摇臂沿外立柱的上下移动以及摇臂与外立柱一起相对内立柱的回转运动。

2. Z3050型摇臂钻床的电气控制要求

(1) 主轴由主轴电动机(M_1)驱动。主轴电动机正/反转是由正/反转摩擦离合器来实现的。通过操纵安装在主轴箱下端的操纵手柄、手轮，能实现主轴正/反转、停车(制动)、变速、进给、空挡等控制主轴转速和进给量。只要求主轴电动机能单相正转。

(2) 摇臂上升、下降是由摇臂升降电动机(M_2)正/反转实现的，因此要求摇臂升降电动机能双向起动，同时为了设备安全，应具有限位保护。

(3) 机床加工时，对主轴箱、摇臂及内、外立柱的夹紧由液压泵电动机(M_3)作动力，采用液压驱动的菱形块夹紧机构实现夹紧和放松功能。要求液压泵电动机能双向旋转。

(4) 钻削加工时，需要对刀具及工件进行冷却，由冷却泵电动机(M_4)拖动冷却泵输送切削液。要求冷却泵电动机单向起动。

(5) 摇臂采用自动夹紧和放松控制，要保证摇臂在放松状态下进行升降并有夹紧、放松指示。

15.2.3 Z3050型摇臂钻床电路的识读

Z3050 型摇臂钻床电路图可分为主电路和控制电路两部分,其中控制电路包括指示照明控制电路、主轴电动机控制电路、摇臂控制电路、液压控制电路和冷却泵控制电路等。其电路如图 15-6 所示。

1. 主电路分析

Z3050 型摇臂钻床的主电路共有 4 台电动机。M_1 是主轴(钻杆)拖动电动机,由接触器 KM_1 控制,只要求单向旋转,主轴的正反转由机械手柄操作,M_1 装在主轴箱顶部,拖动主轴及进给传动系统运转,热继电器 FR_1 作为过载保护,短路保护由断路器 QF_1 中的电磁脱扣装置来完成; M_2 是摇臂升降电动机,装在立柱顶部,由接触器 KM_2、KM_3 控制,能实现正反转控制,由于是间断性工作,所以没有设置过载保护; M_3 是液压泵电动机,由接触器 KM_4、KM_5 控制,能实现正反转控制,热继电器 FR_2 作为过载保护,M_3 拖动液压泵旋转,为主轴箱、摇臂、内外立柱的夹紧机构提供压力油,实现摇臂和立柱的夹紧和放松; M_4 是冷却泵电动机,功率很小,由断路器 QF_2 直接控制起动和停止,故不设过载保护,只能单方向旋转。

2. 控制电路分析

1) 开车前的准备工作

为了保证操作安全,Z3050 型摇臂钻床具有“开门断电”功能,由门控开关 SQ_4 实现控制。开车前应将立柱下部及摇臂后部的电门盖关好,才能接通电源。合上总电源开关 QF_1 和电源开关 QF_3,则电源指示灯 HL_1 灯亮,表示机床的电气电路已进入带电状态。

2) 主轴电动机 M_1 的控制

(1) 起动。按下起动按钮 SB_3(13 区)→KM_1 线圈(13 区)得电吸合→主触点 KM_1(3 区)吸合,主轴电动机 M_1 得电运转;动合触点 KM_1(9 区)闭合,主轴指示灯 HL_2(9 区)亮;动合触点 KM_1(14 区)闭合,形成自锁。

(2) 停止。按下停止按钮 SB_2(13 区)→KM_1 线圈(13 区)失电释放→主触点 KM_1(3 区)断开,主轴电动机 M_1 失电停转;动合触点 KM_1(9 区)断开,主轴指示灯 HL_2(9 区)暗;动合触点 KM_1(14 区)断开,取消自锁。

3) 冷却泵电动机 M_4 的控制

冷却泵电动机的主电路上设有一个独立的开关 QF_2,所以通过对 QF_2(2 区)的合分闸操作,就可以直接控制冷却泵电动机 M_4 的起动或停止。

4) 摇臂升降电动机 M_2 的控制

(1) 摇臂上升起动过程。按住上升按钮 SB_4(16 区)→KT_1 线圈(15 区)得电吸合→瞬时动作的动合触点 KT_1(18 区)闭合,KT_1(20 区)瞬时断开→KM_4 线圈(18 区)得电吸合→KM_4 主触点(6 区)吸合→液压泵电动机 M_3 得电正向旋转,对摇臂进行放松→放松到位,活塞杆作用于行程开关 SQ_2(16 区、18 区)→SQ_2 动断触点(18 区)断开,KM_4 线圈(18 区)失电,KM_4 主触点(6 区)断开,M_3 失电停转,放松动作停止;同时,SQ_2 动合触点(16 区)闭合,KM_2 线圈(16 区)得电吸合→KM_2 主触点(4 区)吸合→摇臂升降电动机 M_2 得电正向旋转,带动摇臂上升。

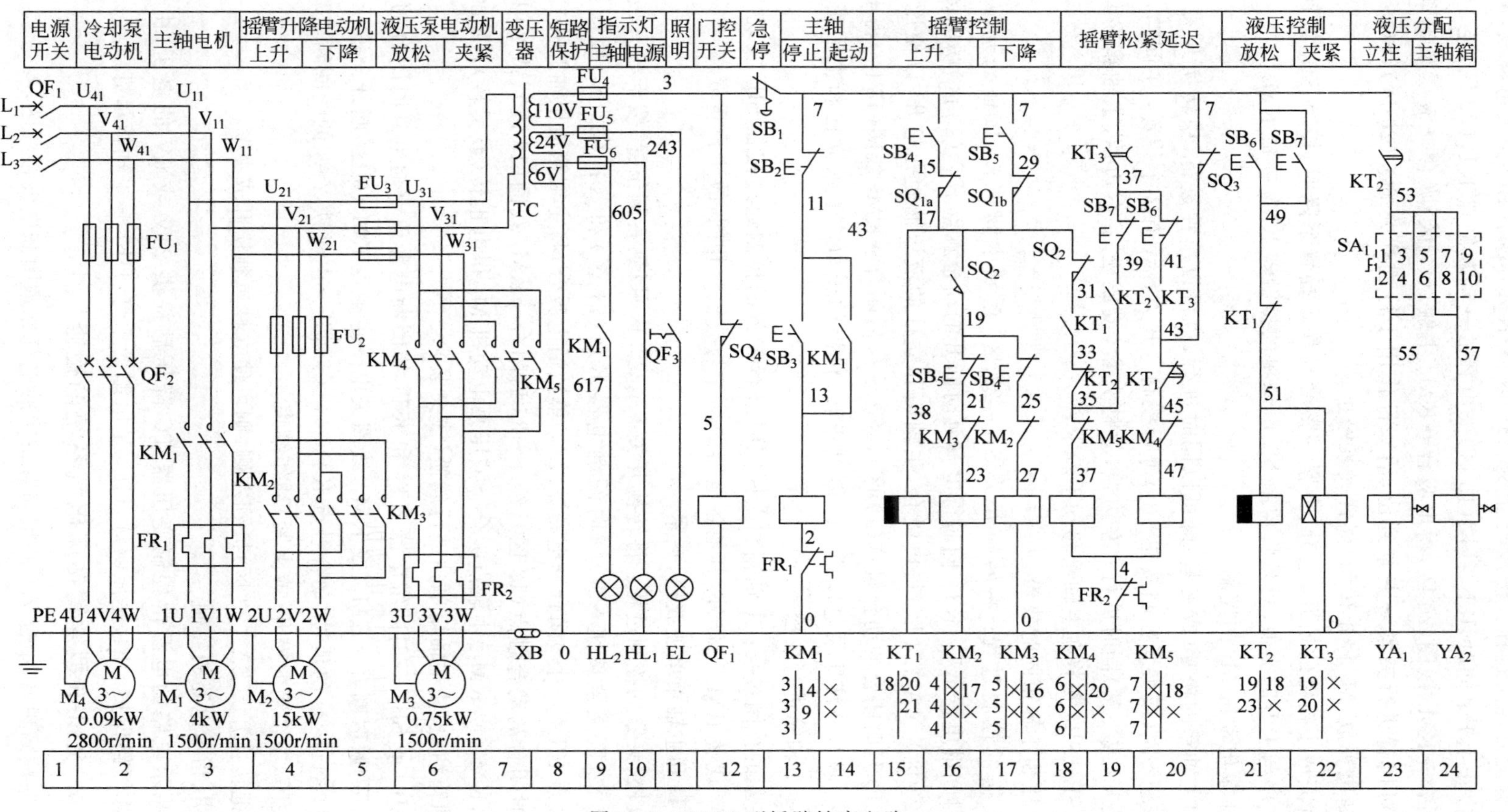

图 15-6　Z3050 型摇臂钻床电路

(2) 摇臂上升停止过程。松开按钮 SB_4(16 区)→KM_2 线圈(16 区)失电释放,M_2 停止工作,摇臂停止上升;同时,KT_1 线圈(15 区)失电释放→动断触点 KT_1(20 区)经 1～3s 延时后恢复闭合→KM_5 线圈(20 区)得电吸合→KM_5 主触点(7 区)吸合→液压泵电动机 M_3 得电反转,对摇臂进行夹紧→夹紧到位,活塞杆作用于行程开关 SQ_3(20 区),SQ_3 断开→KM_5 线圈断电释放,M_3 停止转动,摇臂夹紧停止。

这样就完成了摇臂的松开、上升、夹紧一整套动作。摇臂下降时,按下 SB_5 按钮,各电器的动作次序与上升时类似,只是将控制 M_2 电动机的接触器 KM_2 换成 KM_3。

5) 液压泵电动机 M_3 的控制

立柱和主轴箱的松开(或夹紧)既可以同时进行,也可以单独进行,由转换开关 SA_1 和放松控制按钮 SB_6(或夹紧控制按钮 SB_7)进行控制。开关 SA_1 有 3 个位置:中间挡,立柱和主轴箱的松开(或夹紧)同时进行;左边挡,立柱夹紧(或放松);右边挡,主轴箱夹紧(或松开)。按钮 SB_6、SB_7 安装在主轴箱移动手轮上。

(1) 立柱和主轴箱同时放松、夹紧

同时放松的控制过程:将转换开关 SA_1(23 区)扳到中间位置,按住松开按钮 SB_6(21 区)→时间继电器 KT_2、KT_3 同时得电→延时断开的动合触点 KT_2(23 区)瞬间闭合,电磁铁 YA_1(23 区)、YA_2(24 区)得电吸合,主轴箱和立柱的液压油腔孔打开,以便压力油进入;同时 KT_3 延时闭合的动合触点(19 区),经 1～3s 后闭合→KM_4 线圈(18 区)得电,KM_4 主触点(6 区)吸合→液压泵电动机 M_3 得电正转,供出的压力油进入立柱和主轴箱松开油腔,使立柱和主轴箱进行放松。

同时夹紧的控制过程:主轴箱和立柱同时进行夹紧的控制通过按住 SB_7 实现,此时除接触器 KM_5 代替 KM_4 工作外,其他各电器的动作与放松时相同,故不再重复。

(2) 立柱和主轴箱单独放松、夹紧

单独放松、夹紧的控制过程:将转换开关 SA_1(23 区)扳到右侧位置,按下松开按钮 SB_6(21 区)(或 22 区夹紧按钮 SB_7)→时间继电器 KT_2(21 区)和 KT_3(22 区)线圈同时得电→动合触点 KT_2(23 区)闭合→电磁铁 YA_2 单独通电吸合,将主轴箱液压油腔孔打开;同时 KT_3 延时闭合的动合触点(19 区),经 1～3s 后闭合→KM_4 线圈(18 区)(或 20 区 KM_5 线圈)得电,KM_4(或 KM_5)主触点吸合→液压泵电动机 M_3 得电正转(或反转),供出的压力油进入主轴箱油腔,使主轴箱单独进行放松(或夹紧)。

松开 SB_6(或 SB_7)→时间继电器 KT_2 和 KT_3 线圈断电释放→通电延时闭合的动合触点 KT_3(19 区)瞬时断开→KM_4(或 KM_5)线圈失电→主触点 KM_4(6 区)断开→液压泵电动机 M_3 停转,经 1～3s 的延时,动合触点 KT_2(23 区)断开→电磁铁 YA_2 的线圈断电释放,主轴箱油腔关闭,主轴箱的松开(或夹紧)动作结束。

同理,把转换开关 SA_1(23 区)扳到左侧,则可使立柱单独松开或夹紧。

6) 照明、指示电路的控制

照明、指示电路的电源由控制变压器 TC 降压后提供 24V 或 6V 的电压,由熔断器 FU_3、FU_2 作短路保护。EL 是照明灯,HL_1 是电源指示灯,HL_2 是主轴指示灯。

15.2.4 Z3050 型摇臂钻床电气系统的检修

仔细观察故障现象,结合 Z3050 型摇臂钻床的电气原理图和电气接线图,参考表 15-1 所示进行检修。

表 15-1　Z3050 型摇臂钻床电气系统故障的检修

故障现象	故障分析	检查方法	故障处理
主轴电动机 M_1 不能起动，主轴电动机工作指示信号灯 HL_1 不亮	电源开关 QF_1	合上 QF_1，如果电源指示灯 HL_1 不亮，用万用表交流电压挡测量 QF_1 触点之间电压	如果输入为 380V，输出不是，可确定 QF_1 损坏，修复或更换
	控制变压器 TC 损坏或熔断器 FU_4 的熔体熔断	合上 QS_1，用万用表交流电压挡分别测量 TC 和 FU_4 的电压	如果输入有电压，输出没有，可确定故障，更换变压器或熔断器
	交流接触器 KM_1 机械故障或线圈故障	按下按钮 SB_3，观察 KM_1 能否动作，如果能够动作，则是触点故障；不能动作，则是线圈或 SB_3 故障	排除机械故障或更换线圈
	起动按钮 SB_3 接触不良	按下 SB_3，KM_1 不动作，用万用表交流电压挡测量 KM_1 绕组接线端之间的电压，正常为 110V	如果电压不正常，可修复或更换按钮
主轴电动机 M_1 不能停止	一般是由于接触器 KM_1 的动合触点熔焊造成	拆开 KM_1 观察主触点情况	修理或更换
	停止按钮 SB_2 损坏	在机床断电情况下，用万用表欧姆挡测量 SB_2 的电阻	更换按钮
冷却泵电动机 M_4 不能起动	转换开关 QF_2 损坏或接触不良	合上 QF_2，用万用表交流电压挡测量 QF_2 触点之间的电压	如果输入为 380V，输出不是，可确定 QF_2 损坏，修复或更换
	冷却泵电动机已损坏	在机床断电的情况下，用万用表欧姆挡测量 M_4 绕组接线端之间的电阻，正常约为 1kΩ	更换电动机
摇臂不能上升，也不能下降	行程开关 SQ_2 的安装位置移动或已损坏	操作液压泵电动机 M_3，在摇臂夹紧或放松时，SQ_2 能否动作	如果 SQ_2 不能动作，应调整紧固或更换 SQ_2
	时间继电器 KT_1 损坏	按住 SB_4，KT_1 应该动作；松开 SB_4，KT_1 的延时触点应该延时复位	修理或更换
	摇臂升降电动机 M_2 损坏	按住 SB_4，KM_2 吸合后，用万用表交流电压挡测量电动机 M_2 绕组之间的电压，正常为 380V	修理或更换

15.3 任务实施：Z3050 型摇臂钻床电气系统的检修

1. 工作任务单

工作任务单如表 15-2 所示。

表 15-2 工作任务单

序号	任务内容	任务要求
1	Z3050 型摇臂钻床电路图的识读	能够正确识读电路,并会分析其工作过程
2	Z3050 型摇臂钻床电气系统常见故障的判断	能够判断出 Z3050 型摇臂钻床电气系统的常见故障
3	Z3050 型摇臂钻床电气系统常见故障的排除	会运用仪表检修 Z3050 型摇臂钻床电气系统的故障,并排除故障

2. 材料工具单

材料工具单如表 15-3 所示。

表 15-3 材料工具单

项目	名称	数量	型号	备注
所用工具	电工工具	每组一套		
所用仪表	数字万用表	每组一块	优德利 UT39A	
所用元件及材料	冷却泵电动机 M_4	1	AOB-25,90W,2800r/min	驱动冷却泵
	热继电器 FR_1	1	JR1-20/3,额定电流 11A	主轴电动机过载保护
	主轴电动机 M_1	1	Y112M-4,4kW,1500r/min	驱动主轴及进给
	摇臂升降电动机 M_2	1	Y90L-4,1.5kW,500r/min	驱动摇臂升降
	热继电器 FR_2	1	JR1-20/3,额定电流 2.4A	M_3 过载保护
	液压泵电动机 M_3	1	Y802-4,0.75kW,1500r/min	驱动液压系统
	限位开关 SQ_4	1	JWM6-11,直动式行程开关	门控保护
	自动开关线圈 QF_1	1	D25-20/330,额定电流 10A	控制自动开关状态
	按钮(动断)SB_1	1	LAY3-112S/1,红色旋钮式,额定电压 AC 380V	总急停开关
	按钮(动断)SB_2	1	LAY3-11D,红色指示灯式,额定电压 AC 380V	主轴电动机停止
	按钮(动合)SB_3	1	LAY3-11D,绿色指示灯	主轴电动机起动
	交流接触器 KM_1	1	CJ10-20B,线圈电压 AC 110V	控制 KM_1 各触点状态
	时间继电器(断电延时)KT_1	1	JSK2-4,线圈电压 AC 110V,延时 3s	控制 KT_1 各触点状态

续表

项 目	名 称	数 量	型 号	备 注
所用元件及材料	按钮(动合)SB_4	1	LAY3-11，黑色，额定电压 AC 380V	摇臂上升
	限位开关 SQ_{1a}	1	LX2-3，电流 2A	摇臂上升限位
	限位开关(动合)SQ_2	1	LX5-11，单轮，垂直操作臂	摇臂放松限位
	交流接触器 KM_2	1	CJ10-20B，线圈电压 AC 110V	控制 KM_2 各触点状态
	按钮(动合)SB_5	1	LAY3-11，黑色，额定电压 AC 380V	摇臂下降
	限位开关 SQ_{1b}	1	LX2-3，电流 2A	摇臂下降限位
	交流接触器 KM_3	1	CJ10-20B，线圈电压 AC 110V	控制 KM_3 各触点状态
	限位开关(动断)SQ_2	1	LX5-11，单轮，垂直操作臂	摇臂放松限位
	交流接触器 KM_4	1	CJ10-20B，线圈电压 AC 110V	控制 KM_4 各触点状态
	交流接触器 KM_5	1	CJ10-20B，线圈电压 AC 110V	控制 KM_5 各触点状态
	限位开关(动断)SQ_3	1	JWM6-11，直动式行程开关	摇臂夹紧限位
	按钮(动合)	1	LAY3-11，黑色，额定电压 AC 380V	松开控制
	时间继电器(断电延时)KT_2	1	JSK2-4，线圈电压 AC 110V，延时 3s	控制 KT_2 各触点状态
	按钮(动合)SB_7	1	LAY3-11，黑色，额定电压 AC 380V	夹紧控制
	时间继电器(通电延时)KT_3	1	JSK2-4，线圈电压 AC 110V，延时 3s	控制 KT_3 各触点状态
	万能转换开关 SA_1	1	LW6-2/8071，额定电压 AC 380V，电流 2A	液压分配
	电磁阀 YA_1、YA_2	2	MFJ1-3，额定电压 AC 110V	液压分配开关
	熔断器 $FU_1 \sim FU_3$	3	BZ-001A，2A	短路保护
	信号灯 HL_1	1	XD1，白色 6V	电源指示
	指示灯 HL_1	1	XD1，6V	主轴指示
	照明灯 EL	1	JC-25，AC 24V，40W	机床照明
	接线端子排	若干	JX2-Y010	
	导线	若干	BVR-1.5mm 塑铜线	

3. 实施步骤

(1) 学生按人数分组，确定每组的组长。

(2) 以小组为单位，在 Z3050 型摇臂钻床电气系统检测与维修实训台上，根据 Z3050 型摇臂钻床电气控制线路的原理图，对机床电路的工作过程进行分析，然后小组成员共同制订计划和实施方案，主要计划和实施的内容是设置电气故障和排除其他组设置的故障。要求：按照 Z3050 型摇臂钻床电气系统故障现象设置故障，按照机床电气系统检修的步骤进行故障检修，并能正确排除其他组设置的故障，检修好的电气线路机械和电气操作试验合格。

4. 实施要求

小组每位成员都要积极参与，由小组给出电气故障检修的结果，并提交实训报告。小组成员之间要齐心协力，共同制订计划并实施。制订计划一定要合理，具有可行性。实施过程中注意安全规范，熟练运用仪器和仪表进行检修，并注意小组成员之间的团队协作，对排除故障最迅速和团结合作好的小组给予一定的加分。

15.4 任务评价

Z3050 型摇臂钻床电气系统的检修任务评分见表 15-4。

表 15-4 Z3050 型摇臂钻床电气系统的检修任务评分

评价类别	考核项目	考核标准	配分/分	得分/分
专业能力	电气控制电路分析	正确分析电路的工作过程	10	
	故障设置	故障设置合理，不破坏原有电路结构	10	
	故障分析	正确判断出故障范围和故障点	20	
	故障排除	排除方法正确，不损坏元器件，不产生新的故障点	20	
	会用仪表检查电路	会用万用表检查机床控制电路的故障	5	
	通电试车	检修后各电动机正常工作，电路机械和电气操作试验合格	5	
	工具的使用和原材料的用量	工具使用合理、准确，摆放整齐，用后归放原位；节约使用原材料，不浪费	5	
	安全用电	注意安全用电，不带电作业	5	
社会能力	团结协作	小组成员之间合作良好	5	
	职业意识	工具使用合理、准确，摆放整齐，用后归放原位；节约使用原材料，不浪费	5	
	敬业精神	遵守纪律，具有爱岗敬业、吃苦耐劳精神	5	
方法能力	计划和决策能力	计划和决策能力较好	5	

15.5 资料导读

15.5.1 钻床的发展

20 世纪 70 年代初，钻床还是采用普通继电器控制的。如七八十年代进入中国的美国 ELDORADO 公司的 MEGA50，德国 TBT 公司的 T30-3-250，NAGEL 公司的 B4-H30-C/

L，日本神崎高级精工制作所的DEG型等钻床都是采用继电器控制的。

20世纪80年代后期数控技术逐渐开始在深孔钻床上得到应用，90年代以后这种先进技术才得到推广。如TBT公司90年代初上市的ML系列深孔钻床，除进给系统由机械无级变速器改为采用交流伺服电动机驱动滚珠丝杠副，进给用滑台导轨采用滚动直线导轨以外，为了保证高速旋转、精度平稳，钻杆箱传动由交换皮带轮及皮带和双速电动机驱动的有级传动变为无级调速的变频电动机到电主轴驱动，为钻削小孔深孔钻床和提高深孔钻床的水平质量创造了有利条件。

为了加工某些零件上的相互交叉或任意角度的孔，或与加工零件中心线成一定角度的斜孔、垂直孔或平行孔等需要，各国专门开发研制了多种专用深孔钻床。例如专门为了加工曲轴上的油孔，连杆上的斜油孔、平行孔和饲料机械上料模的多个径向出料孔等。特别是适用于大中型卡车曲轴油孔的BW250-KW深孔钻床，具有X、Y、Z、W 4轴数控。为了满足客户需要，在一条生产线上可以加工多种不同品种的曲轴油孔，2000年第一台柔性曲轴加工中心可以加工2～12缸不同曲轴上所有的油孔。MOLLART公司生产制造的专为加工颗粒挤出模具而开发的具有6等分6根主轴同时加工同一工件上6个孔的专用深孔钻床，该工件孔数量多达36000个，全都是数控系统控制的。

15.5.2　钻床的种类

钻床是主要用钻头在工件上加工孔(如钻孔、扩孔、铰孔、攻螺纹、锪孔等)的机床，是机械制造和各种修配工厂必不可少的设备。根据用途和结构主要分为以下几种类型。

(1) 立式钻床：工作台和主轴箱可以在立柱上垂直移动，用于加工中小型工件。

(2) 台式钻床：简称台钻。一种小型立式钻床，最大钻孔直径为12～15mm，安装在钳工台上使用，多为手动进钻，常用来加工小型工件的小孔等。

(3) 摇臂钻床：主轴箱能在摇臂上移动，摇臂能回转和升降，工件固定不动，适用于加工大而重和多孔的工件，广泛应用于机械制造中。

(4) 深孔钻床：用深孔钻钻削深度比直径大得多的孔(如枪管、炮筒和机床主轴等零件的深孔)的专门机床。为便于除切屑及避免机床过于高大，一般为卧式布局，常备有冷却液输送装置(由刀具内部输入冷却液至切削部位)及周期退刀排屑装置等。

(5) 中心孔钻床：用于加工轴类零件两端的中心孔。

(6) 铣钻床：工作台可纵横向移动，钻轴垂直布置，能进行铣削的钻床。

(7) 卧式钻床：主轴水平布置，主轴箱可垂直移动的钻床。

15.6　知识拓展：Z3040型摇臂钻床电气控制线路的分析

根据Z3050型摇臂钻床电气控制线路原理的分析，试分析Z3040型摇臂钻床电气控制线路的原理及工作过程，可以通过上网和相关教材查找相关资料。Z3040型摇臂钻床电气控制线路如图15-7所示。

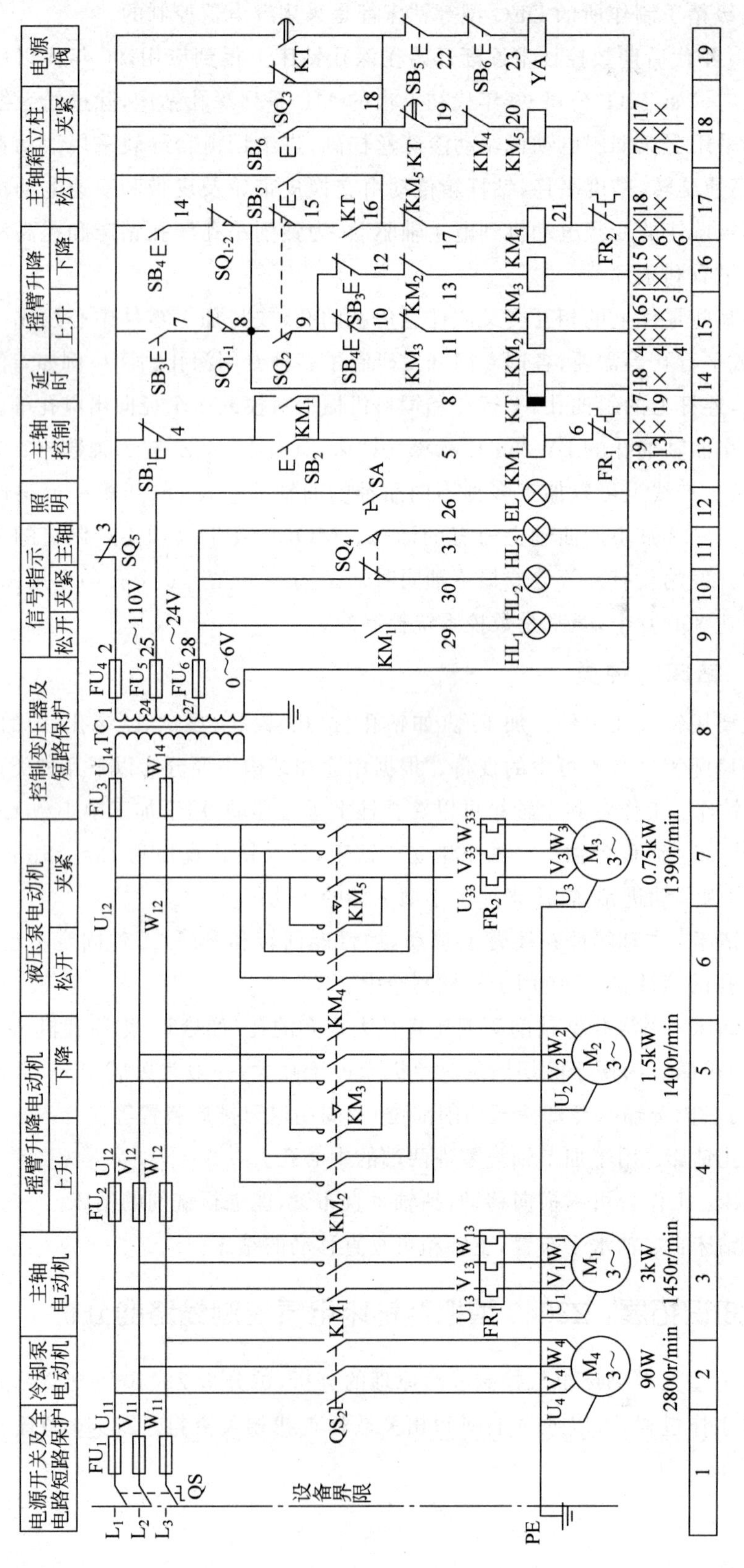

图 15-7 Z3040 型摇臂钻床电气控制线路

15.7　工匠故事：北京工美集团国家高级工艺美术技师孟剑锋

孟剑锋，国家高级工艺美术技师，现任北京工美集团握拉菲首饰有限公司生产车间技术总监、高级技师。熔炼、掐丝、錾刻、整形，他用一把錾子打造出中国品牌；他用纯银精雕细琢錾刻的“和美”纯银丝巾，在2014年北京APEC会议上作为国礼之一赠送给外国领导人及夫人。从业20年来，他追求极致，对作品负责，对口碑负责，对自己的良心负责，将诚实劳动内化于心，这是大国工匠的立身之本、中国制造的品质保障。

錾刻是我国一项有近3000年历史的传统工艺，它使用的工具叫錾子，上面有圆形、细纹、半月形等不同形状的花纹，工匠敲击錾子，就会在金、银、铜等金属上錾刻出千变万化的浮雕图案。在一个80年代的老厂房里，孟剑锋和其他技工一起，熔炼、掐丝、整形、錾刻，敲击不同的錾子，在金属上留下不同的花纹，一件件精美的作品就这样在他们的手里诞生了。

北京APEC会议上送给外国领导人和夫人的国礼中有一件看起来像草藤编织的果盘，里面有一条柔软的银色丝巾，丝巾上的图案清晰自然，赏心悦目。为了制作出果盘的粗糙感和丝巾的光感，孟剑锋反复琢磨、试验，亲手制作了近30把錾子，最小的一把在放大镜下做了5天。开好錾子仅仅是制作国礼的第一步，最难的是，在这个厚度只有0.6mm的银片上，有无数条细密的经纬线相互交错，在光的折射下才能形成图案，而这需要进行上百万次的錾刻敲击。“一定要一次錾到家，不能半途停，你停了再起錾子的时候跟上一次尾部的錾子印不太一样。”孟剑锋说。

下手时要稳、准、狠，同时又要特别留神，不能錾透了。上百万次錾刻，只要有一次失误，就前功尽弃。追求极致，这是孟剑锋给自己提的标准。支撑果盘还需要4个中国结作为托儿，工艺标准并没有规定它们必须是手工加工。技师们准备用机械铸造出来，再焊接到果盘上，但是铸造出来的银丝上有砂眼，尽管极其微小，孟剑锋心里却怎么也过不去这道坎。在他的心里没有瑕疵并且是纯手工才配得上做国礼。倔强的他决定用银丝手工编织中国结，为此他的手上起了一层又一层大泡。“第二天（水泡）干了以后提溜起来用剪刀剪掉，但第二天又会起一个泡。”孟剑锋对记者轻松地说。

如今，已经是国家高级工艺美术技师的孟剑锋，对自己还有更高的要求，他觉得要干好工艺美术这行还应该懂绘画，现在有时间就和爱人一起出去写生、练习素描。孟剑锋说，有一天，他一定会拿出一个像样的绘画作品，就像做錾刻那样，他就是要超越自己，追求极致。

思考与练习

1. 为保证高度调整的准确性，摇臂的升降操作应为________控制。

2. 摇臂钻床主轴带动钻头的旋转运动是(　　)。

　A. 进给运动　　　B. 主运动　　　C. 辅助运动

3. 摇臂钻床钻头的上下运动是(　　)。

　A. 进给运动　　　B. 主运动　　　C. 辅助运动

4. 摇臂钻床主轴箱沿摇臂水平移动、摇臂沿外立柱上下移动以及摇臂联通外立柱一起相对于内立柱的回转运动是(　　)。

　A. 进给运动　　　B. 主运动　　　C. 辅助运动

5. 在Z3050型摇臂钻床中有哪些联锁与保护环节？其作用是什么？

6. Z3050型摇臂钻床的摇臂不能下降的原因是什么？摇臂升降后不能夹紧的原因是什么？

任务 16 —— Task 16

X62W型万能铣床电气系统的检修

16.1 任务目标

(1) 了解电磁离合器的相关知识。
(2) 能够正确使用和选择仪表。
(3) 掌握识读机床电气原理图的方法。
(4) 掌握机床电气设备维修的一般方法。
(5) 能够识读 X62W 型万能铣床电气控制原理图。
(6) 能够正确分析、判断并快速排除 X62W 型万能铣床的电气故障。

16.2 知识探究

铣床是一种高效率的加工机械,在一般加工厂中铣床的数量仅次于车床。铣床可用来加工平面、斜面和沟槽等,装上分度头还可以铣切直齿齿轮和螺旋面,如果装上圆形工作台还可以铣切凸轮和弧形槽。铣床的种类很多,按结构形式和加工性能的不同,可分为卧式铣床、立式铣床、仿形铣床、龙门铣床和各种专用铣床等。卧式铣床和立式铣床在机床结构和运动形式上大体相似,差别在于铣头的放置方向上:卧式铣床的铣头水平方向放置;立式铣床的铣头垂直放置。这里以 X62W 型万能铣床为例进行介绍。

16.2.1 电磁离合器

1. 概述

电磁离合器是利用表面摩擦和电磁感应,在两个做旋转运动的物体之间传递转矩的执行电器。由于能够实现远距离控制,且结构简单、动作迅速,因而广泛应用于机床的自动控制中。一般要求环境温度为－20～50℃,湿度小于 85%,在无爆炸危险的介质中,其线圈电压波动不超过额定电压的±5%。电磁离合器的工作方式有通电结合和断电结合两种,可分为干式单片电磁离合器、干式多片电磁离合器、湿式多片电磁离合器、磁粉离合器、转差式电磁离合器等。

（1）干式单片电磁离合器。线圈通电时产生磁力吸引衔铁片，离合器处于接合状态；线圈断电时衔铁弹回，离合器处于分离状态。

（2）干式多片电磁离合器。其原理与干式单片电磁离合器相同，另外增加几个摩擦片，比同等体积的干式单片电磁离合器的转矩大。

（3）湿式多片电磁离合器。其结构与原理与干式多片电磁离合器基本相同，但工作时必须用专用润滑油或冷却液进行冷却。

（4）磁粉离合器。在主动件与从动件之间放置磁粉，不通电时磁粉处于松散状态，通电时磁粉结合，主动件与从动件同时转动。磁粉离合器的特点是转矩通过调节电流来获得，因此能获取较大的滑差，但滑差较大时会产生较大温升，而且它的价格较高。

（5）转差式电磁离合器。该离合器在工作时，转矩传递的实现必须发生在主、从部分存在转速差的前提下，转矩大小取决于磁场强度和转速差。它适用于高频机械传动系统，可在主动部分运转的情况下，使从动部分与主动部分结合或分离。

2. DLMX-5S 湿式多片电磁离合器

DLMX-5S 湿式多片电磁离合器用于机械传动系统中，可在主动部分运转的情况下，使从动部分与主动部分结合或分离。北京第一机床厂生产的 XA6132 万能铣床就使用该电磁离合器，其外观如图 16-1 所示。

图 16-1　DLMX-5S 湿式多片电磁离合器

DLMX-5S 湿式多片电磁离合器的额定电压为直流 24V，接通时间小于 0.35s，分断时间小于 0.4s，额定动力矩为 70N·m，额定静力矩为 180N·m，空载力矩小于 2.5N·m。

电磁离合器由线圈和摩擦片构成。线圈是用环氧树脂黏合在电磁离合器的套筒内，散热条件差，易发热而烧毁；摩擦片的动片和静片由于经常摩擦，也是易损元件。另外，直流电路中的整流二极管如有损坏，常导致输出直流电压偏低，造成电磁离合器吸力不够。其安装使用及注意事项如下。

（1）离合器安装前必须清洁干净，除去防锈脂及杂物。

（2）离合器可同轴安装，也可以分轴安装，轴向必须固定，主动部分与从动部分均不允许有轴向窜动；分轴安装时，主动部分与从动部分轴之间的同轴度应不大于 0.1mm。

（3）必须在摩擦片间加润滑油。

（4）离合器及制动器为 B 级绝缘，正常温升至 40℃。极限热平衡时的工作温度不允许超过 100℃，否则线圈与摩擦部分的绝缘容易烧毁。

（5）离合器电源为直流 24V，由三相或单相交流电压经降压和全波整流（或桥式整流）得到，无稳压及平波要求，电源功率要足够大，不允许用半波整流电源。

16.2.2　认识 X62W 型万能铣床

X62W 型万能铣床是一种多用途机床，可以实现平面、斜面、螺旋面以及成型面的加工，可以加装万能铣头、分度头和圆工作台等机床附件来扩大加工范围。X62W 型万能铣床主要由床身、主轴、刀杆支架、悬梁、横溜板、工作台、回转盘、滑座和升降台等部分组成。X62W 型万能铣床的外形如图 16-2 所示。

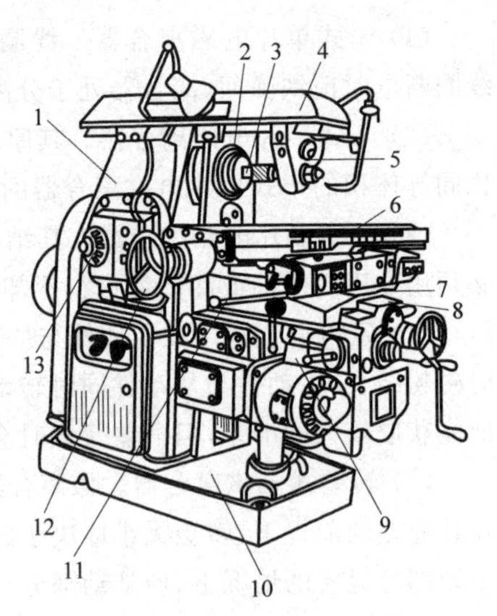

图 16-2 X62W 型万能铣床

1—床身；2—主轴；3—铣刀；4—悬梁；5—刀杆支架；6—工作台；7—回转盘；8—滑座；9—进给变速手柄与变速盘；10—底座；11—进给操作手柄；12—主轴变速手柄；13—主轴变速盘

床身固定在底座上，在床身的顶部有水平导轨，上面的悬梁装有一个或两个刀杆支架。刀杆支架用来支撑铣刀芯轴的一端，另一端则固定在主轴上，由主轴带动铣刀铣削。刀杆支架在悬梁上以及悬梁在床身顶部的水平导轨上都可以作水平移动，以便安装不同的芯轴。在床身的前面有垂直导轨，升降台可沿着它上下移动。在升降台上面的水平导轨上，装有可前后移动的溜板。溜板上有可转动的回转盘，工作台就在回转盘的导轨上作左右移动。工作台用 T 形槽来固定工件。这样，安装在工作台上的工件就可以在 3 个坐标上的 6 个方向调整位置和进给。此外，由于回转盘相对于溜板可绕中心轴线左右转过一个角度，因此，工作台还可以在倾斜方向进给，加工螺旋槽，故称万能铣床。

1. X62W 型万能铣床的运动形式

(1) 主运动。它是指铣床主轴带动铣刀的旋转运动，由主轴电动机 M_1 拖动。由于铣削加工有顺铣和逆铣两种方式，要求主轴电动机能实现正反转，主轴电动机的正反转由万能转换开关 SA_3 控制。

(2) 进给运动。它是指铣床工作台的前后(横向)、左右(纵向)和上下(垂直)6 个方向的运动，由进给电动机 M_2 拖动。要求进给电动机能正反转，并通过操纵手柄和电磁离合器互相配合来实现 3 个坐标轴 6 个方向的位置调整。

(3) 辅助运动。铣床的其他运动都属于辅助运动，如工作台的旋转运动，工作台在 6 个方向上的快速移动等。

2. X62W 型万能铣床的电气控制要求

(1) 由于主轴电动机的正反转并不频繁，因此采用组合开关来改变电源相序，实现主轴电动机的正反转。由于主轴传动系统中装有避免振动的惯性轮，导致主轴停车困难，故主轴电动机采用电磁离合器制动实现准确停车。

(2) 由于工作台要求有前后、左右、上下 6 个方向的进给运动和快速移动，所以也要求进给电动机能正反转，并通过操纵手柄和电磁离合器配合实现。进给的快速移动是通过电磁铁和机械挂挡来实现的。为了扩大其加工能力，在工作台上可加装圆形工作台，圆形工作台的回转运动是由进给电动机经传动机构驱动的。

(3) 主轴和进给运动均采用变速盘进行速度选择。为了保证齿轮的良好啮合，两种运动均要求变速后作瞬间点动。

(4) 当主轴电动机和冷却泵电动机过载时，进给运动必须立即停止，以免损坏刀具和铣床。

(5) 根据加工工艺的要求，该铣床应具有以下电气联锁措施。

① 由于 6 个方向的进给运动同时只能有一种运动产生，因此采用了机械手柄和位置开关互相配合的方式来实现 6 个方向的联锁。

② 为了防止刀具和铣床的损坏，要求只有主轴旋转后才允许有进给运动。

③ 为了提高劳动生产率，在不进行铣削加工时，可使工作台快速移动。

④ 为了减小加工工件的表面粗糙度，要求只有进给停止后主轴才能停止或同时停止。

(6) 要求有冷却系统、照明设备及各种保护措施。

16.2.3　X62W 型万能铣床电路的识读

X62W 型万能铣床电气控制线路的检修

X62W 型万能铣床电气控制电路可分为主电路和控制电路两部分，其中控制电路包括主轴电动机控制、进给电动机控制、照明电路控制等。其电路如图 16-3 所示。

1. 主电路分析

主电路中共有 3 台电动机。M_1 是主轴（铣刀）拖动电动机，拖动主轴带动铣刀进行铣削加工，由 KM_1 控制，因为正反转不频繁，其起动前用换相开关 SA_3 预先选择方向，SA_3 的位置及动作说明见表 16-1；M_2 是进给电动机，拖动工作台进行前后、左右、上下 6 个方向的进给运动和快速移动，6 个方向的运动通过操纵手柄和机械离合器的配合来实现，其正反转由接触器 KM_3、KM_4 实现；M_3 是冷却泵电动机，供应冷却液，由组合开关 QS_2 控制，与主轴电动机 M_1 之间实现顺序控制，即 M_1 起动后，M_3 才能起动。熔断器 FU_1 作为 3 台电动机的短路保护，3 台电动机的过载保护由热继电器 FR_1、FR_2、FR_3 实现。

表 16-1　主轴电动机换相转换开关 SA_3 的位置及动作说明

位置	正转	停止	反转
SA_{3-1}	−	−	+
SA_{3-2}	+	−	−
SA_{3-3}	+	−	−
SA_{3-4}	−	−	+

注："+"表示接通，"−"表示断开。

2. 控制电路分析

控制电路包括交流控制电路和直流控制电路。交流控制电路由控制变压器 TC_1 提供 110V 的控制电压，熔断器 FU_4 作为交流控制电路短路保护。直流控制电路中的直流电压由整流变压器 TC_2 降压后经整流器 VC 整流得到，主要提供给主轴制动电磁离合器 YC_1、工作台进给电磁离合器 YC_2 和快速进给电磁离合器 YC_3。熔断器 FU_2、FU_3 分别作为整流器和直流控制电路的短路保护。

1) 主轴电动机 M_1 的控制

主轴电动机 M_1 的控制包括主轴的起动、制动、换刀及变速冲动控制。为了方便操作，主轴电动机 M_1 采用两地控制方式，一组按钮安装在工作台上，另一组按钮安装在床身上。起动按钮 SB_1、SB_2 相互并联，停止按钮 SB_5、SB_6 相互串联。YC_1 是主轴制动用的电磁离合器，KM_1 是主轴电动机 M_1 的起动接触器，SQ_1 是主轴变速冲动行程开关。

(1) 主轴电动机 M_1 的起动。起动前，首先选好主轴的转速，然后合上电源开关 QS_1，再将主轴转换开关 SA_3（2 区）扳到所需要的转向。按下起动按钮 SB_1（13 区）或 SB_2（13 区），接触器 KM_1 线圈获电动作，其主触点和自锁触点闭合，主轴电动机 M_1 起动运转，KM_1 动合辅助触点（16 区）闭合，为工作台进给电路提供电源。

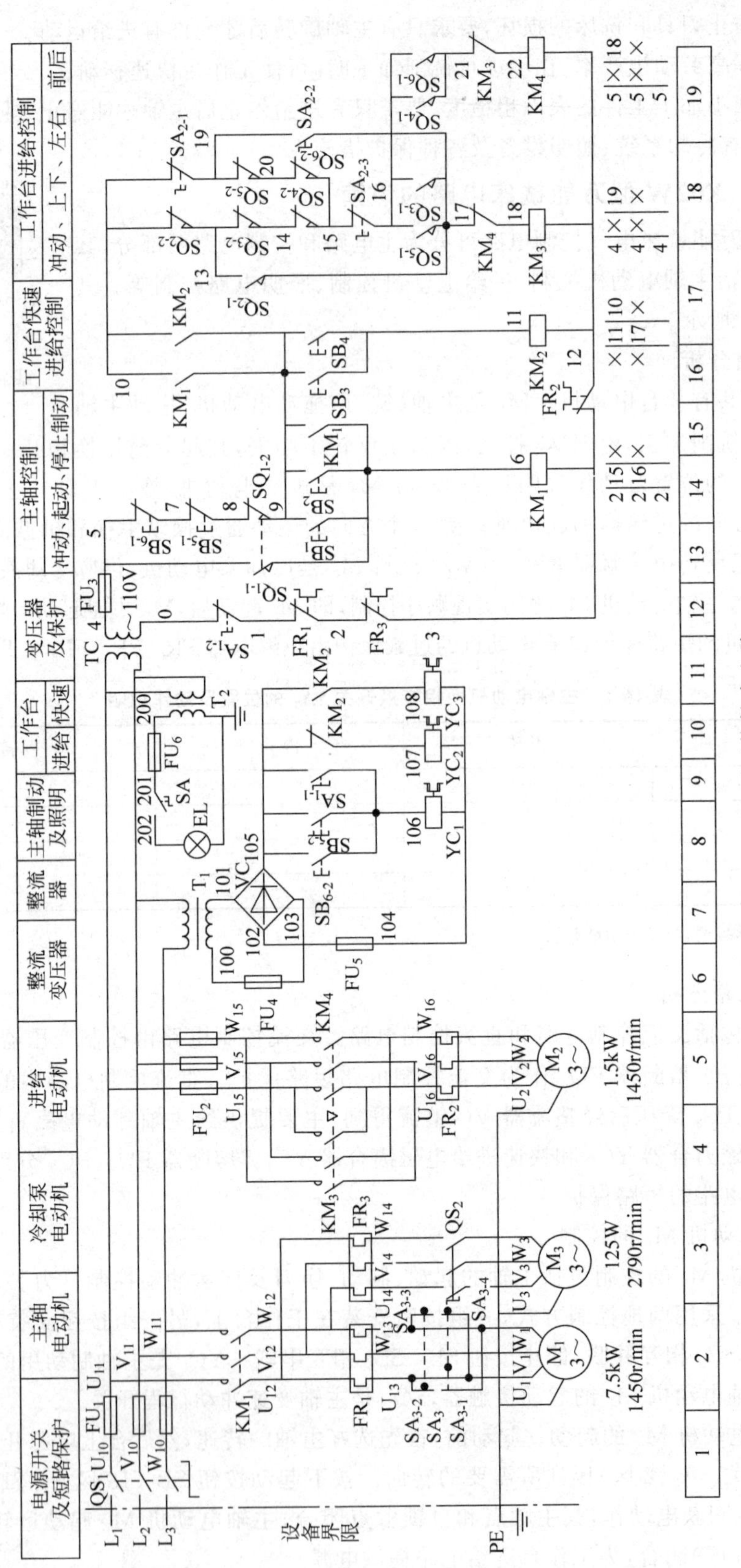

图 16-3 X62W 型万能铣床电路

（2）主轴电动机 M_1 的制动。当需要主轴电动机停止时，按下停止按钮 SB_5 或 SB_6，其动断触点 SB_{5-1}（14 区）或 SB_{6-1}（14 区）断开，接触器 KM_1 线圈失电，接触器 KM_1 所有触点复位，主轴电动机 M_1 断电惯性运转，同时停止按钮 SB_5 或 SB_6 动合触点 SB_{5-2}（8 区）或 SB_{6-2}（8 区）闭合，使主轴制动电磁离合器 YC_1 得电，主轴电动机 M_1 制动停转。

（3）主轴换铣刀的控制。主轴在更换铣刀时，为避免其转动，造成更换困难，应将主轴制动。方法是将转换开关 SA_1 扳到"接通"位置，此时动合触点 SA_{1-1}（9 区）闭合，电磁离合器 YC_1 线圈获电，使主轴处于制动状态以便换刀；同时动断触点 SA_{1-2}（12 区）断开，切断了整个控制电路，铣床无法运行，切实保证了人身安全。换刀结束后，将转换开关 SA_1 扳到"断开"位置即可。

（4）主轴变速冲动控制。主轴变速是通过操纵变速手柄和变速盘来实现的。为使齿轮顺利啮合，在变速过程中需要变速冲动，主轴变速冲动控制是利用变速手柄与冲动行程开关 SQ_1，通过机械上的联动机构来实现，如图 16-4 所示。

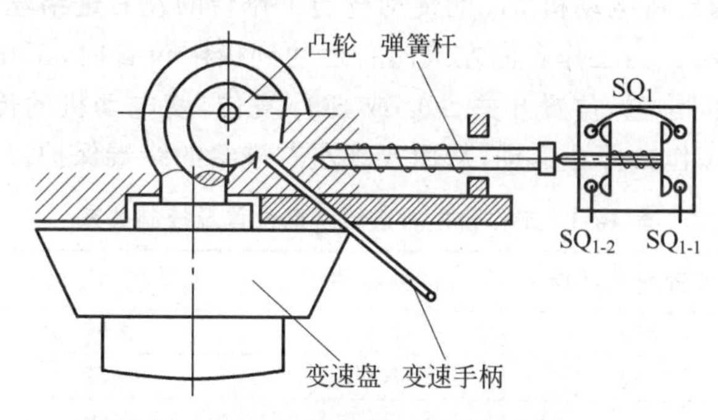

图 16-4　主轴变速冲动控制示意图

主轴变速冲动控制过程是：变速时，先将变速手柄压下，使变速手柄的榫块从定位槽中脱出，然后向外拉动手柄使榫块落入第 2 道槽内，使齿轮组脱离啮合。转动变速盘选定所需要的转速，然后将变速手柄推回原位，使榫块重新落进槽内，使齿轮组重新啮合。

由于齿轮之间不能刚好对上，若冲动一下，则啮合十分方便。当手柄推进时，凸轮将弹簧杆推动一下又返回，则弹簧杆又推动一下位置开关 SQ_1，使 SQ_1 的动断触点 SQ_{1-2}（14 区）先分断，动合触点 SQ_{1-1}（13 区）后闭合，接触器 KM_1 线圈瞬时得电，主轴电动机 M_1 也瞬时起动。但紧接着凸轮放开弹簧杆，位置开关 SQ_1 所有触点复位，接触器 KM_1 断电释放，电动机 M_1 断电。由于主轴制动电磁离合器 YC_1 没有得电，故电动机 M_1 惯性运转，产生一个冲动力，带动齿轮系统抖动，在抖动时将变速手柄先快后慢推进，保证了齿轮的顺利啮合。如果齿轮没有啮合好，可以重复上述过程，直到齿轮啮合。

注意：主轴变速时，应在主轴停止状态下进行，以免打坏齿轮。

2）进给电动机 M_2 的控制

工作台的进给是通过两个机械操作手柄和机械联动机构控制对应的位置开关，使进给电动机 M_2 正转或反转来实现的。进给电动机 M_2 的控制包括工作台的左右进给、上下进给和前后进给及快速进给、圆形工作台、变速冲动控制，并且前后、左右、上下 6 个方向的运动之间实现联锁，不能同时接通。工作台在左右、上下、前后控制时，圆形工作台转换开关 SA_2 应处于断开位置，SA_2 的位置及动作说明如表 16-2 所示。

表 16-2 圆形工作台转换开关 SA_2 的位置及动作说明

触点	接通	断开
SA_{2-1}	—	+
SA_{2-2}	+	—
SA_{2-3}	—	+

(1) 工作台的左右进给运动。工作台的工作进给必须在主轴电动机 M_1 起动运行后才能进行,属于控制电路顺序控制。工作台工作进给时必须是电磁离合器 YC_2 得电。

工作台的左右进给运动是由工作台左右进给操作手柄与位置开关 SQ_5 和 SQ_6 联动来实现的,其控制关系见表 16-3,共有左、中、右 3 个位置。当手柄扳向左(或右)位置时,行程开关 SQ_5(或 SQ_6)的动断触点 SQ_{5-2} 或 SQ_{6-2}(17 区)被分断,动合触点 SQ_{5-1}(17 区)或 SQ_{6-1}(18 区)闭合,使接触器 KM_3(或 KM_4)获电动作,电动机 M_2 正转或反转。在 SQ_5 或 SQ_6 被压合的同时,机械机构已将电动机 M_2 的传动链与工作台的左右进给丝杠搭合,工作台则在丝杠的带动下左右进给。当工作台向左或向右运动到极限位置时,工作台两端的挡铁就会撞动手柄使其回到中间位置,位置开关 SQ_5 或 SQ_6 复位,使电动机的传动链与左右丝杠脱离,电动机 M_2 停转,工作台停止运动,从而实现左右进给的终端保护。

表 16-3 工作台左右进给手柄位置及控制关系

手柄位置	位置开关动作	接触器动作	电动机 M_2 转向	工作台进给方向
左	SQ_5	KM_3	正转	向左
右	SQ_6	KM_4	反转	向右
中	—	—	停止	停止

当手柄扳向中间位置时,位置开关 SQ_5 和 SQ_6 均未被压合,进给控制电路处于断开状态。

(2) 工作台的上下和前后进给运动。工作台的上下和前后进给运动是由同一手柄控制的。该手柄与位置开关 SQ_3 和 SQ_4 联动,有上、下、前、后、中 5 个位置,其控制关系如表 16-4 所示。当手柄扳到中间位置时,位置开关 SQ_3 和 SQ_4 未被压合,工作台无任何进给运动;当手柄扳到上或后位置时,位置开关 SQ_4 被压合,使其动断触点 SQ_{4-2}(17 区)分断,动合触点 SQ_{4-1}(18 区)闭合,接触器 KM_4 获电动作,电动机 M_2 反转,机械机构将电动机 M_2 的传动链与前后进给丝杠搭合,电动机 M_2 则带动溜板向后运动,若传动链与上下进给丝杠搭合,电动机 M_2 则带动升降台向上运动。当手柄扳到下或前位置时,请读者参照上后位置自行分析。和左右进给一样,工作台的上、下、前、后 4 个方向也均有极限保护,使手柄自动复位到中间位置,电动机和工作台停止运动。

表 16-4 工作台上、下、前、后、中进给手柄功能

手柄位置	位置开关动作	接触器动作	电动机 M_2 转向	工作台运动方向
上	SQ_4	KM_4	反转	向上
下	SQ_3	KM_3	正转	向下
前	SQ_3	KM_3	正转	向前
后	SQ_4	KM_4	反转	向后
中	—	—	停止	停止

(3) 联锁控制。上下、前后、左右6个方向的进给只能选择其一，绝不可能出现两个方向的可能性。在两个手柄中，当一个操作手柄被置于某一进给方向时，另一个操作手柄必须置于中间位置，否则将无法实现任何进给运动，实现了联锁保护。若将左右进给手柄扳向右，同时将另一进给手柄扳到上时，则位置开关SQ_6和SQ_4均被压合，使SQ_{6-2}和SQ_{4-2}均分断，接触器KM_3和KM_4的通路均断开，电动机M_2只能停转，从而保证了操作安全。

(4) 工作台变速冲动。工作台变速与主轴变速时一样，为使齿轮进入良好的啮合状态，也要进行变速后的瞬时点动。进给变速时，必须先把进给操作手柄放在中间位置，然后将进给变速盘拉出，使进给齿轮松开，选好进给速度，再将变速盘推回原位。在推进过程中，挡块压下位置开关SQ_2(17区)，使触点SQ_{2-2}分断，SQ_{2-1}闭合，接触器KM_3经SA_{2-1}→SQ_{5-2}→SQ_{6-2}→SQ_{3-2}→SQ_{2-1}→KM_4动断(18区)→接触器KM_3线圈得电吸合，电动机M_2起动。随着变速盘的复位，位置开关SQ_2也复位，使KM_3断电释放，电动机M_2失电停转。由于电动机M_2瞬时点动一下，齿轮系统产生一次抖动，使齿轮顺利啮合。如果齿轮没有啮合好，可以重复上述过程，直到齿轮啮合。

(5) 工作台的快速移动。在加工过程中，在不进行铣削加工时，为了减少生产辅助时间，可使工作台快速移动，当进入铣削加工时，则要求工作台以原进给速度移动。6个进给方向的快速移动是通过两个进给操作手柄和快速移动按钮配合实现的。

工件安装好后，扳动进给操作手柄选定进给方向，按下快速移动按钮SB_3或SB_4(两地控制)，接触器KM_2得电，KM_2的一个动合触点接通进给控制线路，为工作台6个方向的快速移动做好准备；另一个动合触点接通电磁离合器YC_3，使电动机M_2与进给丝杠直接搭合，实现工作台的快速进给；KM_2的动断触点分断，电磁离合器YC_2失电，使齿轮传动链与进给丝杠分离。当快速移动到预定位置时，松开快速移动按钮SB_3或SB_4，接触器KM_2断电释放，电磁离合器YC_3断开，YC_2吸合，快速移动停止。

注意：快速进给必须在没有铣削加工时进行，否则会损坏刀具或设备。

(6) 圆形工作台的控制。为了提高铣床的加工能力，可在工作台上安装附件圆形工作台，进行对圆弧或凸轮的铣削加工。圆形工作台工作时，所有的进给系统均停止工作，实现联锁。转换开关SA_2是用来控制圆形工作台的。当圆形工作台工作时，将SA_2扳到"接通"位置，此时触点SA_{2-1}(19区)和SA_{2-3}(18区)断开，触点SA_{2-2}(19区)闭合，电流经KM_1(16区)→SQ_{2-2}→SQ_{3-2}→SQ_{4-2}→SQ_{6-2}→SQ_{5-1}→SA_{2-2}→KM_4动断(18区)→接触器KM_3线圈得电吸合，电动机M_2起动，通过一根专用轴带动圆形工作台做旋转运动。当不需要圆形工作台工作时，则将转换开关SA_2扳到"断开"位置，此时触点SA_{2-1}和SA_{2-3}闭合，触点SA_{2-2}断开，以保证工作台在6个方向的进给运动，因为圆形工作台的旋转运动和6个方向的进给运动也是联锁的。

3) 照明电路控制

铣床照明由变压器T_2供给24V安全电压，由转换开关SA控制。照明电路的短路保护由熔断器FU_6实现。

16.2.4 X62W型万能铣床电气系统典型故障的检修

仔细观察故障现象，结合X62W型万能铣床的电气原理图和电气接线图，参考表16-5所示进行检修。

表 16-5　X62W 型万能铣床电气系统故障的检修

故障现象	故障分析	检查方法	故障处理
主轴电动机 M_1 不能起动，冷却泵电动机 M_3 也不能起动	主轴换向开关 SA_3 在停止位或损坏	观察 SA_3 的位置或用万用表欧姆挡测量 SA_3 的接触电阻	旋转 SA_3 到"工作"位置或更换
	换刀制动开关 SA_1 在制动位	观察 SA_1 的位置	将 SA_1 旋至"工作"位置
	主轴变速冲动行程开关 SQ_1 的动断触点接触不良	用万用表欧姆挡测量 SQ_1 动断触点的接触电阻	修理或更换
	熔断器 FU_3 熔体熔断	合上 QS，用万用表交流电压挡分别测量熔断器的电压	如果输入有电压，输出没有，可确定熔断器故障，更换熔体或熔断器
	起动按钮 SB_1 或 SB_2、停止按钮 SB_5 或 SB_6 接触不良	断开 QS，用万用表欧姆挡测量按钮两端电阻	更换按钮
主轴不能制动	整流变压器 T_1 损坏	合上 QS，用万用表交流电压挡测量 T_1 的电压，输入电压正常为 380V，输出电压正常为 24V	修复或更换
	熔断器 FU_5 熔体熔断	合上 QS，用万用表交流电压挡分别测量熔断器的电压	如果输入有电压，输出没有，可确定熔断器故障，更换熔体或熔断器
	整流桥 VD 的二极管损坏	合上 QS_1，用万用表直流电压挡测量 VD 输出的直流电压	正常电压为直流 22V，否则更换
	主轴制动电磁离合器 YC_1 线圈已烧坏	断开 QS，用万用表欧姆挡测量 YC_1 线圈电阻	更换 YC_1 线圈
工作台不能快速移动	快速进给按钮 SB_3 或 SB_4 的触点接触不良或接线松动脱落	断开 QS，用万用表欧姆挡测量按钮两端电阻	更换按钮或接好连线
	交流接触器 KM_1 动合触点故障	按住 SB_3 或 SB_4，用万用表交流电压挡测量 KM_1 触点之间的电压，正常为 110V	如果电压不正常，更换或修复触点
	整流桥 VD 的二极管损坏	合上 QS_1，用万用表直流电压挡测量 VD 输出的直流电压	正常电压为直流 22V，否则更换
	快速进给电磁离合器 YC_3 损坏	断开 QS，用万用表欧姆挡测量 YC_3 线圈电阻	更换 YC_3 线圈
工作台不能进给	工作台控制开关 SA_2 在"回转台"位或损坏	观察 SA_2 的位置或用万用表欧姆挡测量 SA_2 的接触电阻	旋转 SA_2 到"进给工作台"位置或更换
	热继电器 FR_2 动断触点接触不良	用万用表欧姆挡测量触点电阻	更换热继电器
	主轴电动机 M_1 未起动	观察主轴	起动主轴电动机 M_1

续表

故障现象	故障分析	检查方法	故障处理
进给变速不能冲动	进给变速冲动行程开关 SQ_2 损坏	断开 QS，用万用表欧姆挡测量 SQ_2 触点电阻	修复或更换
	KM_3 线圈故障	合上 QS，按住进给手柄，KM_3 不能吸合，用万用表交流电压挡测量 KM 线圈电压，正常为 110V	如果电压正常，可更换接触器 KM_3 的线圈
	进给操作手柄不在零位	观察进给手柄的位置	进给操作手柄置于零位

16.3　任务实施：X62W 型万能铣床电气系统的检修

1. 工作任务单

工作任务单如表 16-6 所示。

表 16-6　工作任务单

序号	任务内容	任务要求
1	X62W 型万能铣床电路图的识读	能够正确识读电路，并会分析其工作过程
2	X62W 型万能铣床电气系统常见故障的判断	能够判断出 X62W 型万能铣床电气系统的常见故障
3	X62W 型万能铣床电气系统常见故障的排除	会运用仪表检修 X62W 型万能铣床电气系统的故障，并排除故障

2. 材料工具单

材料工具单如表 16-7 所示。

表 16-7　材料工具单

项　　目	名　　称	数量	型　　号	备　　注
所用工具	电工工具	每组一套		
所用仪表	数字万用表	每组一块	优德利 UT39A	
所用元件及材料	开关 QS_1	1	HZ10-60/3J，60A，380V	电源总开关
	开关 QS_2	1	HZ10-10/3J，10A，380V	冷却泵开关
	开关 SA_1	1	LS2-3A	换刀开关
	开关 SA_2	1	HZ10-10/3J，10A，380V	圆形工作台开关
	开关 SA_3	1	HZ3-133，10A，500V	M_1 换向开关
	主轴电动机 M_1	1	Y132M-4-B3，7.5kW，380V，1450r/min	驱动主轴
	进给电动机 M_2	1	Y90L-4，1.5kW，380V，1400r/min	驱动进给
	冷却泵电机 M_3	1	JCB-22，125W，380V，2790r/min	驱动冷却泵
	熔断器 FU_1	3	RL1-60，60A，熔体 50A	电源短路保护

续表

项　目	名　称	数　量	型　号	备　注
所用元件及材料	熔断器 FU_2	3	RL1-15,15A,熔体 10A	进给短路保护
	熔断器 FU_3、FU_6	2	RL1-15,15A,熔体 4A	整流、控制电路短路保护
	熔断器 FU_4、FU_5	2	RL1-15,15A,熔体 2A	直流、照明电路短路保护
	热继电器 FR_1	1	JR0-40,整定电流 16A	M_1 过载保护
	热继电器 FR_2	1	JR0-10,整定电流 0.43A	M_2 过载保护
	热继电器 FR_3	1	JR0-10,整定电流 3.4A	M_3 过载保护
	变压器 T_2	1	BK-100,380/36V	整流电源
	变压器 TC	1	BK-150,380/110V	控制电路电源
	照明变压器 T_1	1	BK-50,50V·A,380/24V	照明电源
	整流器 VC	1	2CZ×4,5A,50V	整流用
	接触器 KM_1	1	CJ0-20,20A,线圈电压 110V	主轴起动
	接触器 KM_2	1	CJ0-10,10A,线圈电压 110V	快速进给
	接触器 KM_3	1	CJ0-10,10A,线圈电压 110V	M_2 正转
	接触器 KM_4	1	CJ0-10,10A,线圈电压 110V	M_2 反转
	按钮 SB_1、SB_2	1	LA2,绿色	起动电动机 M_1
	按钮 SB_3、SB_4	1	LA2 黑色	快速进给点动
	按钮 SB_5、SB_6	1	LA2 红色	停止、制动
	电磁离合器 YC_1	1	B1DL-Ⅲ	主轴制动
	电磁离合器 YC_2	1	B1DL-Ⅱ	正常进给
	电磁离合器 YC_3	1	B1DL-Ⅱ	快速进给
	位置开关 SQ_1		LX3-11K,开启式	主轴冲动开关
	位置开关 SQ_2		LX3-11K,开启式	进给冲动开关
	位置开关 SQ_3		LX3-131,单轮自动复位	M_2 正反转及联锁
	位置开关 SQ_4		LX3-131,单轮自动复位	
	位置开关 SQ_5		LX3-11K,开启式	
	位置开关 SQ_6		LX3-11K,开启式	

3. 实施步骤

(1) 学生按人数分组,确定每组的组长。

(2) 以小组为单位,在 X62W 型万能铣床电气系统检测与维修实训台上,根据 X62W 型万能铣床电气控制线路的原理图,对电路的工作过程进行分析,然后小组成员共同制订计划和实施方案,主要计划和实施的内容是设置电气故障和排除其他组设置的故障。要求:按照 X62W 型万能铣床电气系统故障现象设置故障,按照机床电气系统检修的步骤进行故障检修,并能正确排除其他组设置的故障,检修好的电气线路机械和电气操作试验合格。

4. 实施要求

小组每位成员都要积极参与，由小组给出电气故障检修的结果，并提交实训报告。小组成员之间要齐心协力，共同制订计划并实施。制订计划一定要合理，具有可行性。实施过程中注意安全规范，熟练运用仪器和仪表进行检修，并注意小组成员之间的团队协作，对排除故障最迅速和团结合作好的小组给予一定的加分。

16.4　任务评价

X62W型万能铣床电气系统的检修任务评分见表16-8。

表16-8　X62W型万能铣床电气系统的检修任务评分

评价类别	考核项目	考核标准	配分/分	得分/分
专业能力	电气控制电路分析	正确分析电路的工作过程	10	
	故障设置	故障设置合理，不破坏原有电路结构	10	
	故障分析	正确判断出故障范围和故障点	20	
	故障排除	排除方法正确，不损坏元器件，不产生新的故障点	20	
	会用仪表检查电路	会用万用表检查机床控制电路的故障	5	
	通电试车	检修后各电动机正常工作，电路机械和电气操作试验合格	5	
	工具的使用和原材料的用量	工具使用合理、准确，摆放整齐，用后归放原位；节约使用原材料，不浪费	5	
	安全用电	注意安全用电，不带电作业	5	
社会能力	团结协作	小组成员之间合作良好	5	
	职业意识	工具使用合理、准确，摆放整齐，用后归放原位；节约使用原材料，不浪费	5	
	敬业精神	遵守纪律，具有爱岗敬业、吃苦耐劳精神	5	
方法能力	计划和决策能力	计划和决策能力较好	5	

16.5　资料导读

16.5.1　铣床的发展

1818年美国人E.惠特尼制造了世界上第一台卧式铣床。为了铣削麻花钻头的螺旋槽，美国人J.R.布朗于1862年制造了第一台万能铣床，它是升降台铣床的雏形。1884年前后出现了龙门铣床。20世纪20年代出现了半自动铣床，工作台利用挡块可完成“进给—快速”或“快速—进给”的自动转换。

1950年以后，铣床在控制系统方面发展较快，数字控制的应用大大提高了铣床的自动化程度。尤其是20世纪70年代以后，微处理机的数字控制系统和自动换刀系统在铣床上得到应用，扩大了铣床的加工范围，提高了加工精度与效率。

随着机械化进程不断加剧，数控编程开始广泛应用于机床类操作，极大地释放了劳动力。数控编程铣床将逐步取代人工操作。对员工要求也会越来越高，当然带来的效率也会越来越高。

16.5.2 铣床的种类

1. 按布局形式和适用范围分类

(1) 升降台铣床：有万能式、卧式和立式等，主要用于加工中小型零件，应用最广。

(2) 龙门铣床：包括龙门铣镗床、龙门铣刨床和双柱铣床，均用于加工大型零件。

(3) 单柱铣床和单臂铣床：单柱铣床的水平铣头可沿立柱导轨移动，工作台作纵向进给；单臂铣床的立铣头可沿悬臂导轨水平移动，悬臂也可沿立柱导轨调整高度。两者均用于加工大型零件。

(4) 工作台不升降铣床：有矩形工作台式和圆形工作台式两种，是介于升降台铣床和龙门铣床之间的一种中等规格的铣床。其垂直方向的运动由铣头在立柱上升降来完成。

(5) 仪表铣床：一种小型的升降台铣床，用于加工仪器、仪表和其他小型零件。

(6) 工具铣床：用于模具和工具的制造，配有立铣头、万能角度工作台和插头等多种附件，还可进行钻削、镗削和插削等加工。

(7) 其他铣床：如键槽铣床、凸轮铣床、曲轴铣床、轧辊轴颈铣床和方钢锭铣床等，是为加工相应的工件而制造的专用铣床。

2. 按结构分类

(1) 台式铣床：小型的用于铣削仪器、仪表等小型零件的铣床。

(2) 悬臂式铣床：铣头装在悬臂上的铣床，床身水平布置，悬臂通常可沿床身一侧立柱导轨作垂直移动，铣头沿悬臂导轨移动。

(3) 滑枕式铣床：主轴装在滑枕上的铣床，床身水平布置，滑枕可沿滑鞍导轨作横向移动，滑鞍可沿立柱导轨作垂直移动。

(4) 龙门式铣床：床身水平布置，其两侧的立柱和连接梁构成门架的铣床。铣头装在横梁和立柱上，可沿其导轨移动。通常横梁可沿立柱导轨垂直移动，工作台可沿床身导轨纵向移动，用于大件加工。

(5) 平面铣床：用于铣削平面和成型面的铣床，床身水平布置，通常工作台沿床身导轨纵向移动，主轴可轴向移动。它结构简单，生产效率高。

(6) 仿形铣床：对工件进行仿形加工的铣床。一般用于加工复杂形状的工件。

(7) 升降台铣床：具有可沿床身导轨垂直移动的升降台的铣床，通常安装在升降台上的工作台和滑鞍可分别作纵向、横向移动。

(8) 摇臂铣床：摇臂装在床身顶部，铣头装在摇臂一端，摇臂可在水平面内回转和移动，铣头能在摇臂的端面上回转一定角度的铣床。

(9) 床身式铣床：工作台不能升降，可沿床身导轨作纵向移动，铣头或立柱可作垂直移动的铣床。

(10) 专用铣床：例如工具铣床，用于铣削工具、模具，其加工精度高，加工形状复杂。

3. 按控制方式分类

铣床又可分为仿形铣床、程序控制铣床和数控铣床等。

16.6 知识拓展：XA6132 型万能铣床电气控制线路的分析

根据对 X62W 型万能铣床电气控制线路原理的分析，试分析 XA6132 型万能铣床电气控制线路的原理及工作过程，可以通过上网和相关教材查找相关资料。XA6132 型万能铣床电气控制线路如图 16-5 所示。

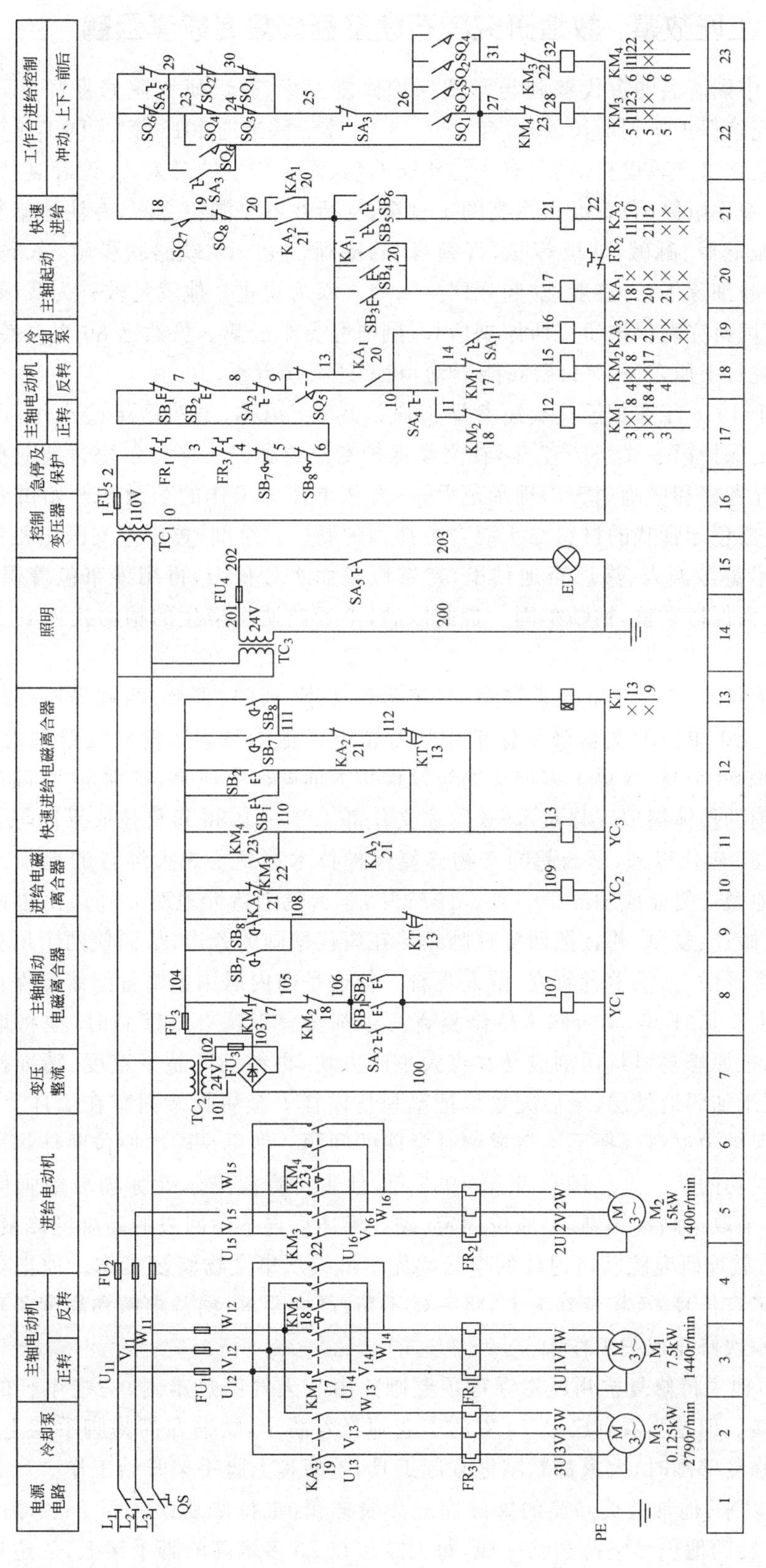

图 16-5　XA6132 型万能铣床电气控制线路

16.7 工匠故事：敦煌研究院石窟壁画修复专家李云鹤

李云鹤，中国著名的古代壁画与彩塑保护修复专家，敦煌研究院修复师、副研究馆员。曾任敦煌研究院保护所副所长，2019年1月18日，李云鹤当选2018年“大国工匠年度人物”。

在世界文化遗产敦煌莫高窟，有一位年逾八旬、满头华发的老人，无论春夏秋冬，经常穿着工作服，拿着手电筒，背着磨得发亮的工具箱，穿行在各个洞窟之间，专注地修复着壁画和塑像。一幅幅起甲、酥碱、烟熏等“病害缠身”的壁画，一个个“缺胳膊少腿、东倒西歪”的塑像，在他的精雕细琢下，奇迹般地“起死回生”，令人叹为观止。他就是被誉为我国“文物修复界泰斗”的敦煌研究院保护研究所原副所长、副研究员李云鹤。虽然已86岁高龄，但他仍对敦煌研究院院长王旭东说：“只要我能干动，我就还要接着干。”

李云鹤于1956年在敦煌莫高窟参加工作，1998年退休，虽然已年逾八旬，可他仍然坚守在文物修复保护第一线。1957年，在文物保护专家约瑟夫·格拉尔短暂地对莫高窟进行壁画保护情况考察和壁画病害治理示范后，一直从事体力工作的李云鹤开始试着像格拉尔一样，用一些白色牙膏状的材料与水混合搅拌均匀制成黏结剂，再用一支医用粗针管顺着起甲壁画边缘沿缝隙滴入、渗透至地仗里，待壁画表面水分稍干，再用纱布包着棉球，轻轻按压，使壁画表面保持平整，粘贴牢固。自此以后，李云鹤便将毕生的精力投入到了文物修复保护事业中。

此后几十年里，李云鹤立足莫高窟，足迹跨越北京、新疆、青海、西藏等地，故宫、布达拉宫等30多家兄弟单位的文物修复保护现场都留下了他的身影。他修复壁画近4000平方米，修复塑像500余身，取得了多项文物修复保护方面的研究成果，特别是“莫高窟第220窟甬道重层壁画的整体揭取迁移技术”获国家文化部1985—1986年科技成果四等奖。

20世纪80年代以来，李云鹤的文物修复保护技术达到了炉火纯青的地步。他是国内石窟整体异地搬迁复原成功的第一人。1975年，李云鹤创造性地对220窟甬道西夏壁画进行整体剥取、搬迁、复原，并且把西夏壁画续接在唐代壁画的旁边，从而使两个历史时期的壁画展现在一个平面上，供学者研究、游人观看。他也是国内运用金属骨架修复保护壁画获得成功的第一人。1991年，李云鹤主持修复青海乐都瞿昙寺瞿昙殿壁画时，他将地仗层与墙体整体剥取，把原修复材料切割成马赛克大小的方块，再精确调整平整度、精准拼对壁画接缝、背泥1厘米加固地仗层，最后完整地把壁画整体挂上金属骨架固定在墙体上，成功解决了既往文物保护中材料选择不当造成壁画卷曲的问题。他更是国内原位整体揭取复原大面积壁画获得成功的第一人。1994年至1995年，他主持青海塔尔寺弥勒殿壁画保护和大殿建筑修复时，采取壁画整体剥取、原位固定、砌好墙体后再平贴回去的高难度修复技法。

1998年，敦煌研究院聘请退休的李云鹤先生继续从事文物修复工作。他把更多的心思和精力放在了言传身教、培育新人上，将一丝不苟、严格要求、精益求精和高度负责的工作态度融入到每一次修复保护工作中。

2006年，他主持修复杭州凤凰寺穹顶壁画。由于天气闷热难耐，一些年轻的修复人员产生畏难情绪。但是当看到已经73岁的李老师光着膀子，蜷缩在简易脚手架上专心致志、挥汗如雨地修复壁画时，大家都默默地拿起工具，重新爬上脚手架开始工作。

2015年以来，他常驻莫高窟的姊妹窟——榆林窟，主持修复第6窟24米高的大佛像。已经84岁高龄的他仍然坚持亲临一线，每天穿梭在20多米高的脚手架上，一边自己动手修复，一边指导年轻人工作。“一切手工技艺，皆由口传心授。”李云鹤壁画修复的技艺在一批批学生手中得到了延续。

李云鹤从事壁画修复保护工作63年来，得到了上级主管部门的一致认可和社会的广泛赞誉，2017年4月，李云鹤先后获得第二届“陇原工匠”“甘肃省五一劳动奖章”等荣誉称号。

思考与练习

1. 铣床的主轴带动铣刀的旋转运动是(　　)。

A. 进给运动　　B. 主运动　　C. 辅助运动

2. 铣床工作台前后、左右、上下六个方向的运动是(　　)。

A. 进给运动　　B. 主运动　　C. 辅助运动

3. 铣床工作台的旋转运动和工作台在6个方向上的快速移动是(　　)。

A. 进给运动　　B. 主运动　　C. 辅助运动

4. X62W型万能铣床主轴传动系统中装有避免振动的惯性轮，导致主轴停车困难，故主轴电动机采用(　　)制动来实现准确停车。

A. 摩擦离合器　　B. 电磁离合器　　C. 反接　　D. 能耗

5. X62W型万能铣床主轴要求正/反转，不用接触器控制而用组合开关控制，是因为(　　)。

A. 节省接触器　　B. 改变转向不频繁

C. 操作方便

6. 由于X62W型万能铣床主轴传动系统中装有(　　)，为减小停车时间，必须采取制动措施。

A. 摩擦轮　　B. 避振惯性轮　　C. 电磁离合器

7. X62W型万能铣床的主轴未起动，工作台(　　)。

A. 不能进给和快速移动　　B. 可以快速进给

C. 可以快速移动

8. 安装在X62W型万能铣床工作台上的工件可以在(　　)方向调整位置或进给。

A. 两个　　B. 四个　　C. 六个　　D. 八个

9. X62W型万能铣床主轴电动机M_1的制动是(　　)。

A. 能耗制动　　B. 反接制动

C. 电磁抱闸制动　　D. 电磁离合器制动

10. X62W型万能铣床对主轴有哪些电气要求？

11. X62W型万能铣床对进给系统有哪些电气要求？

12. X62W型万能铣床中有哪些电气联锁措施？

13. X62W型万能铣床主轴电动机一起动，进给电动机就运转，而所有进给操作手柄在中间位置，试分析原因。

14. 工作台可以左右进给，而不能上下、前后进给，试分析故障原因。

参考文献

[1] 王洪.机床电气控制[M].北京：科学出版社，2009.
[2] 张伟林.电气控制与PLC综合应用技术[M].北京：人民邮电出版社，2009.
[3] 黄永红.电气控制与PLC应用技术[M].北京：机械工业出版社，2011.
[4] 许翏.电机与电气控制技术[M].北京：机械工业出版社，2009.
[5] 刘永华.电气控制与PLC应用技术[M].北京：北京航空航天大学出版社，2007.
[6] 徐文尚.电气控制技术与PLC[M].北京：机械工业出版社，2011.
[7] 刘法治.维修电工实训技术[M].北京：清华大学出版社，2006.
[8] 刘光源.机床电气设备的维修[M].2版.北京：机械工业出版社，2007.
[9] 李伟.机床电器与控制实训[M].北京：机械工业出版社，2007.
[10] 黄媛媛.机床电气控制[M].北京：机械工业出版社，2009.
[11] 刘武发.机床电气控制[M].北京：化学工业出版社，2009.
[12] 李爱军.维修电工技能实训[M].北京：北京理工大学出版社，2007.